浙江省浙派园林文旅研究中心重点研究成果
元成环境股份有限公司产学研合作成果

浙派園林學

吴道官謹題

（上册）

浙派园林设计理论与方法

陈波 卢山 胡高鹏 张仕龙 王月瑶◎著

中国电力出版社
CHINA ELECTRIC POWER PRESS

内 容 提 要

浙派园林是指以浙江省为核心地域范围，依托真山真水营造，具有自然山水式造园风格，体现东方生态美学特征的园林的总称。本书对东方生态美学思想的杰出典范——浙派园林进行了系统、深入而全面的研究，首次架构了“浙派园林学”学术体系，分为上、下两册，分别从浙派园林的哲学渊源、滋养沃土、地位与价值、基本理论、设计方法，以及造园要素、造园意匠、生态技法、典型案例等方面进行了阐述。

本书可作为园林历史与理论研究者、园林设计师、景观设计师、风景园林相关专业师生及园林爱好者的推荐读物。

图书在版编目（CIP）数据

浙派园林学 . 1，浙派园林设计理论与方法 / 陈波等著 . —北京：中国电力出版社，2021.1

ISBN 978-7-5198-5126-2

Ⅰ . ①浙…　Ⅱ . ①陈…　Ⅲ . ①园林设计－浙江　Ⅳ . ① TU986.625.5

中国版本图书馆 CIP 数据核字（2020）第 212596 号

出版发行：中国电力出版社
地　　址：北京市东城区北京站西街 19 号（邮政编码 100005）
网　　址：http://www.cepp.sgcc.com.cn
责任编辑：曹　巍（010-63412609）
责任校对：黄　蓓　常燕昆
装帧设计：唯佳文化
责任印制：杨晓东

印　　刷：北京博海升彩色印刷有限公司
版　　次：2021 年 1 月第一版
印　　次：2021 年 1 月北京第一次印刷
开　　本：787 毫米 ×1092 毫米　16 开本
印　　张：29.25
字　　数：682 千字
定　　价：168.00 元（上、下册）

丛书编辑委员会

顾　　问： 施莫东　曹林娣　刘茂春　郑占峰　包志毅
林小峰　贾晓东　赖齐贤　李寿仁　黄敏强

主　　编： 陈　波　姚丽花

副 主 编： 卢　山　周金海　胡高鹏　张仕龙　李俊杰
高慧慧　林　薇　严中铂　郑秀珍　王月瑶

编　　委： 金卫锋　周兆莹　柳　智　章梨梨　李天飞
何　永　江俊浩　秦安华　刘立明　麻欣瑶
沈珊珊　章晶晶　邬丛瑜　李秋明　袁　梦
朱　凌　俞楠欣　巫木旺　陈中铭　吕建伟
郑　亨　屈泽龙　康　昱　姜兰芸　厉泽萍
郑佳雯　王　栋　张嘉程　杨　翔　陆云舟
钱钰辉　刘佳惠　郑力群　曹　江　丁胜进

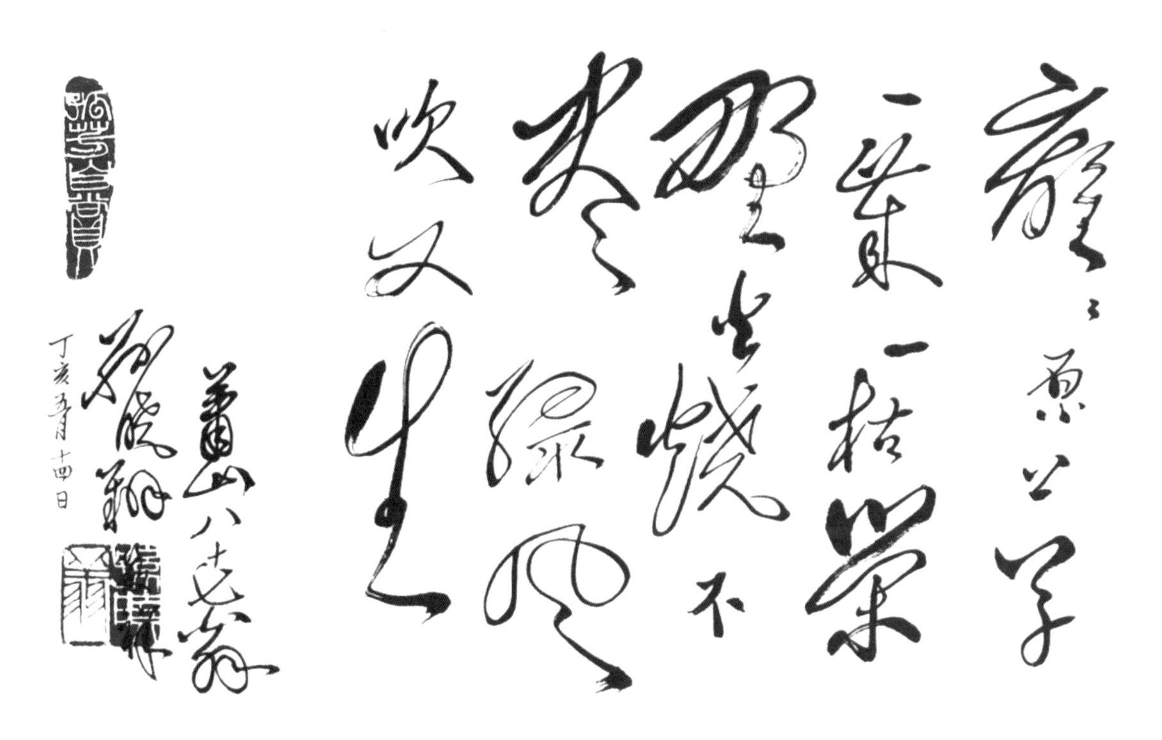

中国风景园林行业泰斗孙筱祥先生早年赠送给陈波主编的题字

原浙江省文化厅厅长、著名剧作家、书法家钱法成

中国风景园林学会终身成就奖获得者、杭州市园林文物局原局长施奠东

浙派園林
继往开来
创造辉煌

曹林娣

2019年3月30日

苏州大学文学院教授、著名园林文化专家曹林娣

浙派園林 山水詩畫
代有傳人 發揚光大

金石聲於庚子季夏

杭州市园林工程有限公司原总工程师、著名园林专家金石声

道法自然，融合人文，
诗画浙江，渐入佳境。

贺《浙派园林学》出版

包志毅
2020.7.28

浙江农林大学风景园林与建筑学院教授、浙江省风景园林学会副理事长包志毅

在我看来，园林是天底下集各种跟美有关学科之大成者，包含植物、文学、建筑、绘画、音乐、戏剧等于一体，整个就是中国文化桂冠，而浙派园林就是这座桂冠上璀璨夺目的一颗明珠。

然而长期以来，人们对这颗明珠耀眼的原因来由、持续历程、亮度精度不知其所以然，即便浙江的山山水水、花花草草如此动人心扉，包括专业人士在内的大众很少系统完整地了解浙江园林的独特精髓，实乃憾事。

这个缺憾现在被以陈波博士领衔的团队突破了，他们的研究细致扎实，成果丰硕，给中国园林以及江南园林百花园中的浙江版块写了一个又好又全的说明书。

林小峰

园林文化学者、中国风景园林学会文化景观专委会委员、上海绿化和市容管理局科技委员会专家林小峰

浙江水土滋养出浙派园林，她是哲学的生态的诗画江南。

祝贺陈波博士的大作《浙派园林学》出版。

赖齐贤

2020.8.2

浙江省农业科学院研究员、浙江省农业农村规划研究院常务副院长赖齐贤

浙派园林

庚子谢天

中国美术学院副教授、国艺城市设计艺术研究院院长谢天

浙派园林学

吴道富谨题

浙江省文化和旅游发展研究院艺林书画院院长吴道富

妙造自然

京華人楊軍書於西泠

歷史文化璀燦無限，承前光輝努力為社會留存產物依據作出貢獻，為社會發展積奠光芒。

楊軍書於西泠

己亥年陽春日

浙江省逸仙书画院书画师、著名书法家杨军

著名国画家李治

浙江大学建筑系教授、中国美术家协会会员赵华

杭州画院专职画师、中国美术家协会会员何庆林

浙派中国书画研究院研究员、浙江省美术家协会会员汤士澜

杭州中翔工程设计项目管理有限责任公司总经理胡高鹏

師法自然

浙派園林雅集 己亥初秋 晓东賀

杭州赛石园林集团有限公司 PPP 事业部副总裁吴晓东

丛书总序

浙江，位于中国长江三角洲南端，面临浩瀚的东海。这里气候温和，雨量充沛，土地肥沃，物产丰富。从新石器时代萧山“跨湖桥遗址”的丰富遗迹、遗物，到20世纪末的漫漫七千年间，浙江先民在与自然和社会的变革撞击中，创造了一个个令人震撼的历史辉煌。浙江又是吴越文化的重要发祥地，有着十分丰富和特色鲜明的传统文化。悠久的历史和灿烂的文化，使浙江赢得了“丝绸之府”“鱼米之乡”和“文化之邦”的美誉。

浙江历史悠久，人杰地灵，是中国三大传统园林流派之一——江南传统园林的主要发祥地。浙派传统园林是中国传统园林的重要组成部分，在中国传统园林发展历史上占有举足轻重的地位。在某些特定时期，浙派传统园林营建曾盛极一时，并有相当一批浙派名园对中国各地园林的营建产生过重大影响。

中华人民共和国成立后，特别是改革开放以来，经过几代人的不懈努力与探索实践，浙派新园林传承浙派传统园林造园精髓，不断开拓创新，逐渐发扬光大，并在全国异军突起，遥遥领先；同时，凭借“浙商”勤奋务实的创业精神、敢为人先的思变精神、抱团奋斗的团队精神、恪守承诺的诚信精神和永不满足的创新精神，浙江园林企业积极实践、大胆探索，规划设计与工程建设早已走出浙江、遍及全国，以精湛的工艺赢得了良好的口碑，缔造了浙派园林的卓越品牌地位。

“浙江省浙派园林文旅研究中心”是国内浙派园林领域唯一省级研究机构，隶属于浙江省文化和旅游厅，紧密依托浙江省文化和旅游发展研究院、浙江理工大学建筑工程学院，汇集了文化、园林、旅游等领域的知名专家、学者，形成实力雄厚的研究团体和技术平台。

中心开创性建立“浙派园林学”学术体系，主要开展浙派园林相关的文化与旅游战略、政策、理论、技艺、产业等的全面、深入研究和创新性技术的转化落地，立足浙江、面向全国，致力浙派园林乃至中国园林文化与旅游事业的传承、发展、创新、推广，肩负“传承发展中国园林文化，开拓引领浙韵园林生活”的重任。

中心以“研究学术、传承文化、服务社会”为宗旨，通过建立“政、产、学、研”相结合的开放性协同创新平台，打造“科技研究—应用开发—宣传推广”三位一体的发展格局，力争建设成为国内一流的园林文化与全域旅游研究的学术中心、交流平台、人才基地与社会智库，为“建设美丽中国、创造美好生活”提供科学依据和智力支持。

中心重点围绕浙派园林与现代风景园林规划理论与实践、人居生态环境理论与实践、风景资源评价与利用等方面开展深入研究，同时开展国家公园、风景名胜区、城市绿地系统、城乡各类园林绿地、湿地公园、旅游景区、海绵城市、特色小镇、美丽乡村、农业园区等方面的规划设计与宣传推广，最大限度地发挥风景园林的综合功能，为人们创造一个生态健全、环境优美和卫生舒适的宜居环境。

《新时代浙派园林研究丛书》是在政产学研通力合作的基础上，由浙江省浙派园林文旅研究中心与元成环境股份有限公司组织专家倾力撰写而成的，是对历年研究成果的系统总结和凝练。

在生态文明新时代，作为东方生态美学思想的杰出典范，浙派园林风格越来越焕发出蓬勃的生命力和巨大的市场前景，正逐渐摆脱地域范围的束缚，立足浙江、走向全国、面向世界。本丛书希望通过系统、深入、全面的考察和研究，总结整理浙派园林的学术体系、风格特征、造园要素、造园手法等内容，并对不同领域、不同类型的浙派新园林进行系统研究，构建新时代浙派园林的世界观、认识论、方法论与实践论体系。

在建设“美丽中国”的大背景下，如何让“浙派园林”顺势而起，在中国园林史上留下浓墨重彩的一笔，这是我们所有“浙派园林人”为之共同努力的目标。祝愿浙派园林的风格和艺术不断完善进步，更加发扬光大，开创“浙派园林”新局面，铸就“浙派园林”新辉煌！

浙江省浙派园林文旅研究中心主任

浙江理工大学风景园林规划与设计研究所所长

2020 年 6 月于浙韵居

刘茂春序

陈波博士要我给新书《浙派园林学》（上、下册）写序，过往我对浙江园林的有关学术研讨有所闻，我想这次是对浙江园林了解和学习的机会，欣然应了。当我查阅资料才知写作浙派园林丛书的团队，对浙江园林的研究已有近十年的积累，所以近三年来如井喷式的连续刊出几本系列研究丛书。在当今园林界的氛围中，能静下心来开展对浙派园林从历史到现今全方位的调查研究、现场查证实属不易，这种对园林教学、科研的艰辛投入精神，值得我这个教育岗位上的老兵学习。

陈波博士及其研究团队，具有强烈的责任心和使命感，产学研结合，理论联系实际，经过多年的潜心钻研，实现了从《浙派园林论》到《浙派园林学》，由“论”到“学”这样大跨度的提升，这是难能可贵的；更加可贵之处是，《浙派园林学》继承传统、开拓创新，首次全面地构建了完整的浙派园林学术体系，又勇于提出新见解，更值得赞赏，相信在实践中继续深化，必将更加完善。

鉴于《浙派园林学》提出了“原始自然”“近自然林业”“近自然园林”等关键的专业术语，而这些术语也是当今园林界常用的专业用语，往往在关键的论述中引用，因此必须清楚其“概念”，就此简略地提出我的认识。

一、中国是世界上第一个以大自然为原型进行园林设计的国家

孙筱祥先生于1986年在美国哈佛大学召开的“国际大地规划教育学术会议”上做了题为《中国的大地规划美学及其教育》的学术报告，在此，摘录孙先生学术报告中的一段话：“中国是世界上第一个以大自然为原型进行园林设计的国家。不仅如此，中国人对大自然的深情挚爱、对大自然的领悟、对自然美的敏感，是极其广泛地渗透到哲学、艺术、文学、绘画的所有文化领域之中，至少已有3000年的历史，中国的这种讴歌大自然的风景园林规划设计的传统美学观念，曾对全世界产生过巨大影响。中国雄奇瑰丽的自然风光，是中国古代园林艺术美感的泉源，值得当今全世界大地规划工作者学习！”

任何园林均是人造出来的，必须在人工精心培育管理下，才有可能形成绿色的艺术品，是极其不易的！中国园林源于自然，但不是自然。

二、“近自然林业”与风景园林

“近自然林业”是德国林学家嘎耶（Gayer）教授1989年提出来的。完整的近自然森林经营和技术体系，是1920年由德国林学家Moller为代表的近自然林业学派,针对“法正林”的营造理念（营造同龄、单树种、单层结构的森林）而提出的；而“近自然林业”营造的理念是：营造异龄、多树种、复层结构的森林。两种不同的营造森林理念，形成了迥然不同的后果。采用“法正林”营造的森林，一旦达到轮伐龄林，则实行皆伐作业，这样连续使用“法正林”，林地的土壤退化，出材率下降，环境恶化；而“近自然林业”采用各种择伐技术，调整森林结构，保持了地力，获得了稳定的木材生产力，保持了良性的森林生态环境。

日本知名的生态学家，国际生态学会前会长，宫胁昭教授，在20世纪80年代创立的“宫胁昭造林法”，在日本以及欧美诸国许多城市的绿地建设、生态修复方面成效显著、影响很广。

我们与林学家、生态学家比较，我们缺了什么？值得园林学科深思！

刘茂春

浙江大学教授，原浙江林学院院长，著名园林专家

2020.8.5

曹林娣序

翻阅陈波博士寄来的《浙派园林学》书稿，首先被“园林学”的名词所吸引，书稿从设计理论与方法、营造技艺到实践案例分析，冀以建立一套知行合一的科学理论体系。研究视野广、目标大，令人倍感欣慰。

具有3000年构园史的中国园林，植根于农耕文化的肥壤沃土，是中华文化的综合载体，并以山水画意式的靓丽风貌，在世界上与西亚、古希腊三大构园流派中独树一帜，18世纪曾大踏步地走向世界。中西园林自成一系统，中国园林文化是专属于中华民族的传统文化，我们应该对她保持敬畏之心，理应建立起自己的一套理论框架。本书的意义还在于：

一、救败继绝　功盛德厚

江南园林以其高逸的文化格调，成为中国园林的代表。“浙派园林”，无论是位于江南“八府一州”“腹心之地”的杭嘉湖地区，还是在钱塘江以东部分地区绍兴、宁波地区，都属于“东南财赋地”。

浙派园林与苏州园林并以风景名世。浙江是中华文明的开元发祥之地：吴越地区发现的新石器时代文化遗址，从上山、小黄山、跨湖桥、河姆渡、良渚等到马桥等青铜时代，展现了吴越史前文化发展的完整而清晰的脉络。最近又在宁波地区发现了8000年前的文化遗存。上山、河姆渡先民的干阑建筑、榫卯结构，奠定了江南乃至中国古代园林建筑的基本类型，进入了成熟的史前文明发展阶段。六朝以前，与吴地共同创造了灿烂的“吴越文化”。可惜的是，如童寯先生于1937年抗日战争前写的《江南园林志》所说：“杭州私园别业，自清以来，数至七十。然现存者多咸、同以后所构。近且杂以西式，又半为商贾所栖，多未能免俗，而无一巨制。”令人扼腕！

“浙派园林研究中心”挖掘历史，重振辉煌，是以实际行动振兴中华文化做扎扎实实的工作，这是真正的文化自觉！

二、一体多元　百花争妍

“浙派园林”固然是一地域概念，但地理因素绝对不可小觑。园林作为一门艺术，烙有丹纳所说的“自然界的结构留在民族精神上的印记”。中华文化一体多元，司马迁在《史记·货殖列传》就说过：陕西沃野千里，百姓喜欢稼穑（种地）；燕赵之地土地瘠薄，人口众多，人性格急躁，人们任侠豪爽，慷慨悲歌；齐国土地肥沃，适合种植桑麻，人们穿着多文采，性格宽缓阔达；鲁西南受儒家思想影响较大，礼数齐备，人比较规矩。浙江和苏州虽然同风同俗，但地理条件不一，自春秋时期开始，就有差别。浙江人接近海洋，多真山真水，思想较苏州开放。因地制宜，才能有效防止千城一面，使华夏大地的园林千姿百态，百花争妍。

三、探索继承　开拓创新

书中力图在继承中国固有的园林文化基础上的开拓创新。如重视了中国园林固有的“汉字”文化精神、园林营造的“意”与“境”的构成，乃至生态造园手法中对藏风得水法、风水五行等的考量。虽然有的研究尚属探索，理论深度还需进一步深化，但依然十分可贵。

如园林中的汉字用典。汉字是中华民族文化与智慧的瑰宝，汉字精神铸就了中国古典园林的诗性品题，以诗文构园，正是中国园林与西亚和西方的最大区别。

另如“风水五行”，中国在商代就已形成了“五行”思想体系，编定于周初的《易》卦爻辞，已经具备了“阴阳”的观念。实际上，在经典的苏州园林的空间布局中都运用了五行相生、五行串联万事万物的原则，是中华先人对宇宙万事万物认识的知识基础，在此基础上产生了一整套知识和技术。

四、知行合一　产学结合

致良知，知行合一，本是阳明文化的核心，知是指良知，行是指人的实践，知与行的合一。它是中国古代哲学中认识论和实践论的命题，只有把“知”和“行”统一起来，才能称得上“善”。我在这里将之运用在理论与实践的结合。“浙派园林研究中心”是产学结合的研究机构，是理论与实践结合的平台。书中的营造技艺与案例分析就是产学结合的成果，也是知行合一的结晶。

在本书出版之际，略赘数语，聊作贺词，希望浙派园林，不断创造新的辉煌！

曹林娣

苏州大学教授、博士生导师，著名园林文化专家

浙江省浙派园林文旅研究中心首席顾问

庚子夏日

贾晓东序

“虽由人作，宛自天开”。中国园林，是举世公认的“世界园林之母”“世界艺术之奇观”，是人类文明的重要遗产。中国园林文化是中国传统优秀文化的重要组成部分，是独特的文化艺术载体，是哲学、文学、书画、戏曲等中国传统文化形式的融合，其不仅体现了中国古代文人和能工巧匠的勤劳与智慧，还客观地反映了中国社会历史文化的变迁，折射出中国人自然观、人生观和世界观的演变与传承。对于像园林这类优秀的传统文化，我们要自觉践行好“保护好、传承好、发展好”及十九大相关指示，“推动中华优秀传统文化创造性转化、创新性发展”。浙派园林，作为中国园林的重要分支，在中国园林的发展历史上占有重要地位。从整个历史时期来看，浙江各种类型的园林都相当齐备，并具有较高的建造和艺术水平。作为浙江珍贵的历史文化遗产，浙派园林在当代仍有其重要意义。

“绿水青山就是金山银山。”顺应自然、追求天人合一，是中华民族自古以来的理念，也是现代化建设的重要遵循。园林是传统文化与生态文明的有机结合，是人与自然沟通的世界性语言。十九大明确了“建成富强民主文明和谐美丽的社会主义现代化强国”的奋斗目标，把“坚持人与自然和谐共生”纳入新时代坚持和发展中国特色社会主义的基本方略，指出“建设生态文明是中华民族永续发展的千年大计”。园林作为国家生态文明建设的重要支柱，文化浙江、美丽浙江的重要内容、文旅融合发展的重要平台，在提高人类生活质量、保障人类身心健康、享受自然美感、充实人类精神品位方面具有其他行业无法替代的作用和不可取代的地位，市场前景广阔，浙派园林大有可为。

浙江省文化和旅游发展研究院作为我省文化、旅游与艺术领域重要的研究机构和智库平台，在全省文化、旅游和艺术建设实践中发挥着积极的指导作用。浙派园林文旅研究中心作为研究院的下属机构，创新性树立了“浙派园林”大旗，致力于浙派园林乃至中国园林文化与旅游事业的传承、发展、创新、推广。

中心成立两年多来，在陈波主任的带领下，不忘初心、砥砺前行，攻坚克难、奋发有为，取得了一系列喜人的成绩。特别是在学术研究领域，继 2018 年推出“浙派传统园林研究丛书”之后，又积极编辑出版“新时代浙派园林研究丛书”。作为新丛书的第一部，《浙派园林学》一书成为新时代浙派园林学术体系的奠基之作。细读全书后，我觉得这部书有如下创新点：

第一，该书对“浙派园林”这一园林体系和风格流派进行了重新定义：所谓浙派园林，是指以浙江省为核心地域范围，依托真山真水营造，具有自然山水式造园风格，体现东方生态美学特征的园林的总称。这一定义实现了浙派园林含义从“地域化”到“风格化”的拓展，有利于浙派园林风格在美丽中国建设中发挥更大更好的作用。

第二，结合哲学、历史学、生态学、艺术学、美学、文化、工程学等学科领域的理论与方法，融合国内外最新学术研究成果，从理论、方法、要素、意匠、技艺与实践等角度，构建了“浙派园林学”这一新的学术体系，丰富和完善了当代中国风景园林学科理论与实践体系；特别是提出了基于近自然园林理念的“立体自然观”，拓展和丰富了孙筱祥先生“三境论”思想，提出了独特的“造园意匠论”，并将传统四大造园要素上升到“山水林田湖草生命共同体”的视角。

第三，以生态文明新时代为背景，立足于“生态文明建设”“美丽中国建设”“生态文化”“东方生态美学”和“山水林田湖草生命共同体”等政策导向和宏观视角，与时俱进，具有较强的时代性、前瞻性、创新性和指导性。

第四，对浙派园林传统造园意匠与传统生态造园手法有较为全面的阐述和总结，在此基础上，融入了若干传统与当代浙派园林设计与营造经典案例，体现了产学研结合与理论联系实际的特色。

“不忘初心，方得始终”，我深深地为陈波博士领衔的研究创作团队的责任心和使命感所钦佩，并为他们精心打造的著作得以付梓而倍感欣慰。我相信，本书乃至本套丛书的出版，一定会为浙派园林事业的再次腾飞注入强劲的动力，对浙江乃至全国的生态文明建设、优秀传统文化传承创新都将起到重要的贡献，故乐为之序。

原浙江省文化艺术研究院院长

现浙江省文化和旅游发展研究院文化艺术总监

2020年6月

郑占峰序

蓝天白云，四季花开，每天睁开双眼，就能呼吸到满室花香，这不是梦，是心之所向。不必承受跋山涉水的旅途劳累，不必担心气候不同引发的各种不适，只要一转身或者走下楼就可以接近大自然，跟家人在开满鲜花的环境里一起游憩。这是多么美好的一件事情，是多少人心之所向的幸福生活。也许，很多人会说，这只不过是文人墨客的一种诗意美化和情感追求罢了，只能渗透文人的审美和价值观，不能当真。但是，“闲倚胡床，庾公楼外峰千朵。与谁同坐，明月清风我”的诗句让多少浮躁的人平静下来；“未出土时便有节，及临凌处尚虚心”又让多少人胜不骄败不馁？文人也罢，普通人也罢，自古至今恒久不变的都是文化的相通，追求的一致。这便是古往今来人们普遍追求的理想生活——园林式生活。

园林源于自然又高于自然，是自然之美、科技之美和文化之美的结合；是把人文的、自然的等各种造景要素汇集在一起，经过巧妙的安排，形成符合我们中国文人特有的价值观的场所。诗和远方不是园林，园林在诗和远方之外，园林即美，美是人类的终极关怀。中国古代哲学观强调“天人合一”，要求人们“道法自然”。因此，“虽由人作，宛自天开”的理念便成为中国古典园林艺术的追求。

我国的园林艺术，如果从殷、周时代囿的出现算起，至今已有三千多年的历史，是世界三大园林体系和源头之一，在世界园林史上占有极其重要的位置，并具有高超的艺术水平和独特的艺术风格。在世界各个历史阶段的文化交流中，中国园林崇尚自然的写意山水园林理论与创作实践，不仅对日本、朝鲜等亚洲国家，而且对欧洲国家的园林艺术创作也都产生过很大的影响。为此，中国素有“世界园林之母”的美誉。

党的十八大以来，党中央始终把生态文明建设放在治国理政的突出位置，牢固树立“绿水青山就是金山银山”重要理念；坚持以人民为中心，以“公园城市”理念塑造生态、生活、生产高度融合的城市空间；坚定文化自信，传承和弘扬以“中国园林”等为代表的中华优秀传统文化。我国风景园林行业迎来了蓬勃发展的春天！

2020 年初，一场新冠肺炎疫情突如其来，给人民群众的生命和健康造成严重威胁，给全国正常的生产、生活秩序也造成深刻影响。园林绿地作为维护人们健康和城市公共安全的重要绿色基础设施，是疫情防控期间重要的隔离防护和户外休憩活动场所。

在民族伟大复兴和城市现代化建设进程中，风景园林行业在营建高质量人居环境、建设健康城市、提高城市公共安全水平领域具有其他行业无法代替的作用，其重要地位将日益凸显并逐步被全社会认知。

我国地域广大，东西南北的气候地理条件及人文风貌各不相同，因而园林也常常表现出较明显的地方特色，并形成了最具代表性的两大传统园林艺术精华——皇家园林和江南园林。古典皇家园林，在生态文明新时代，虽然仍散发着无穷的艺术魅力，但推广应用的局限性很强。而在当今新时代美丽中国建设进程中，古典江南园林艺术的发展空间却越来越广阔，可以预见，一定时期内，江南园林也许会独步天下。

江苏和浙江都是江南传统园林的主要发祥地。以苏州园林为代表的苏派园林多为城市山林，咫尺之内造乾坤，方寸之间显美景，精致而小家碧玉，不仅在国家文化交流的“园林外交”中越来越多地充当中国文化大使，而且在民间也变换着场景以整体或片段的身姿日益频繁地呈现在各地；以杭州园林特别是西湖景观为代表的浙派园林多依托自然山水营造，呈现出真山真水、疏朗明快、舒展自然的造园特色，在城市风景营造尺度上凸显出重要的推广价值和广阔的发展前景。在此历史机遇面前，陈波博士挺身而出，高擎“浙派园林”大旗，潜心研究、大力推广浙派园林地域风格，这是功在当代、利在千秋的重大事业。

受陈波博士之邀，为《浙派园林学》一书作序，品读全书后，我认为本书学术价值非常巨大。

改革开放40多年来，中国的经济、政治、文化、科技、社会等方面取得了巨大的发展成就，特别是生态文明新时代的到来，为风景园林行业带来了前所未有的发展机遇。雨后春笋般的园林专业院校与机构、不断创新的园林技术与材料、星罗棋布的园林设计施工企业、遍地开花的园林实践项目、异彩纷呈的园林艺术风格……，可以说，风景园林行业已迎来了大繁荣时代，已呈现出欣欣向荣的新局面。伟大的时代呼唤伟大的理论，当前风景园林的新理论、新思想也需要在大量实践基础上的总结、提炼、概括和发展。因此，从一定程度上来说，陈波博士的《浙派园林学》一书，无疑开启了中国风景园林地域化、风格化、理论化研究的新阶段。

同时，本书还有如下创新和特色：

1. 本书通过系统、深入、全面的考察和研究，第一次系统完整地提出了浙江地域性的园林学术体系——“浙派园林学”，构建了新时代浙派园林的世界观、认识论、方法论与实践论体系。

2. 本书紧扣生态文明新时代发展脉搏，第一次科学明确地界定了“浙派园林”的概念，把浙派园林风格上升到“东方人类山水美学思想的杰出典范”这一哲学高度，使得浙派园林既能自成一派，又具有极强的普世性，从而摒弃了门户之见和地域之别。

3. 本书积极继承和发扬中国传统园林理论方法，同时结合浙江地域自然和人文特色，对园林泰斗孙筱祥先生的“三境论”，以及“近自然园林”“中国园林造园意匠”“中国园林造园手法”等进行了发展和完善；同时将“山水林田湖草生命共同体”理念引入到浙派园林造园要素之中，体现出学术体系的完备性。

4. 本书还体现了多方面结合的特色：首先是“政、产、学、研”相结合的开放性协同创新；其次是理论与实践的结合，理论来自实践，又指导实践；最后，本书不仅有老一辈园林专家的鼓励，还有身在前沿的中年园林从业者的造园心得，以及年轻一代园林学子的研究成果，可谓老中青结合，让我看到了浙派园林传承发展的蓬勃生命力。

我衷心祝贺《浙派园林学》的完成和出版，并向陈波博士等作者表示由衷的敬意和感谢！相信本书的出版，将会极大推进浙江乃至中国风景园林行业新的发展，给风景园林学术界注入新活力！

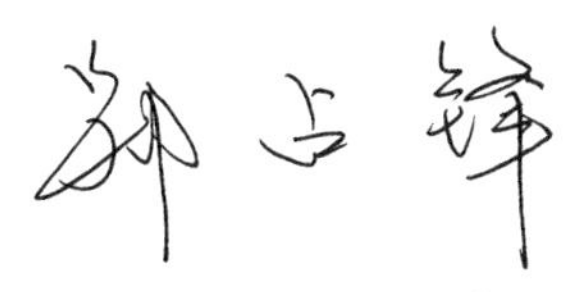

中国风景园林学会风景园林规划设计分会副理事长
河北省风景园林学会副理事长兼规划设计专业委员会主任
北京林业大学园林学院客座教授
浙江省浙派园林文旅研究中心高级顾问

2020.8.8

前 言

中国地大物博，地域的不同造就了各地园林的差异化和特殊性，在提倡地方特色的今天，有关传统园林的研究也发生了极大的变化，以“中国”作为整体论述对象逐渐受到质疑，关注地方园林研究成为当今学界的共识。“浙派园林”是江南园林的重要组成部分，从地理区位上划分属于江南园林的南部，自东晋以来就深受外来文化的影响，园林繁盛且源流驳杂，其独特的价值对中国传统园林产生了深远的影响。虽然这一称谓自浙江省浙派园林文旅研究中心正式提出、界定至今时间并不长，但在当地独特历史、地理、经济、文化等因素的作用下，“浙派园林”早已形成。

浙江东临浩瀚的东海，气候温和，雨量充沛，土地肥沃，物产丰富，山水优美，佛教兴盛，是吴越文化、江南文化的发源地，被称为“丝绸之府”“鱼米之乡”。浙江范围内的杭州是历史上五代十国时吴越国与南宋王朝的都城，绍兴是春秋战国时越国的都城，这些都给浙江留下了丰厚的历史积淀。

浙江自古经济发达，繁荣富庶，兴盛的浙商成为推动浙江社会、经济、文化发展的主要动力；浙江历史上三次受到中原文化的大冲击（永嘉之乱、安史之乱、靖康之变），文化多元共生；浙江人历代重视教育，境内文人辈出，历史上曾出现多个学派，如“永嘉学派”“浙东学派”等，它们的学术观点有较强的共性，都较强调“经世致用”；浙江的绘画、书法、篆刻、盆景等都自成一派，在历史上具有较大影响力，地位较高，享誉海内外，这些都对浙江的传统园林营造产生了重要影响，并逐步形成了具有本地文化内涵、地域特征和独特魅力的“浙派园林”。

在江南园林这个范畴里，如果说以苏州园林、扬州园林、无锡园林等为代表的苏派园林的精华在于“人工之中见自然”，那么，以杭州园林、嘉兴园林、湖州园林等为代表的浙派园林则是“自然之中缀人工”做得更为精妙；如果说苏派园林大多是内向的，那么浙派园林则是局部外向的，外向的部分即是接纳湖山的部分。

本书对“浙派园林”这一园林体系和风格流派进行了重新定义：所谓浙派园林，是指以浙江省为核心地域范围，依托真山真水营造，具有自然山水式造园风格，体现东方生态美学特征的园林的总称。

东方生态美学“天人合一、道法自然”的核心思想，在浙派园林真山真水的创作之中得到淋漓尽致的体现。相比其他风格的园林，浙派园林呈现出更加包容、大气、生态、自然的无限魅力。凭借独特的诗画山水与璀璨人文，浙派园林成为东方自然山水式生态美学思想的杰出典范，并且自成一派，扎根于江南温润如玉的土地上，其造园特色与意匠辐射至全国各地，绽放出无限的光彩，引领着新时代中国园林发展的方向。

因此，本书对浙派园林进行了系统、深入而全面的研究，首次架构了“浙派园林学”学术体系，从浙派园林的哲学渊源、滋养沃土、地位价值、基本理论、设计方法、造园要素、造园意匠、生态技法、典型案例等方面进行了详细阐述。

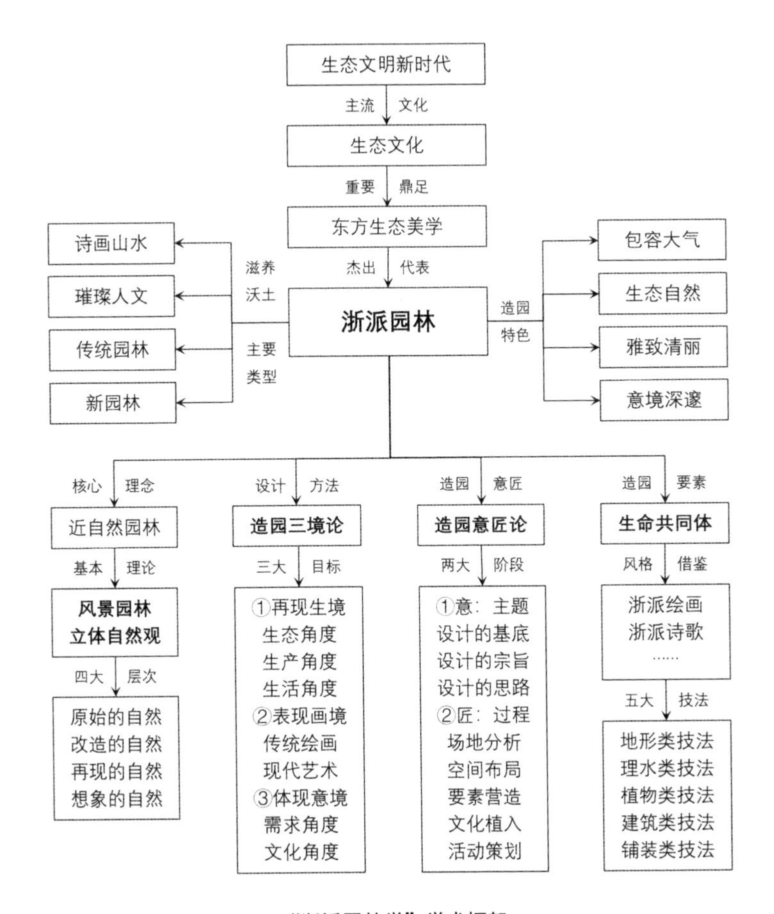

“浙派园林学”学术框架

本书是各位作者通力合作的成果，整体构思与学术框架搭建由陈波完成，全书由陈波与王月瑶负责统稿。本书的部分章节直接引用了浙江理工大学风景园林专业硕士研究生袁梦、俞楠欣、陈中铭、邬丛瑜、朱凌、李秋明、巫木旺等同学的研究成果。中国电力出版社曹巍编辑为本书的编辑与出版提供了大力支持。书中部分资料引自公开出版的文献，除在参考文献中注明外，其余不再一一列注。在此，对上述人员一并表示衷心的感谢！

诚挚感谢著名园林与文化专家刘茂春教授、曹林娣教授、贾晓东先生和郑占峰先生为本书作序，四位专家的肯定和鼓励给予我们莫大的信心和前进动力，精彩独到的点评为我们后续研究指明了方向！

诚挚感谢德高望重的施奠东先生将大作《在中国风景园林的延长线上砥砺前进》一文在本书中全文转载；感谢各位领导、专家为“浙派园林”事业与本书出版题词、作画；感谢各位经验丰富的园林设计师、园林建造师为本书精心撰写造园心得，为本书增光添彩！

特别感谢著名水生植物专家陈煜初先生为本书出版提供的热情支持！

本书既可作为大专院校园林、风景园林、景观设计、环境艺术设计等专业的教材，也可作为园林景观相关专业学生与教师的培训材料，还可作为关注浙派园林的科研人员、设计人员、施工人员及其他爱好者的推荐读物。

由于学识和时间的限制，书中难免会有不足甚至错漏之处，恳请各位专家、读者批评指正。

著　者

2020 年 6 月

目 录

第一篇

物华天宝、人杰地灵：浙派园林形成背景

第一章

浙派园林的哲学渊源

“绿水青山就是金山银山。”党的十八大以来，党中央从中国特色社会主义事业“五位一体”总体布局的战略高度，从实现中华民族伟大复兴中国梦的历史维度，强力推进生态文明建设，引领中华民族永续发展。十九大报告中更是确立了“建成富强民主文明和谐美丽的社会主义现代化强国”的奋斗目标，把“坚持人与自然和谐共生”纳入新时代坚持和发展中国特色社会主义的基本方略，指出“建设生态文明是中华民族永续发展的千年大计”。

在生态文明新时代，园林行业作为生态环保产业的重要支柱，其独特的绿色环保和生态理念已经得到越来越多的认可和重视，而且在提高人类生活质量、保障人类身心健康、享受自然美感、充实人类精神品位方面具有其他行业无法替代的作用和不可取代的地位，由此展现出越来越广阔的市场前景。

中国是世界园林艺术起源最早的国家之一，中国传统园林在中国传统文化中独具特色，其“虽由人作、宛自天开”的自然式山水园林的理论和创作实践，不仅对日本、朝鲜等亚洲国家，而且对欧洲古典园林创作都产生过极大影响。中国园林善于因地制宜，即根据南北方自然条件的不同，而有南方园林与北方园林之不同，并逐步形成了具有明显地域特色的三大传统园林流派——北方园林、江南园林和岭南园林。其中，浙江作为江南传统园林的主要发祥地之一，历史文化悠久、经济社会发达、植物种类丰富、生态环境多样、造园技艺娴熟，逐步发展形成了有别于江南其他地区、独树一帜的“浙派园林”流派，充分展现了东方自然山水式生态美学的特色和浙江地域园林别具一格的魅力。

第一节　生态文明新时代的主流文化——生态文化

敬畏自然，重视生态，追求天人合一，是中华民族的优秀传统。中国古老的哲学与现代生活和科学思维相结合，重新闪烁着智慧之光。党的十八大提出，大力推进生态文明建设，必须树立尊重自然、顺应自然、保护自然的生态文明理念，把生态文明建设放在关系人民福祉、关乎民族未来长远大计的突出地位，融入经济建设、政治建设、文化建设、社会建设各方面和全过程，努力建设美丽中国，实现中华民族永续发展。这一思想和目标的提出，对于中国社会主义现代化进程，具有里程碑的意义。

文化是国家和民族的血脉与灵魂，是经济发展和社会进步的坚实根基和不竭的源泉。中华文化多元一体，源远流长。人类社会一直为三个大的矛盾所困扰，这就是人与自然的矛盾、人与人及人与社会的矛盾、作为个体的人自我身心的矛盾。为消除矛盾，实现和谐，中国人自古而始不懈求索和思考，“天人合一”“和而不同”等思想就是中华优秀传统文化的结晶。当代社会发生了许多重大的变化，人与自然的矛盾更加严峻和突出。必须要在继承发展优秀传统文化的基础上与时俱进，不断进行理论与实践创新，才能够牢固构建文明的基石，获得由必然王国走向自由王国的智慧和力量，最终实现人的自我解放和全面发展。

与人类相生相伴的生态文化，是一种崇尚自然、敬畏自然、亲近自然的先进文化，体现了人与自然和谐的生态价值观。我国生态文化历史悠久，已成为中华民族传统文化的重要组成部分，其中蕴含着丰富的生态智慧和科学的生态伦理，与当代倡导的生态文明理念具有高度一致性，是我们普及生态知识、解决生态危机、建设生态文明的文化基础。1988 年，70 多位诺贝尔奖得主在巴黎集会时得出这样一个结论：如果人类要在 21 世纪生存下去，必须回到二千五百多年前去汲取中国孔子的智慧。在建设生态文明和美丽中国的新形势下，大力弘扬生态文化，对于推动社会主义文化大发展大繁荣，引导全社会牢固树立生态文明理念，推动形成热爱自然、尊重自然、保护自然的良好风尚，促进人与自然和谐相处，实现良好生态奋斗目标，具有十分重要的意义。

一、生态文明与生态文化的概念

（一）生态文明的概念

了解生态文明的概念对于理解生态文化的内涵有着不可替代的作用。要想从本质上理解生态文化，必须从生态文明入手。

中共十八大报告指出：“建设生态文明，是关系人民福祉、关乎民族未来的长远大计。面对资源约束趋紧、环境污染严重、生态系统退化的严峻形势，必须树立尊重自然、顺应自然、保护自然的生态文明理念，把生态文明建设放在突出地位，融入经济建设、政治建设、文化建设、社会建设各方面和全过程，努力建设美丽中国，实现中华民族永续发展。”这是继十七大报告之后，党中央再次论及“生态文明”，并将其提升到更高的战略层面。由此，中国特色社会主义事业总体布局由包括经济建设、政治建设、文化建设、社会建设在内的“四位一体”格局拓展为包括生态文明建设在内的“五位一体”布局，这是贯彻落实科学发展观的一个新部署，也是马克思主义中国化的新进展。

建设生态文明是中国特色社会主义伟大实践提出的一个战略性目标，为实现这个目标，社会各界需要对生态文明概念有一个全面、准确的理解和把握，只有把生态文明概念的内涵、外延认识清楚，并同时把处于理念阶段的生态文明概念转化为现实的生态文明实践，才能实现党和国家的战略意图，也才能真正建设一个惠及全民的生态文明。

关于生态文明概念的界定有很多，不同学者的研究角度不同，所以侧重点不同。本书认为，生态文明是指人类遵循人与自然发展的客观规律而取得的物质与精神成果的总和；是指以人与自然、人与人、人与社会和谐共生、良性循环、全面发展、持续繁荣为基本宗旨的文化伦理形态。生态文明强调的是以人为本、遵循自然的客观规律，把人与自然的相互依存、共同发展作为基本宗旨，既追求人与生态环境的和谐共处，也追求人与人的和谐发展，而且人与人的和谐共处才能为人与自然的和谐发展奠定基础。生态文明遵循的是可持续发展原则，要求实现人与自然的和谐共处，只有在生态文明的基础上发展经济才能实现人类与自然的协调发展。

（二）生态文化的概念

学者们一般认为，广义的生态文化是人类文化系统中的一个子系统。它是人类在适应自然、改造自然的过程中逐步形成的反映人与自然互动关系的物质和精神成果的总和，也是以生态理论方法为指导形成的生态物质文化、生态精神文化、生态行为文化的总称。

本书认为，生态文化是从人统治自然的文化过渡到人与自然和谐并进的文化。建设生态文化，是实施可持续发展战略、建设人与自然和谐社会的必然选择。生态文化是一种社会文化，它包括人类在总结过去传统经验的基础上提出的有利于人与自然和谐相处的文化形态，还包括人类为了保护生态环境而制定的相关措施。在一定程度上，生态文化可以分为物质、精神和制度三个层面：物质层面的生态文化所指向的是生态文化的有形体现，代表着人类对生态环境产生作用的能力；生态文化在精神层面主要体现为生态价值观，是人们在生产和生活中的生态伦理道德准则；制度层面的生态文化则包括政府为了保护生态环境而制定的法律、法规及具体政策。

生态文化是人类所面临的一种新的生活方式，即人与自然和谐发展的生活方式。生态文化被视为一种人类创造和选择的新文化，并将带来一种新文明、新价值观——生态文明。人类从反自然的文化和人类主宰与控制自然的文化，转向尊重自然、顺应自然、依赖自然、人与自然和谐共生的文化，将依据“生态文化”的价值观念来判定自己创造的文明程度和发展方向。作为一种价值观、文明观，生态文化首先是价值观的转变，是人类新的生存方式，即人与自然和谐发展的生存方式。

从狭义的概念来看，生态文化是以生态价值观为指导的社会意识形态、人类精神和社会制度，主要是指一种基于生态理念的社会文化现象。它主要是自 19 世纪以来，人类在重视自身生存的生态环境保护的过程中，逐渐产生的一系列的环境观念、生态意识，以及在此基础上发展起来的一系列有关生态环境的人文社会科学成果，例如，生态美学、生态文学、生态伦理学等。这些新的生态文化成果既表明了生态思维对人文社会科学的渗透，是自然科学与人文社会科学在当代相互融合的文化发展趋势；同时也表明生态文化作为一股思想文化潮流，由于它所关注的是全球、全人类的福祉，因此越来越具有全球意义。生态文化的重要特征就是注重自然因素、自然规律、生态环境对人类社会的影响，注重人对自然的态度，它是人类社会发展到一定阶段后物质生产和精神生产高度发展、自然生态与人文生态和谐统一的文化。

二、生态文化在生态文明建设中的作用

（一）生态文化是生态文明建设的主旨方向

生态文化决定了生态文明的建设方向，为其提供了理论上的指导。具体体现在以下几个方面：

1. 生态文化是生态文明建设的基本诉求

通常情况下，生态文化被认为是生态文明的基础，生态文明的发展离不开生态文化的指引和推动，两者之间相互依存、缺一不可。客观来看，无论是生态文明，还是生态文化，其发展都受到社会环境的影响，生态系统失衡、全球气候变暖等方面的因素均给其带来了重要冲击。当前，人类发展中面临的主要困难早已不再局限于那些固有的发展矛盾，文明与文化的危机逐渐出现，威胁着人类的长远发展。而诸多专家、学者明确指出，这些问题的根源在于"人类的不规范行为"和"人类生态观念的缺失"。由此可见，社会的稳定发展离不开文化的支撑，培育和宣传生态文化已经成为各国缓解生态危机的最主要手段。另外，伴随着生态文化的发展，生态文明也不断丰富。在这样的情况下，生态文明和生态文化的关系表现出强烈的动态性特征，属于一种正处于建设阶段的"新关系"。生态文明作为一种不同于其他所有文明的独立形态，高度依赖生态文化，非常直观地体现了生态文化建设中的各种诉求。

2. 生态文化为生态文明的建设指明了方向

随着文化与文明的持续发展，无论采取何种建设手段，生态文化的建设最终都要归结到生态文明的方向上，为生态文明的进一步发展服务。中共十八大着重强调了生态文明的重要地位，将其提升到与经济文明、政治文明一样的高度。这就充分表明，生态文明已经成为现代社会发展中的一项关键内容。但即便如此，生态文明的发展依然要与生态文化的建设紧密结合，从经济、政治等多个视角，为其指明具体的建设方向，从根本上提高生态文化建设的整体效果。首先，在经济方面，生态文明提倡采用"集约型"的经济增长方式，要求政府及相关部门在大力发展经济的过程中，也充分重视经济的"集约"情况，尽可能降低其对生态环境的负面影响；其次，在政治方面，生态文明提倡"民主决策"，要求全体社会成员都能够积极参与到建设过程中；最后，在文化方面，生态文明提倡文明与文化的协同发展，强调可持续发展目标的实现。正因如此，生态文化的建设也注重

经济的集约性、政治的民主性和文化的可持续性，希望通过有效的建设方法，协调人与自然的关系，从而推动生态文化的长远发展。

3. 生态文化决定了生态文明的核心价值

追溯人类的图腾文化，我们不难发现，人类对自然的崇拜具有很强的盲目性，但这种盲目性也恰好验证了人类早期生态意识的萌芽。伴随着人类社会的不断发展，农业文化逐步出现，并给人类的生产和生活带来了诸多影响。然而，由于古代人类无法全面地认知文化与文明之间的本质关联，所以他们无法合理利用土地资源，破坏了土地的生命力，对生态环境也造成了显著的危害。这一现象充分表明：文明的发展必须依靠文化的支撑，一旦失去这种有力的文化支撑，那么整个文明的发展都将出现显著的弊端。

事实上，人类社会发展过程中出现的一系列生态环境危机，使得人们开始关注生态环境的保护，并且意识到人类要想获得可持续发展，就必须与自然和谐相处。在这种意识觉醒中，生态文化逐渐产生。由此可见，在人类社会庞大的文化体系中，生态文化占据着不容忽视的地位，直接关系到人类的发展。值得强调的是，文化的发展必须伴随着文明的进步，农业文明及工业文明的发展历程中出现的问题以及带来的消极影响，充分印证了人类过度利用自然资源的不良后果。正因如此，我们可以得出结论：生态文明是生态文化核心价值的集中体现，同时也是生态文化得以稳定发展的一种必要条件。

（二）生态文化是生态文明建设的根本动力

生态文化是当前最为重要的文化形式之一，强调构建人与自然和谐相处的发展格局，在生态环境危机的现状下积极寻求发展。而生态文明的建设离不开生态文化的推动，生态文化是生态文明建设过程中不可或缺的动力源泉。具体而言，生态文化对生态文明建设的推动主要体现在以下几个方面：

1. 生态文化促进了资源节约利用

人类在漫长的发展历程中不断适应生态环境，并在此过程中形成了自己的文化。但随着社会的发展，人口、资源和环境之间的矛盾日益突出，对人类发展造成了显著的威胁。因此，为了使环境与人类文明更加融合，人类必须在实践中对文化进行积极的调整，以此来最大程度地缓解人与环境的种种矛盾。由此可见，生态文化与环境发展之间存在显著的协调关系，二者协同进步，相互影响。对于生态文化建设来说，生态文明对其提出的最基本的要求就是“文化价值观的创新”，要求人们积极寻找文化价值观的创新方式，从错误的价值理念中挣脱，树立良好的生态文化理念——“天人合一”。如此一来，在理念方面，生态文明建设将获得充足的动力。就我国来看，中华民族经历五千多年的发展，积累了深厚的生态文化内涵，奠定了中华民族精深的文化基础。在如此深厚的文化底蕴中，我们更应该注重“天人合一”生态文化理念的培养和塑造，引导人们更加积极地投身到生态文明建设的行列中，为生态文化的进一步发展注入源源不断的推动力。

2. 生态文化推动了环境保护

生态文化倡导“走高效节约的发展道路”，将经济效益、生态效益和社会效益的有机结合放在首要位置。在这样的情况下，我们积极发展循环经济，重视绿色高新技术产业的培育，从政策、经济及文化等多个层面切入，推动“绿色发展”。从根本而言，这种“绿色发展”否定了农业时代和工业时代高污染、高消耗的生产方式，要求人们尽快寻找低污染、低消耗的绿色生产方式，实现“用最少的资源，达到最佳的生产效果”。同时“绿色发展”还要求人们从自身做起，为生态文化的建设做出应有的贡献。从长远角度来看，生态文化是“绿色发展”的重要催化剂，使得这种“绿色发展”成为一种新的生产生活方式，在各国得到了广泛的推广和应用。

3. 生态文化是中华民族复兴的重要动力来源

自1978年改革开放以来，我国积极发展经济，综合国力持续增强，我国的政治、经济、文化也在世界大舞台上发挥着越来越重要的作用，影响越来越大。但即便如此，中华民族的复兴还是无法脱离文化的基石。而生态文化作为近年来最重要的文化形式之一，更是起到了尤为关键的作用。正因如此，我们在积极发展经济的同时，也必须注重生态文化的发展，从根本上提高人民的生态意识，优化生态文化的建设成果。如此一来，中华民族的伟大复兴将获得更多的驱动力，复兴步伐也将不断加快。

第二节　生态文化的重要鼎足——东方生态美学

审美，是支撑生态文化的一大鼎足。

20世纪80年代中期崛起的生态美学具有鲜明的东方色彩，是东方文化对世界美学的贡献，是东方古代生态审美智慧在当代世界文明史的重放光彩。诚如美国当代建设性后现代主义理论家小约翰·B. 柯布所言，当代“科学进一步发展所需之基本世界观与其说接近第一次启蒙之世界观，不如说更接近古典的中国思维，那么，让大多数中国古典思想获得新生，此其时也”。东方生态美学的原生性表现在其“天人合一”的哲学前提、“万物平等”的价值取向，以及“生生为易”的生命论美学内涵等诸多方面。而西方环境美学以其原生性理论形态，体现了人类中心主义的遗痕、分析美学的方法与艺术美学的影响等。

中国独特的生态智慧——“天人合一”思想，是中国传统园林的总体生态美学精神。在此基础上，形成了中国传统园林生态美的典型形态——自然山水美。中国园林是多维空间的艺术造型，有史以来就始终坚持在以讴歌自然、推崇自然美为特征的美学思想体系下求发展，以期达到“虽由人作”却“宛自天开”之审美、游览、环保效果，强调艺术美与自然美、形式美与内容美之辩证统一，以艺术美为手段，以自然美为目的，以形式美为框架，以内容美为核心，力求体现不是自然却胜似自然的生态效益和人文价值。

一、生态美学的含义

（一）生态的正面形象

要了解生态美学，先得弄清生态的含义。“生态”一词，常常被十分模糊地使用。生态学是自然科学，“生态”原本是研究对象，是一个中性词。平衡和谐是生态，紊乱失调也是生态；鸟语花香是生态，病虫害猖狂、传染病流行也是生态。在人们的理解和认识中、语言和意识里，与生态相关的几样东西经常混为一谈，不分彼此。生态等于大自然，等于植物和动物，等于有机，等于鸟语花香、蜂拥蝶舞、溪水潺潺。生态还在不经意间被人们用来形容环境美，在西方学者那里，谈论生态美基本就是谈环境美，话题与景观管理、环境美化、农村土地利用及城市建设等相关，颇具实践性。

尽管对于生态学家来说，开一片绿地、种一些花草、布置一些水景、在广场上摆放一些花草绿植，对这个局部地区的生态环境来说根本发挥不了什么作用，甚至还有不良影响，但它们还是美化了环境，构成了“生态和谐”的景象，迎合了人们的想象，让人们舒心、满意和赞颂。同样，尽管“原生态”原本也可以负面地意味着荆棘丛生、瘴气缭绕、蝎蛇四伏、荒无人烟的恐怖之地，但在现实中却更多地被当作一个正面的、积极的限定词，用来指代没用化肥的有机谷物，或散养、自然生长的家禽家畜。

一个常识，一个词语，都会有分歧。总的来说，在科普领域里，在公共话语中，“生态”的含义往往正面、积极，变成对人与自然和谐共处的理想状态的一种表述。“生态”这两个字看上去像“自然”一样亲切可爱，就像面对“塑料”“混凝土”这些字眼，你无论如何爱不起来一样，尽管后者才是我们更亲近的东西，不管你愿不愿意。因此，生态已经变成了一种理念或理想，一种对人与自然和谐共处、其乐融融景象的憧憬和描述。

当生态成为一种公共关怀，从自然科学领域游走到人文社会科学领域时，它就失去了在自然科学中的专业性，具有了客串性质。它必然会放下身段，改头换面，具有大使般的亲善性。生态美学，本身具有一种跨学科的视野和思路。早就有人指出跨学科研究方法所具有的一些特征，如，它们在科学之外另有渊源，是日常生活的产物。它们与公共利益以及怎样管理这些利益相关。它们属于共同关怀。所以，我们应该理解一个术语在不同领域其含义是有差异的。作为公共关怀、共同利益的生态，虽然离科学的“本义”可能远了一点儿，但是从实践应用方面说，跨学科知识的运用、跨学科的合作对于实现目标是非常必要的。

（二）生态审美的定义

刚刚摆脱了生存的艰辛，人类生活又出现新的困境。经济社会的发展带来了环境污染、生态危机，现代消费社会迅速形成，造成了美的混淆，美沦落到与欲望、金钱相提并论的地步。物欲代替了美，价格的高低与美的品位画上等号，美被扭曲为一种标榜、一种招牌，反过来又刺激人的物质欲望。这种恶性循环造成物欲横流和资源浪费，使得人既不健康，更缺少幸福感。这些新的课题让人们不得不去面对和思考。

生态审美可以这样理解：它是人们有了由时代更新了的环境意识之后，对自然及其与自身的关系所做的新一轮的认识、体验和表达。在温饱之后，人们进而要求有尊严、有质量地生活，从自然、生态那里汲取营养，将日常生活和自然万物上升至审美高度，形成自身和生态环境之间的美的统一，成为一种迫切的精神需求。生态审美可以说是应运而生，它从真善美统一的角度、人与自然和谐相处的角度去看待生态环境和周围事物。如上文所说，公共话题中谈论的“生态”，大致可以视为“自然”。各种艺术形式的产生几乎都源于对自然的模仿。自然美是自然事物或自然现象中显现出来的审美价值，但这种显现不是单向的传来，而来自人与自然的相遇、碰撞。美感正是产生于人与自然的观望互赏中，当你争辩说天地自然本身可以很美的时候，你拿出的证据经常是几幅精美的照片。但这不是自然本身，而是自然的表征。照片本身，浸透着人的凝望。

沿着这样的思路来看“生态审美”，我们可以给它做出一个正式的定义：生态审美是人们可以欲求的一种期待或构想，即人们从风景那里获得审美愉悦，而这些风景本身又包含着生态功能。在这种形式与功能的结合之下，审美体验可以推动建设和维护更健康的生态系统，因而直接或间接地促进人类健康与福祉。

二、中国园林中的审美体验

生态美学关注人与自然的和谐相处。中国园林既是由建筑、植物、土地、水体构成的艺术品，也是为中国古人的园居生活在存在意义上的诗意栖居提供的一个典型场所，是研究这一议题不能不提及的。

（一）园林是一种亲近自然的权宜方式

人们为生活便利而群居、而城市化，于是山高水远，不得时时亲近，只好在自己的住处叠石筑山、引水穿池、树木莳花，聊寄林泉之思。这纯属聊胜于无的不得已之事，正如清人李渔所说：“幽斋磊石，原非得已。不能致身岩下与木石居，故以一拳代山一勺代水，所谓无聊之极思也。”权宜之下，一旦有机会，那还是要亲近自然的。对造园来说，能够模山范水、惟妙惟肖已经不错，能做到“虽由人作，宛自天开”，就是最好的评价了。我们追求的是天人合一，与自然毫无隔阂地、不露痕迹地打成一片，融为一体。不仅衣食所需取自自然，更重要的，是从天地万物那里获得无数灵感、想象、思想。格物致知，是中国人获取知识的基本方法。

中国园林被公认是艺术。其实，园居生活本身也是艺术。

在古人看来，人生之至乐，就是游赏寄情于山水。明人金幼孜说：“夫天下之乐，莫过于山水泉石、烟云花竹鱼鸟之物，会于心而触于目，以供游赏之适、临眺之娱，使人神志舒畅，意态萧散，无一毫尘累足以动其中。然后有以浮游于万物之表。此其快且适当何好哉！”

能时时亲近自然当然最好，但对绝大多数人来说，不可能有机会游栖于自然山林之中。营造园林，模山范水，便成了权宜之计。中国的山水画与此同理。宋人郭熙在《山水训》中说："君子之所以爱夫山水者，其旨安在邱园。养素所常处也，泉石啸傲所常乐也，渔樵隐逸所常适也，猨鹤飞鸣所常观也。尘嚣缰锁，此人情所常厌也。烟霞仙圣，此人情所常愿而不得见也……白驹之诗，紫芝之咏，皆不得已而长往者也。然则林泉之志、烟霞之侣，梦寐在焉，耳目断绝。今得妙手郁然出之，不下堂筵，坐穷泉壑，猨声鸟啼依约在耳，山光水色滉瀁夺目，斯不快人意、实获我心哉！此世之所以贵夫画山水之本意哉。"

中国园林正是立体的山水画。园林营造的许多设计构思理念都来自画论。寒士学子无力营园，却也各自有权宜之计。有的做山水盆景，如清人沈复夫妇；有的如画饼充饥，画一幅园图以备时时神游；以文字描写想象中的园林更是不乏其例，刘士龙的《乌有园记》、黄周星的《将就园记》和陶渊明的《桃花源记》一样，寄托着作者的理想。

（二）园林志趣是一种生活哲学

明代李预亨有一个论断："人生可不营园林，但不可无园林趣味。"李预亨是在读了两首诗后发此高论的。一是唐人刘威的诗《游东湖黄处士园林》："偶向东湖更向东，数声鸡犬翠微中。遥知杨柳是门处，似隔芙蓉无路通。樵客出来山带雨，渔舟过去水生风。物情多与闲相称，所恨求安计不同。"偏僻的园林隐藏在湖光之外、树木葱翠中，一派幽秘清新的自然野趣。而能够领略到其中物情的，须是有闲情逸致、有天然真趣的人。李预亨说："读其诗，其胸中洒落可见矣。"另一首是宋朝邵尧夫的《洛下园池》："洛下园池不闭门，洞天休用别寻春。纵游只却输闲客，遍入何尝问主人。更小亭栏花自好，尽荒台榭景才真。虚名误了无涯事，未必虚名总到身。"此诗写的是游览荒芜失主的园林。园门微掩，园内别有洞天，春光无限。昔日的亭台水榭因为缺少照料而有几分野意，却因此而更显得真切天然。任美景空置而追求功名利禄虚名，也未必真能求得虚名，反辜负了名园佳景，错过了与风景相对相悦的时光。李预亨认为人生不可或缺的"园林志趣"，显然与自然野趣、闲情逸致有关，而且认为这是人生应该追求和持守的常态。一句话，你得心里存有那份东西，才能领略到山水自然的真趣，并与之产生共鸣，将自己的存在与周围的一切融在一起。

清人戴名世写过一篇《意园记》，为我们理解园林志趣提供了一个例证。"意园者，无是园也，意之如此云耳。"其实根本没有这么一个园子，全文是对理想的园林及园居生活所做的畅想：

"山数峰，田数顷，水一溪，瀑十丈，树千重，竹万个。主人携书千卷，童子一人，琴一张，酒一瓮。其园无径，主人不知出，外人不知入。其草若兰、若蕙、若菖蒲、若薜荔。其花若荷、若菊、若芙蓉、若芍药。其鸟若鹤、若鹭、若鸥、若黄鹂。树则有松、有杉、有梅、有梧桐、有桃、有海棠。溪则为声，如丝桐、如钟、如磬。其石或青或赤。或偃或仰，或峭立百仞。其田宜稻宜秫，其圃宜芹。其山有蕨有笋，其池有荇。其童子伐薪、采薇、捕鱼。主人以半日读书，以半日看花、弹琴、饮酒，听鸟声、松声、水声，观太空。粲然而笑，怡然而睡，明日亦如之。岁几更欤，代几变欤，不知也。避世者欤，避地者欤，不知也。主人失其姓，晦其名。何氏之民？曰无怀氏之民也。其园为何？曰意园也。”

这和陶渊明的《桃花源记》一样，是一个理想乌托邦。不同的是，文中津津乐道地描写了想要的居住环境，有树、有花、有鸟、有泉、有石，可种粮种菜。生活则任性悠闲，日与自然天籁为伴，不分彼此。这种描写及态度，与古籍中连篇累牍的园记的笔调完全一致。可以说，园林志趣代表的是中国人特有的一种世界观和人生态度，即人与自身和解、与自然相融，心胸疏达，务求将气息吐纳融入自然，与自然融为一体。在古人看来，天生人类，本来就同时惠赠了他们真趣真乐。但是人情常为富贵所夺目，心志常为纷华所奴役，患得患失，以致眼花缭乱，心无宁日。只有逍遥山水之间，栖迟鱼鸟之际，观流景，感物情，知万变皆有命数，一切皆是幻象，而能知命乐天，养成乐观旷达的人生态度，享受生活的乐趣。

（三）园林是诗意栖居的实践范式

中国古典园林不仅可以指存留下来的一些实体、遗迹，在很大程度上，这几个字眼，可以被视为一种理念或理想，生动地存活于文献典籍中，或换言之，存在于语言中、观念中。

园林一旦建成，园主首先要做的就是要有一篇“记”。“记”是古代纷繁众多的文种之一，“记者，所以备不忘也”。用以记录基本事实，也常借以抒情议论、阐发思想。如果园主本人饱学能文，自己就可以写了，但是也常邀名士写记，这就是“求记”，即找一个德高望重的人来记录一下造园经过、园中景致等，但几乎没有例外的是，记的最后会以相当的笔墨对园主的志趣或造园意图等进行引发弘扬。这些记，描写了园中景色，解释、演绎了造园旨趣，诗化了园居生活，这些美文比园林本身传世更久。人们深知，园林终有荒废易主的时候，而不朽的是文字记述的东西。许多园记的作者自己并没有亲身到过所记的园林，往往凭求记者的口头或书面描述而作文，情况好些的是可以看看园图，但是并不影响写园记。正如名文《岳阳楼记》，作者范仲淹并没有亲登此楼，看了才写，只是因朋友托他作文记修楼之事，就想象着写了。这里的意义在于，园记中常常描述着一种园林理想，比如上文引用的《意园记》。

在作文记述的同时，立刻进行的活动就是幅巾策杖，吟啸其间。园居生活是丰富的、安闲的：举觞命客，投壶雅歌，分题赋诗，扣舷待月，投竿取鱼……无论是浏览观光于真山水中，还是栖息于城市园林，关键在于闲适，做一个闲客，持一份闲情，走走游游，“振衣千仞冈，濯足万里流”（左思）。居处则“手挥五弦，目送飞鸿”（嵇康），或“抱琴看鹤去，枕石待云归”（李端）。园林栖居，不能想象没有鸟语花香、哪怕是拳山勺水的陪伴，最好是“山林朝暮不离家”；而没有诗酒、没有琴棋书画韵事，简直就是愧对山水园林。

园林是一种姿态。适意、自适是至上原则。豪华名园，如石崇的金谷园或唐相裴度的湖园、李德裕的平泉山庄，并未成为称羡的对象。因为它们只是夸耀巨丽而已。“古人创造，皆极天然之致”，“洛阳名园以苗帅者为第一，据称大树百尺对峙，望之如山，竹万余竿。有水东来，可浮十石舟。有大松七，水环绕之。即此数语胜概，已自压天下矣”。而实实在在地在其中生活，过一种与山水花木相匹配的自然恬淡的生活，才是更重要的。人们称道的是陶渊明的松竹三径，司马光的独乐园。这被称作“成趣天大，会心无小”。白居易《自题小园》中说：“不斗门馆华，不斗林园大。但斗为主人，一坐十余载。回看甲乙第，列在都城内。素垣夹朱门，蔼蔼遥相对。主人安在哉，富贵去不回。池乃为鱼凿，林乃为禽栽。何如小园主，拄杖闲即来。亲宾有时会，琴酒连夜开。以此聊自足，不羡大池台。”全诗洋溢着对园林自适生活的得意与欣慰。

大约没有哪一个国家的诗人能像中国古代文人那样，将园居生活作为一个母题不断摹写歌咏。这一主题之下的写作不同于西方自古希腊以来的田园牧歌传统，也不完全等同于陶渊明式的田园乌托邦。它几乎不触及作者生活时代的社会、政治生活，它标举的是一种艺术的、优雅的而又天然适意的生活方式，只将人的居处活动与自然环境做理想化、普泛化的规划和关联。

这是一种诗意的生活，让我们不得不想起海德格尔的著名引用：人诗意地栖居。这是德国诗人荷尔德林的诗句，海德格尔曾用来作为一篇论文的标题，来阐释和说明存在的本质。海德格尔认为，荷尔德林诗中所说的“人诗意地栖居”并不是个别人或某些人的生活带有诗意，而是普遍的、终有一死的人，存在的状态或方式原本如此。海德格尔指出：“在诗中，人被聚集到他的此在的根据之上。人在其中达乎安静；当然不是达乎无所作为，空无心思的假宁静，而是达乎那种无限的宁静，在这种宁静中的一切力量和关联都是活跃的。”在诗歌那里总是以虚幻的、梦一样的假想面貌出现，而它正是现实的东西，就是生活，就是人类此在的样子。有关园林游憩的大量文献，本身就是一种话语实践，对人的存在性质进行了一种理想化的规定与实践。它为海德格尔对人的存在本质的形而上学的沉思提供了一个活生生的范例。

诗意的生活，就是艺术的生活。中国园居生活提供了一种范式。如果拿来跟美国作者梭罗的《瓦尔登湖》做个比较，你会发现无论古今中外，都有一脉相承的生活实践哲学，把艺术落实于日常生活的点点滴滴，体现在行为、实践上，而不是停留在音乐、绘画等声色艺术——那些诉诸耳目感官的东西。在考察了中国人对园林的态度之后还可以发现，园林或风景，乃至我们周围的一切，都不是单纯的物质对象或外在于我们的东西，而是浸透了人从感知、观念到生活实践，从耳目声色到全身体验的全部。我们用很多“身外之物”标明我们的态度、趣味、个性、价值观等。我们与周围的一切，不是单方面的倾注或投入，而是互相诠释，难分彼此。我们其实无法把自己与周围的一切分开。

第三节　东方生态美学的杰出典范——浙派园林

一、浙派园林的产生与流派形成

（一）浙派园林的产生

中国地大物博，地域的不同造就了各地园林的差异化和特殊性，在提倡地方特色的今天，有关传统园林的研究也发生了极大的变化，以“中国”作为整体论述对象逐渐受到质疑，关注地方园林研究成为当今学界的共识。“浙派园林”是江南园林的重要组成部分，从地理区位上划分属于江南园林的南部，自东晋以来就深受外来文化的影响，园林繁盛且源流驳杂，其独特的价值对中国传统园林产生了深远的影响。虽然这一称谓在当今学术界正式提出的时间并不长，但在当地独特历史、地理、经济、文化等因素的作用下，“浙派园林”早已形成。

浙江东临浩瀚的东海，气候温和，雨量充沛，土地肥沃，物产丰富，山水优美，佛教兴盛，是吴越文化、江南文化的发源地，被称为“丝绸之府”“鱼米之乡”。浙江域内的杭州是历史上五代十国时吴越国与南宋王朝的都城，绍兴是春秋战国时越国的都城，这些都给浙江留下了丰厚的历史积淀。

浙江自古经济发达，繁荣富庶，兴盛的浙商成为推动浙江社会、经济、文化发展的主要动力；浙江历史上三次受到中原文化的大冲击（永嘉之乱、安史之乱、靖康之变），文化多元共生；浙江人历代重视教育，境内文人辈出，历史上曾出现多个学派，如“永嘉学派”“浙东学派”等，它们的学术观点有较强的共性，都较强调“经世致用”；浙江的绘画、诗歌、书法、篆刻、盆景等都自成一派，在历史上具有较大影响力，地位较高，名誉海内外，这些都使浙江的传统园林营造受到了重要影响，并逐步形成了具有本地文化内涵、地域特征和独特魅力的“浙派园林”。

（二）浙派园林的流派形成

中国园林善于因地制宜，即根据南北方自然条件的不同，而有南方园林与北方园林之不同，并逐步形成了具有明显地域特色的三大传统园林风格——北方园林、江南园林和岭南园林。

在中国三大传统园林风格中，以求实兼蓄、精巧秀丽为特色的岭南园林主要反映出中西兼容的岭南文化特点，以及典型的南亚热带和热带自然景观，地域性很强，应用范围较窄，因此影响力不如壮丽恢宏、凝重严谨的北方园林和秀丽婉约、朴素淡雅的江南园林。而江南园林又分为苏派园林和浙派园林两个亚风格。

现将浙派园林（以杭州西湖景观为代表）与苏派园林（以苏州古典园林为代表）、北方园林（以北京颐和园、承德避暑山庄为代表）进行对比（见表 1–1），从而确立浙派园林的风格流派。

表 1–1 杭州西湖景观与苏州古典园林、北京颐和园、承德避暑山庄的对比

名　称	性质	景观元素	景观尺度	设计手法	审美特征	观赏特性	设计参与者
杭州西湖景观	A	ABCDE	AB	A	AB	B	ABCDEF
苏州古典园林	B	CDE	B	B	A	A	BCD
承德避暑山庄及其周围寺庙	C	ABCD	AB	AB	AB	AB	ACDE
北京颐和园	C	ABCD	AB	AB	AB	AB	ACD

比较项说明：

性质： A. 名胜古迹　　B. 私家园林　　C. 皇家园林

景观元素： A. 自然山水　　B. 堤岛泉池等人工景观
C. 亭台楼阁等园林建筑及小品　　D. 文物古迹　　E. 特色植被

景观尺度： A. 大尺度的山水景观　　B. 小尺度的园林、建筑

设计手法： A. 在秀美的自然山水中组织有审美意境的景观、建筑与园林，是诗、画、景的综合艺术设计
B. 将自然山水以叠山理水的手法浓缩成山石、水池，进行模拟与写意性的设计

审美特征： A. 诗情画意　　B. 天然图画

观赏特性： A. 小中见大（因地制宜，采用借景、对景、分景、隔景等种种手法来组织空间，造成园林中曲折多变、虚实相间的景观艺术效果）
B. 由小至大［由分布在自然山水中的园林、建筑观赏，形成平远（沿湖滨观山水景）、高远（从诸峰峦观湖景）和深远（寻访文物古迹）的多层次山水景观艺术效果］

设计参与者： A. 帝王、皇室等统治者　　B. 地方官员　　C. 诗人、画家等文人
D. 建筑师 / 造园家等　　E. 僧侣　　F. 市民

1. 相同方面

三者在审美特征和设计风格上同属中国山水美学流派，都以追求“天人合一”为设计理念；在设计方法上都拥有“意在笔先”“景由境出”的中国传统园林设计特征；在设计手法上都运用了中国传统的诗、画、景综合艺术设计“题名景观”；在园林要素上都拥有亭、台、楼、阁等园林建筑及小品。

浙派园林与北京颐和园、承德避暑山庄等北方皇家园林一样同属于以自然山水为主要载体的园林风格；与苏州古典园林一样同属于秀丽、淡雅的江南传统园林风格。

2. 不同方面

浙派园林，尤其是杭州西湖景观，在中国山水美学的园林景观设计上拥有悠久的历史，代表了唐宋文化的景观艺术形象，曾对国内外的同类风格景观都产生过较大影响。这充分说明浙派园林具有积极的人与自然在精神层面的“情景交融”作用，是中国传统文人士大夫最经典的“精神家园”，承载着显著的精神寄托“栖居”功能。浙派园林这一“精神家园”功能在中国传统园林景观中是无与伦比的。

浙派园林善于不断传承创新，与时俱进，不仅体现了典型的传统中国山水美学思想，而且是现代东方生态美学的杰出范例，其真山真水的设计风格与生态自然的设计手法在当今生态文明新时代焕发出无穷无尽的生命力和市场前景；而苏派园林与北方园林设计手法相对传统、保守，创新性不强。

浙派园林推崇自然山水之美，体现出大尺度的设计手法，观赏特性或借景手法表现为“由小至大”，属于东方生态美学在景观设计上的典范，适应范围大、应用领域广；苏派园林模拟自然山水之美，体现出小尺度的造园手法，观赏特性或借景手法表现为“小中见大”，属于中国山水美学在造园艺术上的典范，主要应用于房地产景观领域，或部分历史名园；北方皇家园林风格除了部分历史名园外，在目前已很少应用。

在江南园林这个体系里，如果说以苏州园林、扬州园林、无锡园林等为代表的苏派园林的精华在于“人工之中见自然”，那么，以杭州园林、嘉兴园林、湖州园林等为代表的浙派园林则是“自然之中缀人工”做得更为精妙；如果说苏派园林大多是内向的，那么浙派园林则是局部外向的，外向的部分即是接纳湖山的部分（见表 1–2）。

表 1–2　浙派园林与苏派园林的主要区别

区　别	浙派园林	苏派园林
代表	杭州、嘉兴、湖州园林	苏州、扬州、无锡园林
选址	多山林地、江湖地	多城市地
类型	天然山水园	人工山水园
特色	自然之中缀人工	人工之中见自然
风格	外向为主	内向为主
比喻	大家闺秀	小家碧玉
尺度	城市风景营造	住区环境营造

综上所述，东方生态美学“天人合一、道法自然”的核心思想，在浙派园林真山真水的创作之中得到淋漓尽致的体现。相比其他风格的园林，浙派园林呈现出更加包容、大气、生态、自然的无限魅力。凭借独特的诗画山水与璀璨人文，浙派园林成为东方自然山水式生态美学思想的杰出典范，并且自成一派，扎根于江南温润如玉的土地上，其造园特色与意匠辐射至全国各地，绽放出无限的光彩，引领着新时代中国园林发展的方向。

二、浙派园林的含义与类型

本书对“浙派园林”这一园林体系和风格流派的定义如下：所谓浙派园林（Zhejiang-Style Garden），是指以浙江省为核心地域范围，依托真山真水营造，具有自然山水式造园风格，体现东方生态美学特征的园林的总称。在生态文明新时代，东方生态美学思想的杰出典范——浙派园林风格越来越焕发出蓬勃的生命力和巨大的市场前景，正逐渐摆脱地域范围的束缚，立足浙江、走向全国、面向世界。

在地域维度上，浙派园林属于江南园林的一个分支，部分地区处于江南园林的核心区域，如杭州、嘉兴、湖州、绍兴等地，其余地区则属于边缘地带（见图 1–1、图 1–2）。

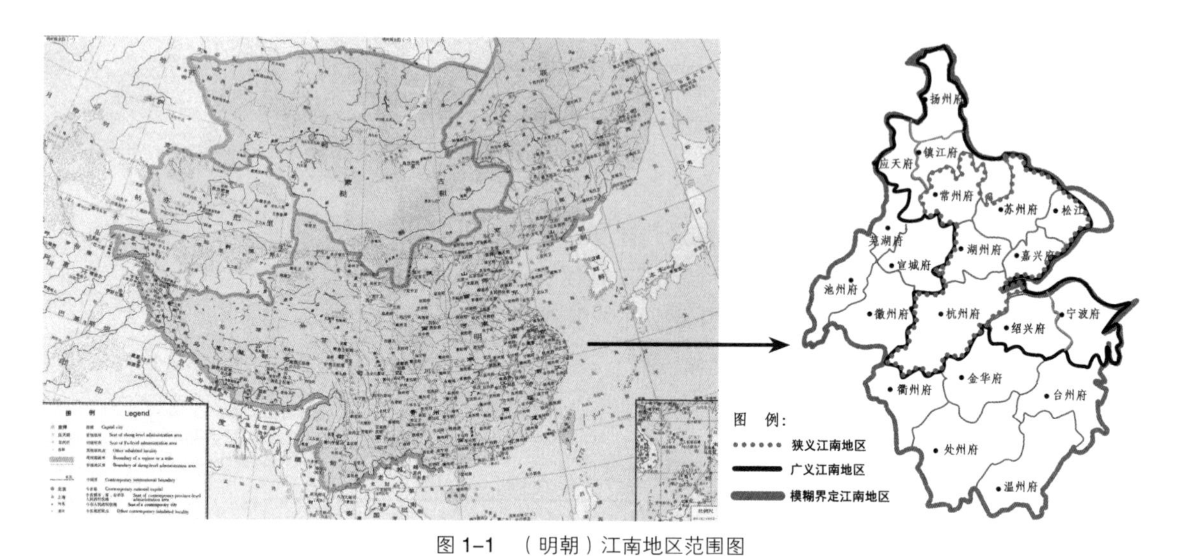

图 1–1　（明朝）江南地区范围图

［谭其骧．简明中国历史地图集（第二版）．北京：中国地图出版社，1996 ：63-64.］

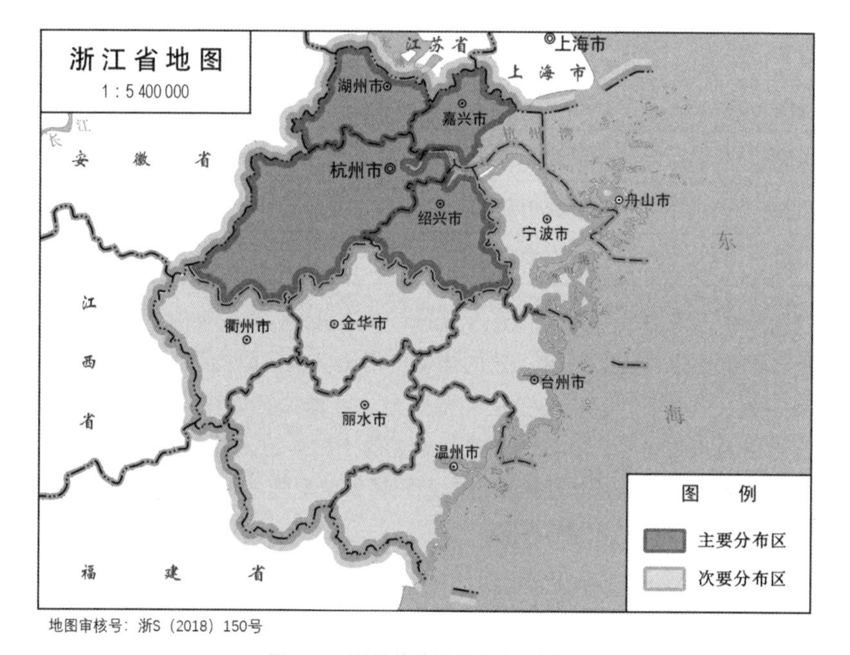

地图审核号：浙S（2018）150号

图 1–2　浙派传统园林分布区划图

在时间维度上，浙派园林包括“浙派传统园林”与“浙派新园林”两大范畴。

（一）浙派传统园林

浙派传统园林是指有史以来直至清末时期的所有浙派园林的统称，包括皇家园林、私家园林、寺观园林、公共园林、书院园林等诸多类型。

浙江自古以来就是中国经济和文化较为发达的地区之一。作为吴越文化的主要构成部分，在长期的历史发展过程中，形成了以“永嘉文化”“浙东文化”为主体的区别于其他地区的文化特色。浙江文化的主要特征表现在：第一，具有鲜明的“善进取，急图利”的功利主义色彩。第二，具有“富于冒险、开拓进取”的海派文化传统。这主要是因为傍海而居、出海而航的生活生产环境，培育出了浙江人顽强的生命力和开拓冒险的精神。第三，具有浓厚的工商文化传统。浙江文化自春秋战国范蠡大夫弃政从商以来，就形成了蓬勃的尚利文化，“工商皆本”的思想几乎是自始至终、一以贯之。第四，具有“尊师重教”的优良传统，浙派名人人才辈出。第五，具有“崇尚柔慧，厚于滋味”的人文情怀。浙江文化尊重人欲，重视家庭和家族的血缘亲情关系，这与“存天理，灭人欲”的儒家文化导向很不一样。由此可见，浙江文化与我国占统治地位的儒家文化在很多方面都是有区别的。在自然、文化和经济的多重滋养下，浙派传统园林在江南传统园林中独树一帜，发展出独具特色的面貌。

据统计，目前尚存的浙派传统园林主要为明清营建或重修，其各类型的基本状况如下：①私家园林众多，且主要集中在经济、文化发达的浙北、浙东的平原水乡地带（杭州、嘉兴、湖州、绍兴、宁波等）；但由于自然毁损、人为破坏等原因，保存完好者较少，且多为晚清以来重修和新建。②书楼、书屋园林和书院、会社园林以及纪念性园林（如彰扬某历史名人遗迹为主的园林，纪念古代先贤高士的园林，以及墓园、祠堂园地）等以文化内涵著称的园林独树一帜，并成为国内同类园林的楷模。如天一阁园林、兰亭和孤山园林（文澜阁、西泠印社和放鹤亭等）等。③寺观园林数量多、分布广、历史久、影响大，主要位于山水自然之中，并遍布全省。④以杭州西湖为代表的大规模、公共性的自然山水风景园林在全国占有突出地位，并对国内各类园林，尤其是大型园林有着深刻影响。

浙派传统园林在中国园林史上具有独特价值。它具有鲜明的地方特色，比其他江南园林更多表现出功利文化影响下的秩序感，更多体现出因地制宜的造园手法，有更多形式的私家园林和寺观园林，并且浙派传统园林是与生活紧密相连的“活遗产”。尤其是后者，随着经济的发展，城乡建设正以比以往更快的速度发展，许多老园子正面临被拆除或改造的命运，因此，迫切需要对浙派传统园林进行系统、深入、全面的调查研究。

（二）浙派新园林

浙派新园林是对自鸦片战争开始直至目前的近现代浙派园林的统称，特指新中国成立之后，尤其是 21 世纪以来的现代园林，主要包括公园绿地、城市广场、附属绿地、区域绿地等多种类型。

浙派新园林的特点表现在：理念超前，主题突出，意境深远，构图精美；以植物造景为主，地形塑造蜿蜒起伏，过渡自然和谐，空间变化丰富多样；空间布局因地制宜，有开有合，退距合宜；植物配置疏密有致，层次结构立体复合，乔灌花草有机结合，色彩搭配丰富多样，季相景观四季优美，树木种植适地适树，注重群团状分布，严格按照景观、生态、功能的要求布局；景观建筑和小品造型优美，内涵丰富，体量适宜，风格式样与主题协调；园路布局以人为本，式样丰富，线体流畅，拼花精美，勾缝匀称，做工精细；水景、假山、景石、置石、灯具、观景平台、活动场所等各得其所，位置大小合宜，功能完备，雅俗共赏，性价比高，整体效果好。

近年来，随着中国综合实力的增强和一系列宏观政策的出台，浙派新园林正迎来发展的春天。习近平总书记曾多次强调，走向生态文明新时代，建设美丽中国，是实现中华民族伟大复兴的中国梦的重要内容。他还提出，“山水林田湖草是一个生命共同体”“绿水青山就是金山银山”“人民对美好生活的向往，就是我们的奋斗目标”等一系列新思想新观点新要求。这标志着我们党对中国特色社会主义规律的认识进一步深化，表明了我们党坚持“五位一体”总体布局、加强生态文明建设的坚定意志和坚强决心。

为深入贯彻党的十八大、十八届三中全会和习近平总书记系列重要讲话精神，大力开展“811”美丽浙江建设行动，2017 年 6 月，浙江省第十四次党代会报告提出，要大力建设具有诗画江南韵味的美丽城乡。按照把省域建成大景区的理念和目标，高标准建设美丽城市，深入开展小城镇环境综合整治，深化美丽乡村建设，推行城乡生活垃圾分类化、减量化、资源化、无害化处理，落实农村生活污水治理，设施长效运维管护机制，使全省城乡面貌实现大变样。谋划实施“大花园”建设行动纲要，使山水与城乡融为一体、自然与文化相得益彰，支持衢州、丽水等生态功能区加快实现绿色崛起，把生态经济培育成为发展的新引擎。大力发展全域旅游，积极培育旅游风情小镇，推进万村景区化建设，提升发展乡村旅游、民宿经济，全面建成“诗画浙江”中国最佳旅游目的地。加快交通与旅游融合发展，实施“万里绿道网”工程，持续推进“四边三化”和平原绿化，建成覆盖全省、环境优美的绿道网、景观带、致富线。随着这些行动的开展，浙派新园林的内涵、类型与范畴不断丰富、扩展，逐渐形成了城乡一体化、内容全覆盖的浙派人居环境建设新格局。

第二章

浙派园林的滋养沃土

郭庄、汪庄、刘庄、蒋庄、小莲庄、绮园、沈园、安澜园、天一阁、兰亭、云松书舍……古往今来，浙派园林涌现出不计其数的造园精品。目前，浙派园林事业兴旺发达，园林建设精益求精，积累了较好的口碑和声誉，造园理念、园林设计、园林施工、苗木培育、工艺技术、艺术水平以及园林企业综合实力、从业人员素质及园林教育等诸多方面的发展蒸蒸日上。追本溯源，浙派园林的形成和崛起，主要原因可概括为以下几个方面：诗画的自然山水是浙派园林创作的灵感来源；璀璨的人文艺术是浙派园林创作的智慧源泉；多样的环境条件是浙派园林实践的大好场所；深邃的浙商精神是浙派园林发展的不竭动力；建设美丽人居环境，满足人民对美好生活的向往是浙派园林从业者的奋斗目标。

第一节　浙江的诗画山水

一、地理位置

浙江省地处亚热带中部、东南沿海、长江三角洲南翼，位于东经118° 01′ ~ 123° 10′和北纬27° 06′ ~ 31° 03′之间。北部杭嘉湖平原属我国最富庶的长江三角洲平原，西部和南部为我国东南丘陵山地的组成部分。东临东海，南接福建，西与江西、安徽相连，北与上海、江苏接壤。地理位置优越，地形地貌复杂，季风气候显著。境内最大的河流钱塘江，因水流曲折，称之江，又称浙江，省以江名，简称“浙”，省会杭州。全省辖 11 个地级市（见图 2-1）。

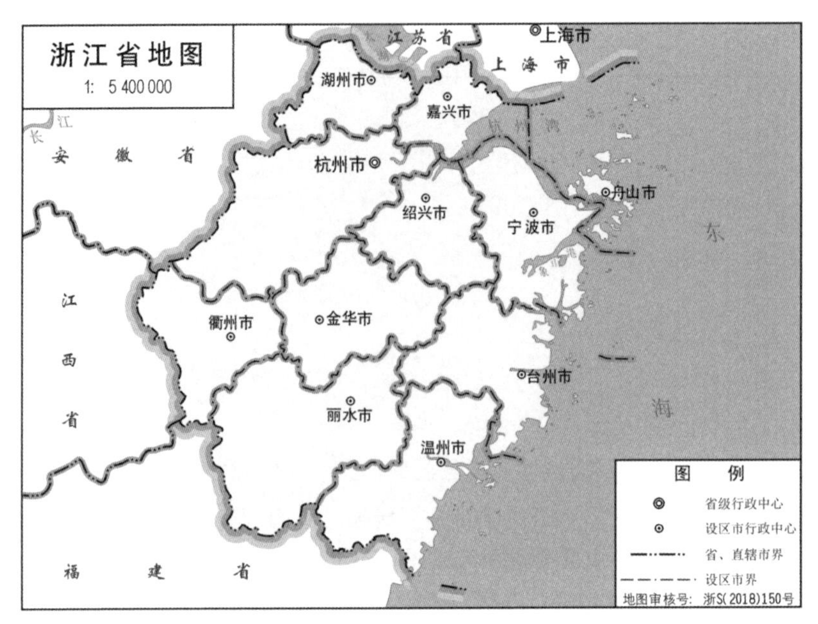

图 2-1　浙江省行政区划图

二、地质地貌

浙江省地质属华夏隆起地带，为秦岭、南岭两构造带东部的交接地带，其构造特征总体以江山—绍兴断裂为界，分成浙西北及浙东南两个区，浙西北区地层发育齐全，构造形态以紧密线型褶皱构造为特征，纵横向断层发育，以泥质灰岩、页岩、砂岩等为主；浙东南区出露地层为元古界变质岩和中生代火山岩系，构造以断裂构造和火山构造为主，几乎整个地表为流纹岩、凝灰质砾岩和花岗岩等火山岩系所覆盖。

浙江地势由西南向东北倾斜，地形复杂。山脉自西南向东北成大致平行的三支。西北支从浙赣交界的怀玉山伸展成天目山、千里岗山等；中支从浙闽交界的仙霞岭延伸成四明山、会稽山、天台山，入海成舟山群岛；东南支从浙闽交界的洞宫山延伸成大洋山、括苍山、雁荡山。龙泉市境内海拔 1929m 的黄茅尖为浙江最高峰。地形大致可分为浙北平原、浙西中山丘陵、浙东丘陵、中部金衢盆地、浙南山地、东南沿海平原及海滨岛屿 6 个地形区。

浙江陆域面积 10.55 万 km^2，占全国陆域面积的 1.1%，是中国面积较小的省份之一。东西和南北的直线距离均为 450km 左右。全省陆域面积中，山地占 74.63%，水面占 5.05%，平坦地占 20.32%，故有“七山一水两分田”之说。浙江海域面积 26 万 km^2，面积大于 $500m^2$ 的海岛有 2878 个，大于 $10km^2$ 的海岛有 26 个，是全国岛屿最多的省份，其中面积 $502.65km^2$ 的舟山岛为中国第四大岛。在“2016 中国海洋宝岛榜”中，浙江有 21 个海岛上榜，占总数的 1/5。

三、气候特征

浙江地处亚热带中部，属季风性湿润气候，气温适中，四季分明，光照充足，雨量充沛。年平均气温15～18℃，极端最高气温33～43℃，极端最低气温-2.2～-17.4℃；年日照时数1100～2200小时，年均降水量1100～2000mm。1月、7月分别为全年气温最低和最高的月份，5月、6月为集中降雨期。因受海洋影响，温、湿条件比同纬度的内陆季风区更好，是我国自然条件较优越的地区之一。由于浙江位于中、低纬度的沿海过渡地带，加之地形起伏较大，同时受西风带和东风带天气系统的双重影响，各种气象灾害频繁发生，是我国受台风、暴雨、干旱、寒潮、大风、冰雹、冻害、龙卷风等灾害影响最严重的地区之一。

（一）春季气候特征

春季，东亚季风处于冬季风向夏季风转换的交替季节，南北气流交汇频繁，低气压和锋面活动加剧。浙江春季气候特点为阴冷多雨，沿海和近海时常出现大风，全省雨水增多，天气晴雨不定，正所谓“春天孩儿脸，一日变三变”。浙江春季平均气温13～18℃，气温分布特点为由内陆地区向沿海及海岛地区递减；全省降水量320～700mm，降水量分布为由西南地区向东北沿海地区逐步递减；全省各地雨日为41～62天。春季主要气象灾害有暴雨、冰雹、大风、倒春寒等。

（二）夏季气候特征

夏季，随着夏季风环流系统建立，浙江境内盛行东南风，西北太平洋上的副热带高压活动对浙江天气有重要影响，而北方南下冷空气对浙江天气仍有一定影响。初夏，浙江各地逐步进入汛期，俗称“梅雨”季节，暴雨、大暴雨出现概率增加，易造成洪涝灾害；盛夏，受副热带高压影响，浙江易出现晴热干燥天气，造成干旱现象；夏季是热带风暴影响浙江概率最大的时期。浙江夏季气候特点为气温高、降水多、光照强、空气湿润，气象灾害频繁。全省夏季平均气温24～28℃，气温分布特点为中部地区向周边地区递减；各地降水量290～750mm，东部山区降水量较多，如括苍山、雁荡山、四明山等，海岛和中部地区降水相对较少；全省各地雨日为32～55天。夏季主要气象灾害有台风、暴雨、干旱、高温、雷暴、大风、龙卷风等。

（三）秋季气候特征

秋季，夏季风逐步减弱，并向冬季风过渡，气旋活动频繁，锋面降水较多，气温冷暖变化较大。浙江秋季气候特点：初秋，浙江易出现淅淅沥沥的阴雨天气，俗称“秋拉撒”；仲秋，受高压天气系统控制，浙江易出现天高云淡、风和日丽的秋高气爽天气，即所谓“十月小阳春”天气；深秋，北方冷空气影响开始增多，冷与暖、晴与雨的天气转换过程频繁，气温起伏较大。全省秋季平均气温 16 ~ 21℃，东南沿海和中部地区气温偏高，西北山区气温偏低；降水量 210 ~ 430mm，中部和南部的沿海山区降水量较多，东北部地区虽降水量略偏少，但其年际变化较大；全省各地雨日为 28 ~ 42 天。秋季主要气象灾害有台风、暴雨、低温、阴雨寡照、大雾等。

（四）冬季气候特征

冬季，东亚冬季风的强弱主要取决于蒙古冷高压的活动情况，浙江天气受制于北方冷气团（冬季风）的影响，天气过程种类相对较少。浙江冬季气候特点是晴冷少雨、空气干燥。全省冬季平均气温 3 ~ 9℃，气温分布特点为由南向北递减，由东向西递减；各地降水量 140 ~ 250mm，除东北部海岛偏少明显外，其余各地差异不大；全省各地雨日为 28 ~ 41 天。冬季主要气象灾害有寒潮、冻害、大风、大雪、大雾等。

四、土壤条件

浙江省土壤类型十分丰富，主要有红壤、黄壤、水稻土、潮土和滨海盐土、紫色土、石灰土、粗骨土等。土壤的类型与分布受地形、气候、母质、水文等自然条件和人类活动的影响，有着明显的区域分布特征。其中面积较大，与农业生产、植物生长关系密切的土壤类型有红壤、水稻土、滨海盐土和潮土等 4 类。红壤在浙江省分布面积最大，主要分布在浙南、浙东、浙西丘陵山地，具有黏、酸、瘦等主要肥力特征，旱季保水性能差；水稻土分布面积次之，是经过长期平整土地、修筑排灌系统、耕耘、轮作形成的人为土壤，主要分布在浙北平原和浙东南滨海平原；滨海平原分布着滨海盐土，土壤性状的主要特征是土体中含盐量高，成为农业生产的限制因素；潮土类分布在江河两岸及杭嘉湖平原，土层深厚，水源丰富，土质肥沃，是粮食、棉麻、蚕桑、蔬菜、瓜类等作物及林果的重要生产基地。

五、河流水文

浙江省江河众多，多年平均水资源总量 937 亿 m^3。流域面积在 100km^2 以上的河流有 238 条，自北至南分布着苕溪、运河、钱塘江、甬江、椒江、瓯江、飞云江和鳌江等八大水系（见图 2-2），除苕溪汇入太湖、运河连通长江水系外，其余均独流入海。钱塘江是全省第一大江，全长 668km，省境内流域面积占全省陆域面积的 47%。浙北的杭嘉湖平原和宁绍平原，以京杭运河和杭甬运河为主干，天然湖泊星罗棋布，河湖相连，水网密布，素有“水乡泽国”之称。湖泊主要有杭州西湖、绍兴东湖、嘉兴南湖、宁波东钱湖四大名湖，以及新安江水电站建成后形成的全省最大人工湖泊千岛湖等。

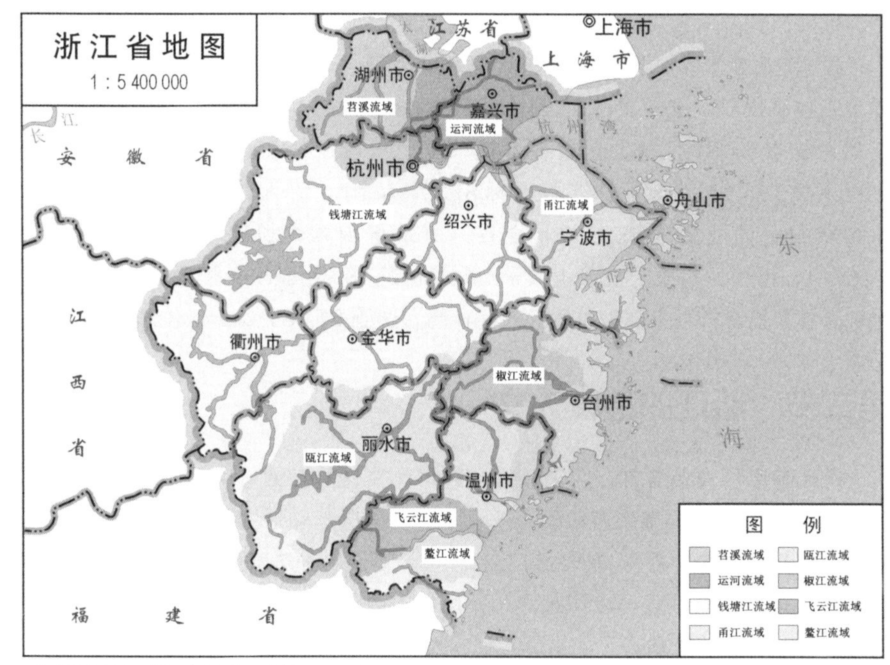

地图审核号：浙S（2018）150号

图 2-2　浙江八大水系示意图

浙江省河流年径流模数 20 ~ 50dm³/（s·km²），与全国河流相比，单位面积产水量高。年径流模数东南部和西部山区较高，中部丘陵盆地较低，北部平原最低。年径流系数在 0.35 ~ 0.75，山区大于丘陵，丘陵大于平原，台风雨主控区大于梅雨主控区。降雨以 6 月前后的梅雨和 8、9 月的台风雨居多，径流也大多集中在这两个时期，4 月至 9 月径流量可占年径流总量的 65% ~ 80%。

河流水位的年变化与降水、流量变化相一致，最高水位的出现大致有以下三种类型：一是 5 月最高，6 月次之，多数发生在梅雨为主控地区的河流；二是 6 月最高，9 月次之，多数发生在台风雨为主控地区的河流；三是 6 月最高，5 月次之，一般发生在梅雨和台风雨兼有的地区。最低水位多数出现在 12 月，也有少数河流在 1 月。

六、森林植被

浙江省大部分地区被划为中亚热带常绿阔叶林北部亚地带——浙皖山丘青冈苦槠林栽培植被区和浙闽山丘甜槠木荷林区，只有雁荡山以东、玉环岛以南的浙东南沿海一隅，属中亚热带常绿阔叶林南部亚热带——浙南闽中山栲类细柄蕈树林区。植被具有明显的亚热带性质，其组成种类繁多，类型复杂，次生性强，地域分异明显。现状植被可分为天然植被和人工植被两大系列，下属多个植被类型。主要植被类型有针叶林、针阔叶树混交林、阔叶林、灌丛和灌草丛、沼泽和沼泽化草甸、水生植被、人工植被等。其中针叶林是我省森林中面积最大、分布最广的植被类型，并且多为层次单一的常绿针叶纯林。森林资源主要分布在浙南和浙西北地区，约占全省森林资源的80%以上，沿海地区及浙北平原相对较少。

根据2018年森林资源与生态状况年度监测：全省林地面积660.23万hm^2，其中森林面积607.56万hm^2；活立木蓄积3.85亿m^3，其中森林蓄积3.46亿m^3；毛竹总株数31.80亿株。全省乔木林单位面积蓄积量80.10m^3/hm^2，其中：天然乔木林77.45m^3/hm^2，人工乔木林87.37m^3/hm^2。乔木林分平均郁闭度0.63，毛竹林每公顷立竹量3581株。全省活立木蓄积总生长量与总消耗量之比为2.56∶1，继续保持生长量显著大于消耗量的趋势，活立木蓄积量持续稳定增长。全省森林覆盖率按浙江省以往同比口径计算，达到61.15%，继续位居全国前列。

第二节　浙江的璀璨人文

得天独厚的自然条件，为浙江社会经济和文化的发展带来了无穷的生机。从上山文化遗址迄今的漫漫万年间，浙江先民在与自然和社会的和谐相处与变革撞击中，创造了一个个载入史册的奇迹和辉煌，涌现出灿若群星的名人志士。同时，浙江又是中华文明的重要发祥地之一，历经岁月沧桑，形成了多元而又特色鲜明的地域文化，为浙江赢得了“物华天宝，人杰地灵”的美誉。

一、历史文化

浙江历史悠久，2010年发现的长兴七里亭遗址，可以将浙江境内人类活动的历史上推至一百万年前。进入新石器时代，浙江境内人类活动的范围已相当广泛。距今一万年的上山文化、七千至八千年前的跨湖桥文化，六千至七千年前的河姆渡文化，五千至六千年前的马家浜文化，以及四千至五千年前的良渚文化，是浙江悠久灿烂的史前文化的杰出代表。这些文化遗址的发现，证明了长江流域也是中华文明的发祥地之一。尤其是到了良渚文化时期，浙江先民们的劳动与智慧已初显人类文明的曙光。

殷商时期，北方出现了青铜文化，浙江则出现了印纹陶文化。到春秋战国时期，浙江境内冶炼业和制陶业已相当发达，其中原始青釉瓷器的烧制，揭开了中国青瓷生产的历史。以龙泉青铜宝剑为代表的青铜文化，是这一时期浙江经济文化的集中反映。

如果说，浙江文化在先秦以前还仅仅属于考古文化的话，那么，从西汉建立到南北朝终了的八百年，则是浙江文化异彩纷呈的开端时期。自西汉始，浙江文化已是光彩照人了。

东汉时期上虞著名哲学家王充的《论衡》，以朴素的唯物主义自然观解释精神与物质的关系，对中国古代思想界产生了深刻的影响。魏晋南北朝时期，浙江学者在数学、史学、哲学方面均有较大的影响力。尤其在史学方面，史籍和史家盛极一时。

南朝时，浙江文学开始形成气候。其中谢灵运善于用诗篇刻画自然景物，开创了中国山水诗派的先河。而武康人沈约则创立音韵四声，是“永明体”的代表诗人。他和谢朓等人一起创立的新体诗，开创了中国格律诗的先声。在书法艺术上，东晋时期定居会稽的书法家王羲之，以其“飘若浮云，矫若惊龙”，体势雄健，变化多端的书风，为历代书法家所称颂，被誉为“书圣”。

六朝以来，浙江相对安定的社会环境，为浙江经济的崛起提供了契机。手工业品需求量的增加，使浙江的制瓷业在三国时期以后迅速发展。而青瓷的出现，便是这种经济文化繁荣的有力佐证。浙江青瓷的发展所形成的青瓷文化，是这一时期浙江在经济文化史上崛起的里程碑。

自隋唐开始，江南经济持续发展。特别是五代十国时期，浙江属于临安人钱镠建立的吴越国，境内社会安定，经济发达。到两宋时期，随着中国政治、经济重心的南移，浙江逐渐成为中国封建社会最繁华、富庶的地区之一。浙江的科学技术和文学艺术也呈现出勃勃生机。

隋朝天台国清寺高僧智越，融合中国南北佛学的特点，创立了中国佛学六大派之一的天台宗。南北朝时期，浙江的学术思想更是异常活跃，“浙学”便是当时最主要的学术思想之一。其中南宋永康人陈亮和永嘉人叶适，反对程朱理学，主张“因事作则”，提倡功利之学，是当时“浙东学派”的代表。而南宋学者吕祖谦开创的“吕学”，又称“婺学”，曾作为“浙东学派”的中心而名倾天下。

北宋时期，浙东匠师喻皓以擅长设计、建造木塔和多层楼房著称。北宋杭州书肆刻工毕昇发明的活字印刷术，则是世界印刷史上的一次重大革命。北宋杭州另一位著名科学家沈括更是博学多才，他所著的《梦溪笔谈》不仅是一部科学史料总汇，也是一部具有很高史料价值的历史典籍。

自唐初始，浙籍文学家、书法家、美术家就代有其人，显现出群星闪烁的可喜局面。南宋时期，杭州建立画院，浙江更成为全国美术活动的中心。另外，两宋时期，浙江又是中国戏曲的桑梓之乡。杭州宋杂剧演出空前繁荣，中国完整的戏剧形式——戏文，也在温州诞生。

追求恬淡、自然的审美情趣，追求艺术的个性化发展，已成为以杭州为中心的宋代文化的一种时尚。这种意识渗透到工艺美术领域，使宋代的瓷器、漆器、印刷、冶炼、建筑等手工业产品具有鲜明的浙江特色。

明清两代是中国封建社会发生剧烈变革的时期。江南地区的繁荣、富庶，对浙江文化思想和文学艺术的鼎盛起到了推波助澜的作用。

余姚人王阳明提倡的“致良知”学说，在明代中期以后曾风靡一时，对明清学术乃至整个中国近代思想文化产生了重大的启蒙作用。明末清初，同为余姚人的黄宗羲、朱舜水，成为清代“浙东学派”的开山鼻祖。晚清杭州学者龚自珍，则是中国著名的思想家和文史学家。他所提倡的一系列改革主张，对中国近代思想界产生了较大影响。另外，清末著名学者、海宁人王国维，在中国文学、戏曲、史学、考古学的研究方面都做出了很大的贡献。

明末清初，随着城市商品经济的发展，浙江市井文艺勃然兴起。小说、戏曲和说唱曲艺日趋繁荣。早在元末明初，同为杭州人的罗贯中、施耐庵，创作了中国文坛上的两部长篇小说《三国演义》和《水浒传》。在戏曲领域，元代后期，杭州逐渐成为继大都（今北京）之后的又一创作中心。元代高则诚的《琵琶记》标志着南戏创作的高峰，被后世誉为“曲祖”。明清两代浙江还出现过不少杰出的戏剧家，如明代的徐渭，清代的李渔、洪昇等。他们创作的《四声猿》《笠翁十种曲》和《长生殿》等，对丰富和发展中国戏曲艺术做出了不朽的贡献。其中杭州人洪昇创作的传奇《长生殿》，与山东人孔尚任的《桃花扇》一起，成为中国古典戏曲的绝唱。

元代湖州人赵孟頫书画双绝，所写碑帖甚多，其字人称“赵体”，而黄公望、吴镇、王蒙与江苏倪瓒合称“元四家”。明代画家戴进的绘画清逸含蓄，成为浙派画家的代表人物，文学家、书画家徐渭是中国水墨、花鸟画派的开创者之一。明末清初画家陈洪绶以画人物见长，所作人物画精妙入微，冠绝当世。而清代“扬州八怪”之一、杭州人金农，其绘画也独创一格。

手工业与商业的繁荣，使浙江的工艺美术比以往大为拓展。杭绣、杭剪等地方产品都享有盛誉。尤其是明清以来，以东阳木雕、青田石雕和黄杨木雕为核心的“浙江三雕”，更是明清浙江工艺美术的代表。

明清两代，浙江除学术思想、文学艺术的进一步繁荣外，书院和藏书楼的建设也是当时浙江文化的一大特点。浙江著名学者吕祖谦、陈亮、叶适、王守仁、黄宗羲等都曾主持过书院或在书院讲学，阐发自己的学术主张，并培养嫡传门生，由此形成了历史上闻名全国的“金华学派”“永嘉学派”“永康学派”“四明学派”和“姚江学派”。而这一时期，以天一阁为代表的私家藏书楼建设在浙江兴起，遍及省内，影响全国，从而奠定了浙江“藏书大省”的地位。

二、近现代文化

近现代浙江文化，在继承发扬中国传统文化的同时，创新、改革是其发展的主旋律。文化的传承与创新，使浙江在中国近现代文化史上依然保持着强劲的发展势头。

从 1840 年到 1949 年的百余年中，浙江思想文化界异常活跃，涌现了一代又一代革命家、思想家和著名学者，如林启、章太炎、蔡元培、陶成章、孙诒让，以及鲁迅、陈望道、郑振铎等。他们学识渊博，学术造诣深厚，富有爱国主义、民主主义思想，并致力兴学育人，启迪民智。

在文学领域，作为中国新文化运动主将的鲁迅，于 1918 年在《新青年》上发表了中国第一篇白话小说《狂人日记》。1921 年，沈雁冰等发起成立文学研究会，提倡“艺术为人生”的现实主义。郁达夫等建立创造社，主张艺术表现自我。特别是郁达夫写的《沉沦》，是五四新文化运动以来出版的中国第一部小说集。之后，茅盾以《春蚕》《林家铺子》《子夜》三部小说，奏响了反帝反封建的时代主旋律。除小说外，浙江文学在诗歌和散文方面也颇有成就。仅 20 世纪 20 年代，浙江就涌现出一大批不同风格、流派的新诗人和散文家。如 1922 年在杭州创办的中国最早的新诗社团湖畔诗社，以徐志摩为代表的新月诗，以戴望舒为代表的现代派诗，以殷夫为代表的红色鼓动诗等。

在艺术领域，近现代除了李叔同、夏衍、周信芳、盖叫天、袁雪芬等浙籍艺术家在音乐、话剧、电影、越剧领域卓有成就外，最引人注目的当是浙江的美术创作。清末以上海为中心的画家群中数浙籍画家最多。从赵之谦始，既有以任熊、任薰、任伯年为代表的“三任”，更有吴昌硕等成为海派画坛的中心人物。而当时“海派四杰”中就有浙江的任伯年、吴昌硕、蒲华三人。此外，以黄宾虹、丰子恺、潘天寿为代表的浙江现代画家，在继承传统的同时，力图变革创新，给作品注入新的时代内容，创造出了自己的艺术个性，成为中国美术史上的重量级人物。

新中国成立后的70余年，特别是改革开放40多年来，在党和政府的关心扶持下，依托浙江强劲的经济支撑，浙江的文化事业得到了长足的发展，取得了令人瞩目的成就。

在文物博物方面，浙江文物古迹众多。截至2019年底，全省有杭州、宁波、绍兴、衢州、金华、临海、嘉兴、湖州、温州、龙泉共10座国家历史文化名城，27个中国历史文化名镇，44个中国历史文化名村，名镇、名村总数居全国前列。在国务院公布的四批国家级非物质文化遗产名录中，浙江每一批入选数量均居全国第一，现总入选数已达217项。杭州西湖、京杭大运河浙江段和浙东运河、良渚古城遗址入选世界文化遗产名录，江郎山入选世界自然遗产名录。

浙江旅游资源非常丰富，自然风光与人文景观交相辉映，全省有中国优秀旅游城市27座，有重要地貌景观800多处、水域景观200多处、生物景观100多处、人文景观100多处，还有可供旅游开发的主要海岛景区（点）450余处。

浙江又是中国博物馆事业发展较早的省份。现有各类博物馆、纪念馆200多个，国有馆藏文物63万余件。浙江省博物馆的前身——浙江省立西湖博物馆始建于1929年，是中国早期建立的博物馆之一，现馆藏文物10万余件。中国丝绸博物馆、中国茶叶博物馆、浙江自然博物馆、杭州南宋官窑博物馆、胡庆余堂中药博物馆、河姆渡遗址博物馆、良渚博物院等均具有鲜明特色。

浙江的藏书之盛久负其名。今天的宁波天一阁、杭州文澜阁、湖州嘉业堂、瑞安玉海楼等著名藏书楼在保存古代文献、培养人才、促进学术研究等方面发挥了独特的作用。

浙江戏曲、曲艺的艺术底蕴丰厚，是中国古老南戏的诞生地，至今拥有越剧、婺剧、绍剧、瓯剧、甬剧、姚剧、湖剧、新昌调腔、宁海平调等10多个地方戏曲剧种，以及杭州评话、绍兴莲花落、宁波走书、温州鼓词和金华道情等60多个地方曲艺曲种。其中，越剧是浙江的代表性戏曲样式。新中国成立后，广大越剧工作者不断改革创新，使越剧事业得到迅速发展，成为国内最具影响力的地方剧种之一。较有影响的剧目有《梁山伯与祝英台》《红楼梦》《祥林嫂》等。改革开放以来，以“小百花”为代表的浙江越剧群体迅速崛起，创作演出了《西厢记》《五女拜寿》《陆游与唐琬》《红丝错》《藏书之家》等优秀剧目。

浙江的书画艺术在中国美术史上占有重要地位，现当代又出现了黄宾虹、潘天寿、沙孟海等书画大家。成立于1928年的中国美术学院（前身为国立艺术院），是中国最早的美术教育高等学校，现已成为我国培养美术人才的“摇篮”之一。创建于 1904 年的西泠印社是中国最早的以研究印学为主的学术团体和金石书画专业出版机构，一百多年来在国内外享有很高的声誉。

浙江浓郁的乡土风情孕育了绚丽多姿的民间艺术。以东阳木雕、青田石雕、黄杨木雕和瓯塑为代表的“三雕一塑”蜚声中外。剪纸、刺绣、染织、编织和灯彩丰富多彩。以嘉兴秀洲、宁波慈溪和舟山为代表的农民画和渔民画充满了生活气息。而浙江现当代民间音乐、舞蹈、戏曲、曲艺，则更呈现出特色鲜明、蓬勃发展的繁荣景象。

浙江人文荟萃，名人辈出。自 20 世纪以来，中国文学巨匠鲁迅、茅盾，教育家蔡元培，著名科学家茅以升、竺可桢、钱学森、陈省身，以及李叔同、王国维、夏衍、艾青、徐志摩、陈望道、马寅初、金庸等名家大师均为浙江人。新中国成立以来的全国两院院士（学部委员）中，浙江籍人士占了近五分之一。

三、地域文化特色

一方水土养一方人。浙江文化不仅有着悠久的传统、深厚的底蕴，而且具有鲜明的地域特色和时代精神。

就文化的生成结构与生成状态而论，区域文化的特色主要是文化生态环境的差异，影响区域文化特色的最大因素则是自然地理环境与社会历史发展。

就浙江文化的自然地理环境而论，浙江文化的鲜明特色是多元化。

以地理文化加以划分。浙江靠山临海，有以杭嘉湖和宁绍平原为主体的水乡文化、以金衢丽盆地为主体的山地丘陵文化，以及以甬台温舟为主体的海洋文化。这三种文化形态相互交融，共同构成了浙江兼具内陆文化与海洋文化的特色，从而使浙江文化呈现出极大的丰富性与多样性特征。而在浙江文化中最具普遍性与代表性的当推水文化。

就浙江的水文化来看，尽管浙江历来有着“七山一水二分田”之说，但浙江境内江河湖海浑然一体。是水联系着浙江的东西南北，是水养育了浙江儿女，是水造就了浙江文化的生生不息，充满生机。在浙江的区域文化中，依赖于水的浸润与滋养，浙江文化的特征得以彰显，从而形成了独特的自然景观和文化景观。

在浙江的水文化中，除了遍布全省的人文内涵极其丰富的众多湖泊、河流之外，浙江的海洋文化更具意义。

浙江海洋面积占全省总面积的三分之二，区域内海岸线总长更居全国之首。从某种意义上说，浙江文化在很大程度上就是海洋文化。海洋文化具有开放性、创造性、交融性、互补性的特征。因此，建立在海洋文化基础上的浙江文化，具有内生的开拓创新、开放进取精神，具有眼界开阔、富有活力的特性，具有海纳百川、兼容并蓄的气度。

从大湖大河到大江大海，浙江的水文化彰显出鲜明的“水性”特征：水的柔性赋予浙江文化柔慧智巧、开放兼容的文化魅力；水的动性给予浙江文化自强不息、开拓创新的文化力量；水的灵性养成浙江文化敢于冒险、重利事功的文化个性。而水的灵秀、明净、睿智、深邃，则更赋予了浙江人聪慧、勤奋、细腻，富于活力和韵致的人文性格，使浙江文化又展现出了柔而不屈、富有灵气、善于变通的水文化个性。千百年来，浙江先民在利用水、与水和谐相处以及与水的拼搏中，孕育了智慧与文明。水文化的丰富性与多样性，深深影响着浙江人的品格生成与劳动创造，不断丰富着中华文化的内涵。

以地域文化加以划分。浙江又有以杭嘉湖平原为主体的吴文化、以宁绍平原为主体的越文化、以金衢盆地为主体的婺文化，以及以温丽两地为主体的瓯越文化。

就浙江文化中占主导地位的吴越文化而论。吴越文化从纵向上看，是在传统与现代的反复碰撞中发展的；从横向上看，吴越处在我国传统的大陆文明与西方现代文明两大板块的交锋地带，这就使得其文化具有海陆两种成分，并进而发展成传统的伦理本位主义与现实功利主义两种性质的交流和融合。与此同时，浙江东西南北地域又由于自然、经济、社会生活的差异，其文化形态也呈现出各自的特点。

在浙江多元化的地域文化中，呈现更多的还是文化的包容性特征。

首先是移民文化与外来文化的包容。从浙江的社会环境以及浙江社会历史发展的轨迹不难看出，浙江区域文化在很大程度上体现出了移民文化“兼容并蓄，海纳百川”的包容性特征。长期以来，浙江处于民族文化与外来文化碰撞、交流的前沿，时常得以沐浴外来文化的清新之风。持续性和大规模的人口流动带来的文化融合与碰撞，及其形成的多元价值与文化并存的局面，极大地削弱了人们对单一价值信仰体系的盲从，以及对传统生产方式的谋生手段的固守，有利于人们形成宽容的文化心态，保持活跃的思想状态以及对新事物的敏锐意识。因此，浙江文化又有着借鉴、吸收外来文化并融会贯通加以发展的优良传统。

不仅如此，浙江文化本身是一个开放的系统。又由于浙江人多地少，且偏于一隅，为开拓生存空间，或实现自己的人生价值，形成了强烈的向外发展的冲动。除了遍布全国的浙籍学子外，还出现了龙游商帮、宁波商帮、绍兴师爷。近代以后，又有大批浙人侨居国外，例如在欧洲著名的青田侨民。同时，由于浙江的人文氛围与青山绿水又以杭州为中心，形成了文化凹地，集聚着大批的文化名人，对浙江的社会发展起到了积极的推进作用。

浙江的海洋文化、移民文化与外来文化，不仅磨炼了浙江人“眼界开阔，思维敏捷，创新进取，富有活力的精神”，而且还凸显在多层次、多方面的对外交流，汲取他人之长为我所用方面，浙江人不固守家园，而是不断开拓进取，不断寻求新的发展空间。于越民族或是被迫，或是自发地频繁迁徙，培养和锻炼了他们的顽强拼搏、开拓进取、善于汲取的品格和精神。浙江人的创新精神还表现在对新思想的接受和容纳上。这种思维敏捷，兼具开拓、创新进取精神的文化特征，使得浙江的文学、艺术、哲学、历史、科学等方面人才辈出。

其次是精英文化与大众文化的包容，表现出雅与俗的共赏、共存与共融的特点。在浙江的传统文化中，精英文化以名士文化与学术文化最具影响力。浙江的大众文化则以民俗文化和宗教文化最具代表性。千百年来，浙江的精英文化与大众文化的沟通，在观念上通过“事功”思想达到了一致，在渠道上则是通过浙江发达的耕读文化方式，实现了雅与俗的共赏与共存。

在浙江，一个社会的精英文化与大众文化不是相互隔绝的两大文化体系，而是同一文化的两种样态。在发达、悠久的商业文化传统的长期熏陶下，浙江民众逐步形成了崇尚务实、注重功利、乐于经商的价值观念和行为方式，形成了市场意识敏锐，敢于尝试新的生产方式，勇于探索新的谋利路径，善于捕捉商机的个性特征，以及一整套同商品经济、市场经济相适应的知识、技能，在此基础上形成的大众文化更是洋溢着鲜明的理性主义、功利主义的气息。正是这样一种文化风尚，形成了浙江文化自南宋以来，更多地关注民生、反映民生，“以人为本”的传统特色。

就浙江文化的社会历史发展而论，浙江文化的鲜明特色是个性化。

《浙江文化研究工程成果文库》总序中说：“千百年来，浙江人民积淀和传承了一个底蕴深厚的文化传统。这种文化传统的独特性，正在于它令人惊叹的富于创造力的智慧和力量……代代相传的文化创造的作为和精神，从观念、态度、行为方式和价值取向上，孕育、形成和发展了渊源有自的浙江地域文化传统和与时俱进的浙江文化精神，她滋育着浙江的生命力、催生着浙江的凝聚力、激发着浙江的创造力、培植着浙江的竞争力，激励着浙江人民永不自满、永不停息，在各个不同的历史时期不断地超越自我，创业奋进。”

综观浙江文化千百年来走过的道路，我们不难发现，浙江特有的自然地理环境、历史发展路径、生产生活方式、多次人口迁移和文化交融激荡等，造就了浙江文化独特的风格和底蕴，使得浙江文化具有了以下鲜明的个性特征：

一是自主自强的创新精神。先天不足的资源条件，造就了具有创业精神的浙江人，培育了浙江人自主、自强、自立的生活态度，自我发展的创业意识、开拓创新的个性精神、富于创造的意志品格。浙江在发掘自身内在优势，探究经济社会发展活力源泉的过程中，提炼出并大力弘扬“浙江精神”，自觉发挥它的经济创造力、社会凝聚力和文化竞争力。浙江民众以创业为荣的精神风气，使浙江人“一遇雨露就发芽，一有阳光就灿烂”，创造了“温州模式”“义乌奇迹”，等等，自主创新、敢为天下先的思维品格，构成了浙江人在经济改革中致力制度创新，实现体制外增长的精神动力，形成了浙江文化中自主自强的创新精神。

二是坚毅刚强的拼搏精神。自然资源匮乏的生存环境塑造出了浙江人既有山里人吃苦耐劳、顽强拼搏的硬气和韧劲，又有滨海人勇于开拓、富于冒险的气魄和胆略。浙江精神，不仅激发了浙江人民敢为人先、创新创业的智慧和勇气，而且陶冶了浙江人民特别能吃苦、特别能忍耐的品性。这种坚毅刚强的拼搏精神反映到人的生存性格上就是，面对外部的压力和挑战，浙江人既不消极沉沦，听从命运的摆布，也很少表现出燕赵之士那种慷慨激昂的刚烈之气，而是“柔而不屈，强而不刚”，充分发挥自己敏于机变和富有韧性的特长，克服困难，实现自己既定的最终目标。尤其是在现当代，浙江企业家为了创业，求得市场经济发展的一席之地，想尽千方百计，走过千山万水，说遍千言万语，历经千难万险，创业过程中严酷的竞争环境迫使他们艰苦奋斗，锐意进取，不怨天尤人，不灰心丧气。浙江人民正是靠着这种坚韧不拔的精神，艰苦创业，形成了浙江文化中坚毅刚强的拼搏精神。

三是求真务实的“事功”精神。“义利并重”的价值观念，孕育了浙江人的务实性格。功利主义和自然人性观构成了浙江文化的人生观基础，浙江人讲究实际、注重功利的价值取向，构成了浙江人致力经济发展的内在动力。注重实效、实事求是的“事功”精神一直是浙江学术思想的传统。而务实的实践，更使浙江人养成了“鄙薄空谈，崇尚实干；轻视说教，追逐实利”的行为取向和价值追求。义利合一，这是务实的根本落脚点。正是基于这一价值判断，浙江人民以善于生产经营著称，在明末清初，最早出现资本主义萌芽；近代以后，宁波帮在上海崛起；改革开放以来，更成为市场大省。长期以来，浙江民众在“事功”精神的熏陶教育下，形成了“干在实处、关注细节”的精明、务实意识，更生成了浙江文化中注重诚信的优良品德。

四是“工商皆本”的重商精神。自古以来，浙江人强烈的创业精神与求富愿望，孕育了浙江人的经商意识，形成了浙江人精明的商业头脑。重利事功、货殖为重的商贸文化传统，使历代浙江人乐于经商，善于经商。而注重商业性的“工商皆本”思想，更使浙江的文化带有浓厚的商业气息，塑造出了浙江民众乐于经营谋利，且善于捕捉商机的生存个性。这种善于经营、富于机变的文化性格，赋予浙江人在适应市场机制中胜人一筹的素质和优势。

五是厚德崇文的人文精神。“百工之乡”的产业传统，哺育了具有聪明才智的浙江人。底蕴深厚的文化积淀，造就了浙江人“崇尚柔慧，厚于滋味”的人文情怀。浙江自古重教兴学蔚然成风，有着尚学的理性精神。尊师重教、喜文好学是浙江文化的重要传统。而浙江之所以是文化之邦，最根本的表现在于：自古以来，浙江逐渐成为全国的人文渊薮，思想家、学者众多，人才辈出。这是浙江社会发展的产物，又推动着浙江社会以及全国的社会发展。浙江人厚德崇文的人文精神，造就了浙江文人婉约、活泼而又不失豪放、敦厚的风格；浙江人柔慧灵活、刚柔相济的处世方式，造就了浙江人善于商谋、智巧灵变的文化品格，造就了浙江商人强烈的“民本”思想和“富民”意识；而浙江人深刻的忧患意识、大众情怀，更造就了浙江众多志士仁人为民族的复兴呐喊，表现出了鲜明的革新思想和反传统精神。因而“自强不息、坚韧不拔、勇于创新、讲求实效”的“浙江精神”同样也是浙江文化重要的生命能量。

浙江文化鲜明的个性特征中，除以上五个方面外，浙江经济对文化的促进作用，也是浙江文化发展的重要因素。尤其是改革开放以来浙江社会经济的快速发展与繁荣，为浙江文化的发展和繁荣提供了强大的支撑。社会的进步、财富的增加、人民群众不断增长的精神文化需求，极大地推动了浙江的文化建设。

与此同时，浙江文化又对浙江的经济发展起到积极的促进作用。《浙江文化研究工程成果文库》总序中说：“区域文化如同清溪山泉潺潺不息，在中国文化的共同价值取向下，以自己的独特个性支撑着、引领着本地经济社会的发展。”浙江的文化精神“始终流淌在浙江老百姓的血液之中，构成代代相传的文化基因，哺育了浙江人特别能适应市场经济的思想观念和行为方式。在改革开放的条件下，这种文化基因，一遇雨露就发芽，一有阳光就灿烂，有力地推动了浙江经济从小到大，从弱到强的蓬勃发展”。

总之，以上这些浙江文化的个性特征，培育了浙江人的道德和品格，形成了浙江人的思想和精神，推动着浙江社会、经济、文化乃至浙派园林的发展。

第三章

浙派园林的地位与价值

浙派园林是中国园林的重要组成部分，在中国园林的发展历史上占有重要地位。在某些特定时期，其园林营建曾盛极全国，并有相当一批名园对中国各地园林的营建具有重大影响。就整个历史时期来看，浙江省各种类型的园林都相当齐备，并具有较高的建造和艺术水平。作为珍贵的历史文化遗产，浙派园林在当代仍有其重要的地位与价值。

第一节　浙派园林的地位

一、中国园林是中华优秀传统文化的一枝绚丽奇葩

中华优秀传统文化是十八大以来治国理念的重要来源。习总书记强调："中华优秀传统文化，是我们最深厚的文化软实力，也是中国特色社会主义植根的文化沃土。"

中国传统园林，是人类文明的重要遗产，是中国优秀传统文化的重要组成部分，是中国五千年文化史造就的艺术珍品，被举世公认为"世界园林之母"。在中共中央办公厅、国务院办公厅印发的《关于实施中华优秀传统文化传承发展工程的意见》中，明确提出要支持"中国园林"等中华传统文化代表性项目走出去，肯定了中国园林作为中华传统文化的"代表性"。因此，在提倡文化自信的今天，中国传统园林应该在中国特色社会主义新时代得到传承创新、发扬光大。

二、园林行业是国家生态文明建设战略的重要支柱

"绿水青山就是金山银山。"党的十八大以来，党中央从中国特色社会主义事业"五位一体"总体布局的战略高度，从实现中华民族伟大复兴中国梦的历史维度，强力推进生态文明建设，引领中华民族永续发展。

近十几年来，我国园林行业得到了长足发展，伴随着行业投资规模的扩大和业务领域的拓展，园林行业已经从传统的城乡景观、市政道路、公园广场、小区

绿地逐步延伸到与生态环境建设相关的流域治理、湿地修复、矿山修复、土壤污染修复等领域。可见，在生态文明新时代，园林行业作为生态环保产业的重要支柱，在提高人类生活质量、保障人类身心健康、享受自然美感、充实人类精神品位方面，具有其他行业无法替代的作用和不可取代的地位，由此展现出越来越广阔的市场前景。

三、“浙派园林”是浙江自然与人文孕育的璀璨结晶

浙江物华天宝，人杰地灵。东临浩瀚的东海，气候温和，雨量充沛，土地肥沃，物产丰富，山水优美，佛教兴盛，是吴越文化、江南文化的发源地，被称为“丝绸之府”“鱼米之乡”“文化之邦”。河姆渡文化、跨湖桥文化、良渚文化表明，浙江是中华文明的发祥地之一。浙江也是中国山水文化的起源地，谢灵运的山居、王羲之的兰亭，是中国山水园林的创始之作。从东晋西湖的灵隐寺以后，由隋唐至五代，浙江寺庙园林独步江南。五代吴越至南宋，以杭州西湖为代表的皇家御苑、私家宅园和风景名胜成为中国园林发展史的重要一页。明、清以降至近代，依托于浙江经济文化的发展，私家园林如天女散花般星星点点地洒落于杭嘉湖地区，逐步发展形成“浙派园林”流派，充分展现了浙江地域园林独具魅力的特色和风格。

四、“浙派园林”是“诗画浙江”建设的题中之义

为了深入贯彻生态文明思想和以人民为中心的发展思想，全面落实省委“两个高水平”建设和“四大”建设的决策部署，聚焦聚力高质量、竞争力、现代化，突出“串珠成链、共建共享”，举全省之力全面推进大花园建设，加快打造“幸福美好家园、绿色发展高地、健康养生福地、生态旅游目的地”，浙江省委、省政府先后在一系列文件中提出了加强城乡园林绿化工作的要求，把城乡园林绿化作为传承发展浙江优秀传统文化、“诗画浙江”与“文化浙江”建设的重要内容。

城乡园林绿化的核心理念就是“自然、绿色、生态、人文”，推进城乡园林绿化建设发展是落实国家和省生态文明战略的重要工作，是改善城乡人居生态环境、提高城乡生态环境综合承载力的主要抓手，更是促进加快发展方式转型、实现科学发展的必然要求。在富民强省十大行动计划文旅项目建设和“四条诗路”建设，全面推进“文化浙江”“诗画浙江”建设的大背景下，凝练浙派园林文化精髓，构建“浙派园林学”学术体系，对于推动浙江园林事业与文化旅游事业的协同发展，真正满足浙江 5700 万人民对美好生活向往的追求，具有十分重要的现实意义。

第二节　浙派园林的价值

清代戏曲作家李斗名作《扬州画舫录》中提到:“杭州以湖山胜，苏州以市肆胜，扬州以园亭胜，三者鼎峙，不分轩轾。”可见，以杭州为代表的浙派园林是江南园林的重要组成部分，对于北方园林、江南园林、岭南园林三大传统园林流派的形成具有举足轻重的作用。浙派园林自东晋以来就深受外来文化的影响，园林繁盛

且源流驳杂，其独特的价值对中国传统园林产生了深远的影响，展现了中国自然山水式园林艺术的最高水平，荟萃了我国园林的精华。浙派园林的价值内涵深厚、包罗万象，主要体现在哲学、历史学、艺术学、文学、生态学、工程学等多方面，这些内容将在后续各章节中详细阐述。

一、哲学方面

浙派园林始终秉承“天人合一、道法自然”的造园思想。追求心目相连、身心俱畅的快乐，讲究曲直相应、委婉含蓄的情趣，蕴含远近相倾、玄远无限的意蕴，领悟虚实相生、弦外之音的妙谛，实现动静相和、禅机妙悟的化境，将自然山水式东方生态美学思想表现得淋漓尽致。

二、历史学方面

园林营建上，东晋以来，浙派园林的营建就开始在全国占有重要地位，吴世昌先生将中国的北方园林归于金谷类，南方园林归于兰亭派。浙江绍兴兰亭的曲水流觞，为文人雅士所好，这一儒风雅俗，一直留传至今，堪称后世园林模仿的典范，对园林中理水方式产生了深远的影响。到了南宋，浙江造园活动领全国之先，“西湖十景”这种类似“园中园”的造园手法引领着后世园林的营建。明清时期，浙江有一大批名园成为各地造园竞相模仿的对象，最终成形于清代的杭州西湖成为中国自然山水式园林营建的典范，颐和园、圆明园等皆仿西湖布局、构景；嘉兴烟雨楼、杭州小有天园、海宁安澜园等亦被仿建于清代的避暑山庄和圆明园之中；杭州孤山园林独树一帜，成为国内同类园林的楷模。

造园理论上，祁彪佳的《寓山注》、陈淏子的《花镜》、李渔的《闲情偶寄》等论述的造园手法至今仍有其实用价值。

三、艺术学方面

计成《园冶》中提出的“虽由人作，宛自天开”“巧于因借，精在体宜”等造园思想在浙派园林中得到了淋漓尽致的体现。浙江众多园林依山傍水而建，山水本身就充满着园林韵味。杭州西湖园林，嘉兴南湖、鸳鸯湖园林，绍兴若耶溪园林，临海东湖园林等，基本上都以真山真水为依托，共同借景公共大园林的优美景色，营造自身景观。

四、文学方面

浙派园林源远流长，在漫漫历史变迁中，无数文人墨客造访于此，留下了大量的诗文。这些诗文文辞优美，广为流传，记录了那一时期浙派园林的繁荣景象，更是文学研究的重要素材。如王羲之的《兰亭集序》，谢灵运的《山居赋》，白居易的《白蘋洲五亭记》《冷泉亭记》《沃洲山禅院记》《钱塘湖石记》，陆游的《阅古泉记》《南园记》，周密的《癸辛杂识》《武林旧事》，田汝成的《西湖游览志》《西湖游览志馀》，张岱《西湖梦寻》《陶庵梦忆》等，数量众多、不一而足。

五、生态学方面

浙派园林始终遵循着古人“天人合一”“道法自然”的朴素生态观，“自成天然之趣，不烦人事之工”，生态造园理念在相地布局、园林理水、植物配置等园林营造各个环节都有所体现，表达了浙江人民对自然山水的尊重，从而营造出顺应自然、感悟自然、人与自然和谐共处的美好境界。

六、工程学方面

营造手法上，浙派园林在择山水胜景之中，借山水之美，构泉石之妙，因地制宜，巧建屋舍，力求园林本身与外部环境相契合，呈现出天人和谐的境界。造园内涵深厚，造景手法突出，风格古朴自然，体现出“幽、雅、闲”的意境。

营建技术上，浙派园林传承历史上千百年来的工程营建技术，历经各朝各代工匠们的不断改进，已经形成了具有地域特点的技术体系，如《花镜》中的课花十八法、夯土技术、田鱼共生技术、干砌块石技术等，至今仍有其现实意义。

第二篇

融贯东西、师法自然：浙派园林基本理论

第四章

中国现代园林核心造园理念——“近自然园林”

中国传统园林是中国优秀文化、思想、艺术的结晶，体现了中华民族对自然美的深刻理解与欣赏。中国传统园林由人所构建，旨在再现自然，同时渗透着传统文化，它们在一定程度上反映了中国人的宇宙观、价值观等观念与思想，也正是中国传统文化和哲学思想的体现。

长久以来，许多学者认为中国传统园林是道家文化影响下的产物，也有研究认为，传统园林更多地受到儒家、佛学思想的影响。如赵晓峰认为在儒家形成的自然审美观与礼乐传统的影响下，中国园林通过对自然景物的模仿与形象化，诠释了儒学的人生理想目标。刘彤彤认为中国传统园林在哲学、美学等方面受到佛学影响，并在园林形式与意境方面留下了深深的烙印。而后，也有一些研究尝试从中国传统文化的各派思想探究中国园林的思想渊源。如吴隽宇、肖艺认为中国传统园林是在儒家思想、道家思想、禅学思想共同作用下文化发展的必然产物；彭巧、傅德亮等认为中国传统文化中蕴含的儒家、道家、禅宗、风水等哲学思想对园林起着举足轻重的作用。

目前，中国传统哲学思想对中国园林影响的研究主要集中在儒、释、道这三种主流思想，而对这些哲学思想影响下的造园理念没有更多研究。同时，现代园林造园理念的形成，与西方生态主义思想的影响密不可分，目前尚未有人加以论述。因此，本章从中国传统哲学思想、西方生态主义思想两方面入手，对中国传统与现代园林造园思想进行梳理，旨在系统探究中国园林造园理念的源流与发展，挖掘以浙派园林为代表的中国园林造园理念的共同精神内涵。

第一节　中国传统哲学思想影响下的传统园林造园理念

儒、释、道思想是中国传统文化的精华，在长期的历史发展过程中，三家学说分别从不同的角度影响并渗透于中国的政治、经济、文化、艺术等各方面，形成各具特色的哲学自然观。而中国传统文化中的儒、释、道三家，在相互的冲突中相互吸收和融合；在保持各自的基本立场和特质的同时，又“你中有我，我中有你”。在这个漫长过程中，中华民族逐渐形成了特有的世界观、价值观与审美情趣，直接产生了相应的中国传统园林造园理念（见表 4–1），进而对于中国园林的内容、形式、结构、艺术手法等都产生了深远的影响。

表 4–1　传统哲学思想影响下的造园理念

传统哲学思想		核心内容	造园理念
主流思想	儒家思想	“仁义”“礼乐”“君子比德”“中庸思想”“尽人事，听天命”，提倡发挥人的主观能动性，顺应自然变化的规律，启发人们对自然山水的尊重	崇尚自然之美，重视筑山、理水；注重秩序感；讲求园林的“和谐”之美
	佛家思想	“众生平等”“人在宇宙之中，宇宙也在人心中，人与自然两者是浑然如一的整体”，强调“顿悟”与“自解自悟”	崇尚“淡”“雅”之风;将客观的“景”与主观的“情”联系在一起，重视意境的营造
	道家思想	“人法地，地法天，天法道，道法自然”，主张出世、回归自然的境界	师法自然，合理、适当地改造自然；在园林中蕴含着对自然美之中“道”与“理”的理解
衍生思想	“天人合一”思想	“天地与我并生，万物与我为一”，在儒、道思想中均有体现，人类不能悖逆自然界的普遍规律，崇尚“天人谐和”	“虽由人作，宛自天开”“外师造化，中得心源”，园林应顺应自然，彰显自然天成之美
	隐逸思想	“小隐隐于野，中隐隐于市，大隐隐于朝”“归园田居”，残酷的政治环境、无法实现的政治理想使得隐逸成为文人思想的寄托与归宿	寄情山水，喜爱在名山大川结庐营居；注重物景与意境的营造，发扬“自然美”为核心的美学观
	风水思想	天、地、人合一是中国风水学的最高原则，察天观地、择吉避凶，选择适合人类生存的最佳环境	“负阴抱阳，背山面水”等，对园林选址、规划有较大影响，目的是将“天成”与“人为”的关系始终整合如一
	神仙思想	老庄学说与原始的神灵、自然崇拜融糅在一起产生了神仙思想，是古人在面对不可抗拒的死亡时表现出的强烈反抗意识	“一池三山”模式的产生，注重情境的体现

一、传统哲学主流思想及其影响

（一）儒家思想

儒学以“仁”为基础，以“礼”为中心，崇尚“入世”的价值观，是封建时代的正统思想，被统治阶级视为治国之道。在儒家思想影响下的传统园林中体现并积淀了理性思想的感性审美境界，在布局与设计上均体现了儒家的观念，重视天地万物的意义与内涵，赋予自然界一切人的风度和品格，与万物融为一体；注重均衡自然生态美与人文生态美，以最终达到“天人合一”的境界。在“礼乐思想”的指导下，园林风景式自由布局中则蕴含着一种秩序感和强烈的生活气息。在儒家“君子比德”理念的影响下，“人化自然”的哲理启发人们对自然山水的尊重；也正是在这一思想影响下，中国传统园林一直以来都十分重视筑山、理水与植物配置，为园林风景化发展奠定了基础。另外，“中庸之道”“以和为贵”等思想更是直接影响了中国传统园林营造，使得园林的各元素之间始终保持着一种平衡，园林整体呈现出和谐的状态。

（二）佛家思想

佛教从东汉末年传入中国，到隋唐时期达到鼎盛。佛家提出“众生平等”的思想，宣扬重来生的“彼岸世界”、不重现世的“此岸世界”等消极出世的人生观。在修行方法上重视人的“悟性”，重视个体内心领悟，通过自然来探寻自心之“悟”，以求自然现象与内心的统一，看空自然，自然成为假象或心相。另外，禅宗所倡导的自然，其精神往往以自然山水的形象表达。因此，在禅宗精神影响下的造园实践中更强调意境，以期达到情景与哲理交融化合的境界。

（三）道家思想

道家学说以自然天道观为主旨，如《道德经》所言：“人法地，地法天，天法道，道法自然。”人应如大地般厚德载物，大地如天般宽广无边，而道则要像自然那样顺应规律地自然发展，并逐渐发展成为以自然美为核心的美学思想，达到“天地有大美而不言”“生而不有，为而不恃”的境界。在中国传统园林中，造园设计不仅是功能与意境的体现，更是对人与自然关系的理解与思考。在处理同自然的关系上，道家提倡“道法自然”“天人合一”的理念，这种观念在园林中首先表现为对自然山水的崇拜与模拟，要求人类要以自然天地为法则，去适应自然界并且合理、适当地改造自然。中国传统园林正是以“道法自然”思想作为造园设计的指导原则，同时提供了思想观念、空间概念和造园法式上的方法论依据，使得园林景观中能将自然雅致的景观与人工造园艺术形成内外时空流动统一的整体。

二、传统哲学衍生思想及其影响

儒、释、道是贯穿中国发展历史的主要思想，也是中国造园理念的主要哲学源流。此外，在特定的历史环境下，融合或衍生于儒、释、道这三种思想的一些观点与学说与此三家共同构筑起中国传统园林历史中的意识形态背景。其中，“天人合一思想”“风水思想”“隐逸思想”“神仙思想”也成为中国传统园林造园理念的重要思想来源。

（一）“天人合一”思想

“天人合一”是中国传统哲学领域中的核心思想，是传统文化的精髓，指人的自然性与社会性的合一。春秋战国时期，普通百姓对于帝王王权的崇拜逐渐减弱，天命神权思想受到冲击，思想家提出“天道”和“人道”哲学范畴，人们开始信仰传统哲学中的“天人合一”思想，如《易经·乾卦》所言：“夫大人者，与天地合其德，与日月合其明”，强调“天道”和“人道”的相通、相类和统一。其中以儒、道为代表的思想家不断丰富、发展了“天人合一”思想的内涵。道家的老子从天道的角度确立了“天人合一”哲学观的宇宙观基础，庄子对其进行了发展延伸，认为“天地与我并生，万物与我为一”，主张消除一切差异，达到天地合一的境界；孔子从人的角度为“天人合一”哲学观奠定了基础，后孟子主张将天道与人性合而为一，寓天德于人心，将封建社会制度外化为天法。在漫长的发展过程中，从“天人合一”思想延伸出“天人谐和”的概念，继而渗透到中国古代文化的各个领域，包括中国园林文化，它对传统园林中空间营造、风水文化、意境审美等多方面都具有较大影响，体现了古人回归自然、与天地共融的自然观。

在这一思想影响下，中国造园艺术的最高准则为“虽由人作，宛自天开”“外师造化，中得心源”，中国传统园林艺术的表现形式始终将自然美与人工美统一起来，在布局、建筑、山水、植物上都追求顺应自然，彰显自然天成之美，创造出人与自然和谐共生的园林体系，以求最终达到“天人合一”的境界。

（二）隐逸思想

隐逸思想在中国园林发展史上起着举足轻重的作用，其基础是老庄思想。中国封建社会里，在体现士人意趣和精神追求的文化艺术领域内，蕴含着隐逸文化体系。“崇尚隐逸”与“寄情山水”是紧密相连的，远离尘嚣、风景绝美的山河大川等自然环境是产生隐逸思想的重要原因之一，也是士人避世山林、隐居世外的重要载体。从中国历史发展来看，在东汉时期，不少落魄文人的才华不得赏识，空有理想抱负却无法施展，只能在游山玩水中表现出自己志存高远、胸怀天下的高远襟怀。从魏晋南北朝时期起，中国封建社会改朝换代频繁，时局动荡不安，官吏、富商、文人为了逃避现实，纷纷隐迹，“假慕沙门，实避调役”。到了元、明、清时期，人们内心对于政治的渴望和对于自然的追求一直没有改变，仕途不顺的有志之士和知识分子都会选择归隐。至于隐逸方式的选择也随着时代的不同而改变。唐代诗人白居易总结出“中隐”的方式，他提出“隐在留司官”，不同的是，白居易将“中隐”与私家园林联系在一起：“进不趋要路，退不入深山。……不如家池上，乐逸无忧患。”园林既解决了入世与隐居的矛盾，又能在精神上获得满足，成为文人士大夫隐逸的理想载体。“拟求幽僻地，安置疏慵身。”自此，“静念园林好”，徜徉泉石、盘桓林木便成为文人的传统心理沉淀和稳定追求，这也使后人在审美上相对于人工美更加崇尚自然美，也是对当时归隐思潮的解读。多数文人认为天然去雕饰的“出水芙蓉”之美是一种比富丽繁华、雕梁画栋的人工雕琢之美更高的造园理念和境界。

（三）风水思想

风水为世代相传的文化现象，是我国人民几千年来生活经验的积累与智慧的结晶。如张载的《正蒙》中所言：“其聚其散，变化之客形尔。”风水学通过察天观地，寻找“生气”以选择适合人类生活的最佳环境，从而达到阴阳调和、天人和谐的目标。风水本为相地之术，又称堪舆、青乌术等。基于对理想居住环境的追求，风水学说研究自然环境，旨在适应自然、合理利用和改造自然，创造良好的生活环境，达到天人和谐的完美状态。为了实现该目标，我国风水理论在长期发展中积累了丰富的经验，通过理论思考，构建并整合了古代科学、哲学、美学、宗教、民俗等诸多系统，形成了内涵丰富、综合、系统性强的理论体系。

风水思想深深植根于中国传统文化之中。它强调人文美与自然环境美的和谐统一，体现了中国传统文化的鲜明特色。由于风水重视人与自然的有机联系及交互感应，强调人与自然关系的整体认识，提出了与当代生态学等科学相契合的真知灼见。其中运用得较多的是阴阳八卦、五行四象之说，引导着中国传统园林向“风景式”方向发展，被西方科学家称为“东方文化生态”。

（四）神仙思想

宗教典籍中的天堂乐园、仙山神水是人们梦想中最美的园林化环境。原始宗教中出现了“昆仑神话”与“蓬莱仙岛”；佛教中所说的极乐世界便是具有灵山圣水的优美园林，虹桥卧碧波，廊外山林美景，天上吉祥天女，众僧潜心修炼，达到涅槃的安乐境界；中国道教以崇尚自然、返璞归真为主旨，其理想境界分为两种，一种是根据道家学说在现实世界中建立的理想王国，另一种则是超越现实的仙境。最终老庄学说与原始的神灵、自然崇拜融糅在一起产生了神仙思想。据《水经注》《山海经》《淮南子》等记载，昆仑山通达天庭，如果人们能在山顶找到天庭的入口，就能长生不死。另据《史记·封禅书》记载，在无垠的大海中，有三大神山：方丈、瀛洲、蓬莱。这些神话故事表达了人们对自然和生命的美好向往，因此在神仙思想的影响下，以仙境为主题的中国园林传统景观布局——“一池三山”模式形成。所以传统皇家园林及私家园林都喜欢挖池筑岛，模拟海上仙山，如秦朝的兰池宫、杭州西湖、北京颐和园等均是这种布局。这也满足了统治者长生不死的愿望，在园林中的“神仙”生活，脱离世俗生活的束缚，获得精神的愉悦。因此，园林的主要目的不是“客观地模仿”山川之美，而是强调和表现自然景观所引起的“情感的释放”，即人与自然的融合、舒适与亲和的状态。

三、传统造园理念影响下的造园特色

综上所述，造园理念是中国园林的核心，造园过程中各造园要素以不同的形式，展现中国传统园林中独有的理念。深受儒、释、道哲学流派及其衍生思想的影响，中国传统园林形成了以“天人合一、师法自然”为主旨的系列造园理念。在这些理念的共同影响下，中国传统园林体现出四个方面的造园特色。

（一）道法自然，万物一体

中国园林在营构布局，配置建筑、山水、植物等方面均力求与自然融为一体，努力突出自然美，避免形式上的齐整，力求达到“虽由人作，宛自天开”的最高创作原则。

（二）巧于因借，虚实相生

造园家运用“借景”“虚景”等造景手法使得园林曲折回环而变幻莫测。借景手法的目的是借景言情，它将自然与生活紧密相连，极大地丰富了园林美的层次，以实现人与自然和谐贯通的境界。

（三）文景相依，诗情画意

中国园林既追求自然天成之美，又以诗画入园，诗情画意，互为渗透，融而为一，形成“园中有诗画”的境界，使得游人在游览过程中，体悟出“人在画中游”的感受。

（四）外师造化，中得心源

这是唐代著名画家张璪提出的绘画理念。画理如此，园林建造亦是同理。中国园林是感性的、主观的写意，通过对自然及其景观元素的类型化、抽象化，将造园者赋予园林的精神传递给游园者。人们复杂的情感常与自然景物的朝夕变化产生共鸣，自然美景与生活图景交融，形成融合了社会生活、自然环境、诗画意境的可居可游的园林空间。

第二节　中西方哲学思想共同影响下的现代园林造园理念

一、中国传统哲学思想影响下的现代造园理念

当前，随着人们物质生活的改善，对人居环境的精神价值诉求越来越高，体现在园林景观设计方面，以传承发展优秀传统园林造园理念为根本。传统园林造园理念有着丰富的内涵，经过长时间的沉淀发展，在现代园林景观设计中多有体现。很多学者从传统园林中借鉴吸收其优秀成分并演绎出丰富多样的现代园林造园理念（见表 4–2），指导现代园林景观设计，以创造出和谐、自然、符合国人审美需要的“宜人”景观环境。因此，现代园林造园理念是人类对人与自然关系的新的认识和思考，是对传统园林造园理念的扬弃和创新。

表 4–2　　传统哲学思想影响下的代表性现代造园理念

造园理念	代表人物	核心内容
“人与天调，天人共荣”理念	孟兆祯	人是自然的，是社会的，两者的结合就是对宇宙论的诠释，即“天人合一”。充分尊重自然，强调人的主观能动性
“天地—人—神和谐”理念	俞孔坚	景观设计应遵从自然规律，遵从人的需求，遵从地方历史文脉，追求天地、人、神的和谐
风景园林“三境论”理念	孙筱祥	中国文人园林的创作过程是：首先创造自然美和生活美的“生境”；再进一步通过艺术加工上升到艺术美的“画境”；最后通过触景生情达到理想美的“意境”，进入三个境界互相渗透、情景交融的高潮
风景园林“三才观”理念	李树华	由天、地、人三要素共同作用于场地并形成特定的人居环境，在“三才”中一般为天决定地，地决定人，最终表现为天人和谐
风景园林“三元论”理念	刘滨谊	风景园林应包括环境生态、空间形态、行为活动三部分，优秀的景观环境效果必定包含着三元素的共同作用。由“风景园林三元论”发展而来的“人居环境三元论”概念，更强调“人居”概念，三大构成要素为人居背景、人居活动、人居建设

（一）"人与天调，天人共荣"理念

孟兆祯院士是中国传统园林艺术杰出的传承者和践行者，他提出要建设具有中国特色与鲜明地域风格、符合现代生活需要的城市园林景观。人具有自然性和社会性，将两者结合，演绎出宇宙观，即"天人合一"。现代社会一切活动均应坚持"以人为本"的原则，但宇宙观不同于社会观，对自然不能说"以人为本"。应做到充分尊重自然，在此基础上更需强调人的主观能动性，因此，孟兆祯先生认为现代园林建设的理念应是"人与天调，天人共荣"。

自然景观包含大自然景观与人造自然景观，后者即园林，因此，园林被称为"第二自然"，它体现了"景物因人成胜概"。"景观"包括物质生态环境和精神文化两部分。园林美是自然美与人文美的结合体。所提倡的应是"巧于因借"本地自然资源与人文历史资源，利用地域植被、山水形胜与文脉融汇，最终营造出"有真为假，作假成真"的园林景观。

（二）"天地—人—神和谐"理念

俞孔坚教授自回国任教北京大学起，便呼吁人类应保持对自然的敬畏。他将自己所创立的公司取名为"土人景观"，其内涵是：景观应是体现人与土地、自然三者之间的联系，它本该是"天地、人、神"合一的。他将这称为"土人理念"，也是俞孔坚始终坚持的景观规划设计的三大原则。

首先，遵从自然。景观设计应遵从生态规律，构建人与自然和谐的人居环境。其次，尊重人的生理与心理需求。景观是人类生活的场所与载体，以服务人类、满足人类需求为宗旨：一方面要满足个体生理需求，另一方面要满足人的社会需求。最后，遵从"神"。俞孔坚将"神"理解为地方的历史文脉。每个城市在经过千百年的发展后，形成了其独特的文化、习俗等，它们都反映了某个地域的精神，而每一个场所都具有独一无二的灵魂。文化是人与自然共融的结果，在一定程度上反映了人对自然适应的方式。因此，现代园林景观设计应强调场所精神，使人获得认同感。综合来说，俞孔坚认为，追求"天地—人—神和谐"是景观规划设计的最高目标。

（三）风景园林"三境论"理念

孙筱祥先生是中国现代风景园林规划设计学科的创始人与奠基人，被誉为"中国园林之父"。1982 年，孙筱祥先生提出"三境论"理念。"三境论"最初是指应从三个层次评价文人山水园林的艺术效果，也是对于生态、自然、人文、艺术、工程技术等多方面的造园思考。"三境论"中所指的"三境"分别为生境、画境、意境，其内涵如下：

（1）"生境"，包含了自然美和生活美的境界。如《红楼梦》所言："有自然之理，得自然之趣。"园林所形成的环境应富于自然美，创造一个可享受生活乐趣、生气勃勃的境界，同时也是"可行、可游、可居"的场所。这也是现代园林中所提倡的"生态美"。

（2）“画境”，即游人在园林中感受到的视觉美以及布局美、形式美等。孙先生也提出，造园若只在“画境”终止，则不能称为“园林”，而只是作为美术作品或艺术品的存在。

（3）“意境”，指理想美和心灵美的境界。园林是人们贮存情感的一种载体，人们的理想境界、诗情画意等感受都储藏其中，园林中的“意境”反映着一个时代的特征与社会精神文明的水平。

1992 年，孙先生将“三境论”提升到美学层面再次进行了深入阐述。孙先生认为人的“审美”会由于个体的社会环境、健康情况、受教育程度、历史人文、民族传统的不同而不同。因此在进行造园活动时必须将自然美、艺术美和生活美三者高度统一起来，并融为一体。

（四）风景园林“三才观”理念

2011 年，清华大学李树华教授提出风景园林“三才观”。他将传统文化中“天、地、人三才之道”进行提炼与发展，探讨“三才之道”在现代造园活动中的指导作用。“三才之道”是指由上述天、地、人三要素共同作用于场地并形成相应的人居环境。

李树华将“天才”“地才”“人才”概念在风景园林领域进行了延伸：“天才”指由经度、纬度和海拔高度三维坐标系决定的某场所的空间位置，以及该空间位置所具有的天象变化与气候特征；“地才”指由“天”所决定的某场地的具体地形地貌，包括该场地的气象、地形、土壤、水系、动植物等诸多条件；“人才”指在由天（大空间）、地（地形地貌）所形成的自然环境中进行适应自然（包括在一定程度上改造自然）的活动，以及在该环境中进行长期生活所形成的历史文化、风土人情、生活方式等。风景园林领域中，“三才之道”是指某场所形成的环境是由天、地、人三种要素共同作用的结果。但在场所环境中三要素占比不同，因而形成了不同类型的景观。人居环境的形成过程中，一般由天决定地，地决定人。在理想状态下，天、地、人三要素之间应达到“天人合一”的和谐状态。

（五）风景园林“三元论”理念

2013 年，同济大学刘滨谊教授发表论文《风景园林三元论》，系统阐述了“三元论”理念，它强调“三生万物”的宇宙观，即变化万千的风景园林世界是由必不可缺且独立存在的三种要素组成。从哲学的角度来看，风景园林应从存在、意义、追求三个方面进行研究，即环境生态（资源、生态、环境）、空间形态（时间、空间、空间单元）、行为活动（感受、文化、艺术）三要素。这三个要素对环境感知的影响是相得益彰、缺一不可的。良好的园林环境给人们带来的感受必然包含三要素的共同作用，这也是中国传统园林“三境”融合的综合体现。后又由“风景园林三元论”发展为“人居环境三元论”，这一概念更强调“人居环境”范畴，其三大构成要素为人居背景、人居活动、人居建设，人居背景包括生活环境、农林环境、自然环境三要素；人居活动包括居住、聚集、游历三要素；人居建设则包括建筑、城乡、风景园林三要素。该理念的目标是在人居环境理论指导下解决人居问题，以实现理想环境，促进人类繁荣发展。

二、西方生态主义思想影响下的现代生态造园理念

生态主义作为一种哲学思想体系，以生态学为学理基础，是人类对有生命的物种之间的关系、不同物种之间的联系以及物种与物理和生物环境的系统把握。20 世纪以来，源于对城市快速扩张、环境恶化和生态危机的担忧，生态学和生态主义思想成为园林领域热议的话题，同时也对园林景观设计理念的发展方向产生了重大影响。在生态主义思想的引导下，园林景观从单纯关注美学理念逐渐走向生态理念的途径。受其影响，我国园林界众多有识之士纷纷提出各自的生态造园理念。

（一）生态园林

早在 1986 年，在“城市绿地系统、植物造景与城市生态学”学术会议上首次提出的“生态园林”概念，是我国园林界结合生态学理论和方法提出的新概念，目的是实现生态、社会和经济效益同步发展。生态园林是指着重从保护环境、维护生态平衡出发，遵循生态学的原理，建立城市绿化系统，在单体园林中科学地建设多层次、多结构、多功能的植物群落，以达到顺应自然、提高环境质量、有益于人们身心健康的园林绿化方案与措施。以程绪珂先生为代表的园林专家学者，在多年来实践经验和科学研究的基础上，不断丰富发展生态园林的理念与营造技术，提出了诸多符合时代特点的园林绿化建设途径。

（二）低碳园林

2005 年 2 月 16 日，旨在限制发达国家温室气体排放量以抑制全球变暖的《京都议定书》正式生效，这是人类历史上首次以法规的形式限制温室气体排放，推动了低碳经济、低碳生活等理念的发展，在此背景下，“低碳园林”的概念应运而生。“低碳园林”的本质是围绕“碳”展开的，低碳排、高碳汇是其精髓，园林是基础，目的是通过对城市绿地系统中不同类型绿地和场地条件的合理布置，降低城市整体二氧化碳排放量，最终达到节能减排的效果。

（三）节约型园林

为了深入贯彻落实科学发展观，解决全面建设小康社会过程中面临的资源约束和环境压力，保障国民经济持续快速协调健康发展，2004 年 9 月，党的十六届四中全会决议明确提出“大力发展循环经济，建设节约型社会”。在 2006 年 8 月的“全国节约型园林绿化现场会”上，原建设部副部长仇保兴提出了建设“节约型园林绿化”的倡议。所谓“节约型园林”，就是指以最少的地、最少的钱，选择对周围生态环境最少干扰的园林绿化模式，包括节地、节材、节水、节土、节能、节力六种类型。

综上所述，以上西方生态主义思想影响下出现的几种现代园林生态造园理念虽有些许不同，但都以生态学理论和方法为核心，是人类物质和精神文明发展的必然结果，引领着现代园林景观设计迈向可持续发展之路。

三、近自然园林理念的含义与地位

早在 2005 年，祁新华等学者针对国内园林建设的一些反自然现象，借鉴近自然林业思想，提出了“近自然园林”的新概念和理论支撑体系，阐释了近自然园林的科学内涵和特征，在此基础上，探讨了近自然园林的营造原则和实现途径。十多年来，园林领域专家学者对近自然园林理念与实践的研究方兴未艾，但总的来说，创新性的成果不多。目前普遍认为，近自然园林是继承和发展中国传统园林的经验，在城区和城郊范围内，以园林学、生态学、美学等多学科的理论为指导，营造以乡土植物为主、乔灌草相结合，具有生态效益、景观效益和社会效益等综合效益的，结构稳定、具有自我演替能力的地带性园林系统。因此，近自然园林包含三个方面的内涵：①以乡土植物为主，能很好地适应当地的环境，地域特色明显；②选择和配置植物物种合理，植物群落具有良好的生物多样性和稳定性，能有效发挥生态效益、景观效益和社会效益等综合效益；③时间结构、空间结构和营养结构合理，生态系统进入良性循环，具有自我演替能力。

在现代社会中，人们逐渐远离原生态的自然形态，但在城镇化快速发展的过程中，生活在“钢筋混凝土森林”中的人们对自然的向往之情与回归的期望却与日俱增。“自然”被认为是美的终极标准；“自然”被认为是节约的和科学的；“自然”被认为是环保的和健康的……“如何有效地实现风景园林的师法自然？”这是摆在现代风景园林从业者面前的一道难题。对于中国核心造园理念“师法自然”的理解不能局限于对自然的照搬照抄，园林是人类对自然的模拟和再造，在遵循自然规律的同时合理加入人的需求，为包括人在内的所有生命体营造一个和谐共处的“近自然”环境，这就是“近自然园林”概念提出的初衷。中国园林的理想表现形式是将自然的存在与人文精神的需求融合起来以达到“近自然”的理想状态。由此可见，“近自然”应当作为中国现代园林的最重要的造园特色。

近自然园林与生态园林相比，二者都是通过园林绿地合理的植物选择与配置，改善城市的生态环境，促进城市的可持续发展。但生态园林主要关注园林的生态性，运用生态学的理论与方法对园林绿地进行全过程调控，且人为痕迹明显。而近自然园林既关注园林的生态性，也关注其艺术性、文化性等方面，运用多学科的理论与方法营造园林绿地，且前期人工调控多一些，后期植物定植后，尽可能减少人为调控，利用自然群落的自身力量进行演替，人为痕迹较轻。因此，近自然园林实际上成为生态园林的扩展和提高。近自然园林理念与前几种现代园林生态造园理念都受到中国传统哲学思想或西方生态主义思想的影响，它们之间的关系如图 4-1 所示。

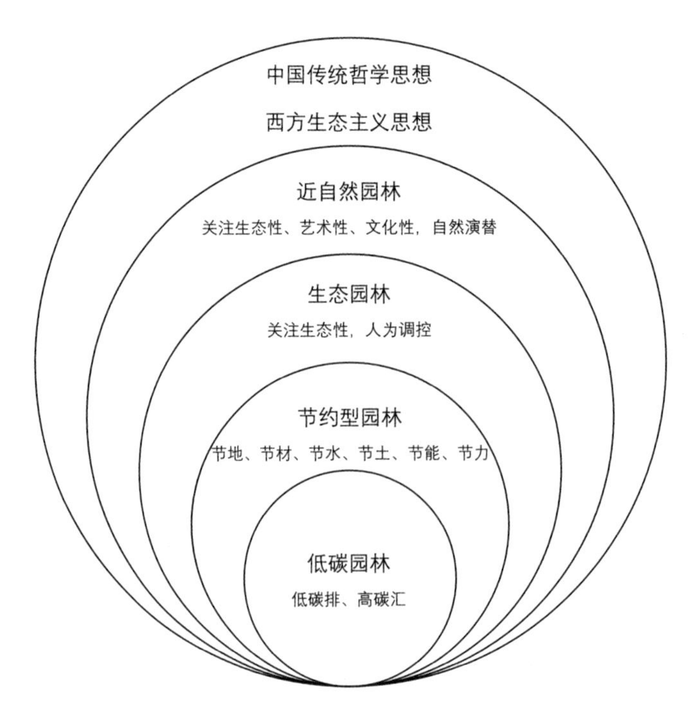

图 4-1　各种现代园林生态造园理念之间的关系

“近自然园林”通过“保护自然”“利用自然”“再现自然”等途径，使得园林在功能上能够同时满足人类生存发展的需求与大众精神文化的需求，这正是顺应时代发展的产物，也是现代园林景观建设应严格遵从、大力发扬的理念。在这个意义上，以真山真水为特色的“浙派园林”风格即是一种典型的“近自然园林”。我们有理由相信，在生态文明新时代，近自然园林理念指导下的浙派园林必将绽放出更加璀璨夺目的时代风采。

第五章

浙派园林基本理论——风景园林“立体自然观”

第一节 风景园林自然观

一、人与自然关系的发展

人类文明的发展进程乃是一个不以人的意志为转移的自然历史过程，人与自然的关系构成了这一历史进程的核心线索。从人类历史发展来看，人与自然的关系随着经济社会的发展而变化（见表5-1）。这种关系根据人类与自然相互作用的程度动态变化，朝着人与自然互利共生的方向前进。人类通过经验总结，将人对自然的认知总结为自然观，对人类的贡献主要在于引导和启发人类对事物本源的思考和对事物未来创新发展规律的摸索。自然观是人对于客观世界的主观映像，它反映了经济文化进程，也反作用于当代各领域的发展中。

表5-1　　　　历史上的人与自然关系

历史时期	人与自然关系	生态行为	初期生态意识	后期生态意识
原始社会	统一	采集狩猎，维持生存	敬畏崇拜自然	生态家园
农耕社会	适应	躬耕驯养，低效开发	小农田园	天人合一
工业社会	改造	高能耗、高消费、高污染，损害生态环境	征服自然	“人类中心主义”
现代社会	和谐	修复生态，治理环境	可持续利用	人与自然和谐发展

历史中人类自然观以神话、宗教、科学技术、人类价值观等呈现，影响着人们的行为以及风景园林的发展。如西方自然观经历了希腊自然观、文艺复兴至工业革命自然观，到现代自然观，是基于时代价值观的革命，人类对自然需求的改变。社会形态变化带来自然观的改变，在园林景观上也随之产生了变化。希腊自然观影响下的园林被赋予了宗教和神圣的色彩，景观本身具有叙事性，表达了人类对世界、对宇宙的认识。文艺复兴至工业革命时期的自然观主张自然是机械的，

于是在风景园林领域里，理性的分析和奇巧的设计成为主流，以人的意志为中心，对自然进行摆布。现代自然观包含生命概念、现代物理学和现代宇宙论，是建立在生物学、生态学和系统论研究上的自然观。现代自然观是一种系统论自然观，认为自然界是由不同层级的子系统组成的复杂适应系统，具有整体性、开放性、动态性等特征。全球生态环境和地域特征日益得到重视，前卫艺术、高新科技多层次地融合到园林中来，园林的设计理念和手法愈加多元化。

由此可见，自然观代表着人与自然的关系，影响着人对自然的选择与改变，而人类对于自然观的探索从未停止，随着社会形态变革与各领域的发展需求增加而深入。

二、风景园林自然观的演变

早在 19 世纪，马克思、恩格斯就提出了生态思想，其中包括自然环境和社会环境的统一，人的能动性和受动性的统一，人的内在尺度和自然的外在尺度的统一，自然主义和人道主义、共产主义的统一，是现代生态自然观的直接理论来源。随着生态学的迅猛发展，经济发展带来的人与自然矛盾的加剧，生态问题成为了全球关注的焦点，人在生态系统中的角色显得尤为重要。面临全球化的生态危机，生态自然观的发展是人们对资源短缺、人口激增、环境破坏等生态问题的反思。在园林范畴内，生态自然观主要集中于生态景观设计中的可持续景观营造，在这种思想的影响下，园林景观不再以视觉享受、功能满足为最终目的，而是上升到了平衡生态系统、改善人类生存居住环境的高度。

生态自然观是后工业时代人类对人与自然关系的觉醒，是为应对全球生态危机而提出的宏观自然观。而人类在改造自然的进程中，新的人与自然关系不断涌现，不同的改造角色有着不一样的自然观。风景园林师是自然的直接改造者，他们对自然有着最直观的认识，关于新的自然观提出的需求也在实践过程中日益彰显。例如，沈实现在《新自然观视野下的风景园林学》一书中提出风景园林范畴内的新自然观，将自然分为四个层面（见图 5-1），涵盖了现存景观的所有类型，对园林景观的设计方向提供了理论指导。刘海龙的《多态一体——我理解的自然与设计》依据不同时代、不同阶层、不同文化背景等要素，将当代自然观大致分为三类：经验主义自然观、功能主义自然观、表现主义自然观；提出在“多态”的自然面前，人不应该被单一的思想局限。风景园林的核心在于协调人与自然的关系，设计师的自然观应视野宽广，认识到当前人与自然的矛盾，及时丰富调整自然观，并能引导大众的自然观。杨锐的《中西自然观发展脉络初论——兼论我的自然观》一文提出他的自然观为“12 事自然观”，其中“事”代表过程，他认为自然是众多“过程”的动态集合，而不是客观的空间占有。他的自然观将自然分为“天”“地”“人”，也就是抽象的情感、客观存在的大自然，以及人的思维与实践；文末提出了不同的自然观会如何作用于城市、建筑与园林，反之城市、建筑与园林又会对人们自然观造成怎样的影响的疑问，呼吁大家全面探索自然。胡颖芝的《基于自然观视角下的 < 园冶·相地篇 > 研究》从物质利用观、生活观及审美观综合角度上，提出具有多重概念和丰富维度的自然观研究具有现实性的意义。造园者应该提前审视当下的自然环境及已受影响的人造环境，做到心中有数地“师法自然”。赵梓如在《基于文化概念的现代建筑自然观研究》中赋予自然四个层次，分别为大自然、事物本质（Nature）、自然规律以及和谐的境界。基于这四个层次提出他的自然观，并依据该自然观对现代建筑做出了分析。麻响箭在《基于自然观的博览建筑空间研究》中所提到的自然观分为三个层次：原始的自然与自然关系、自然对人类社会的影响，以及人类对自然环境的精神升华。

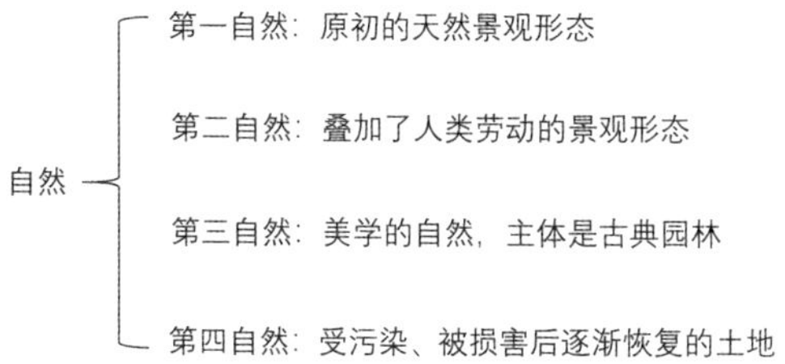

自然
- 第一自然：原初的天然景观形态
- 第二自然：叠加了人类劳动的景观形态
- 第三自然：美学的自然，主体是古典园林
- 第四自然：受污染、被损害后逐渐恢复的土地

图 5-1　沈实现提出的自然的四个层面

在风景园林发展进程中，人类与自然的关系是动态发展的，关于如何看待人与自然关系的讨论，是驱使新自然观形成的重要因素。朱建宁在《阐释自然观的技艺——风景园林学科的社会定位》中提出，为了实现风景园林学科的可持续发展，必须强化风景园林在改善生态环境、建设生态文明方面的重要作用。为此，有必要重新审视风景园林理应表达的自然—文化关系，树立适合当代社会发展的自然观，一方面继承天人合一观崇尚的自然思想，主动地适应自然和欣赏自然；另一方面又要发扬天人相分观崇尚的科学精神，能动地利用自然为社会服务，避免传统的天人合一观流于玄虚。于冰沁的《寻踪——生态主义思想在西方近现代风景园林中的产生、发展与实践》对生态主义自然观的产生背景与意义做出了论述，整理了生态主义思想的进化，归纳了不同时期景观生态设计的相关理论和方法。赵晨洋在《生态主义影响下的现代景观设计》中对生态主义与景观设计进行了深入探讨，唤起人们对生态景观设计的认识与理解，并通过分析、归纳、总结，丰富生态景观设计的内容和手法，使城市景观成为具有生态性、保健性、美观性，有科学内涵、文化底蕴、艺术结构的新景观。顾天明在《探析中国传统自然观审美观对景观设计的影响》中将中国的哲学自然观总结为“生命本身”体悟“道”的节奏。道尤表象于“艺”，灿烂的“艺”赋予“道”以形象和生命，“道”给予“艺”以深度和灵魂。由该自然观指导得出景观设计的三条原则：亲近理解的外部形状；结构要严谨而完整但肖似自然；删去不必要的元素，保留必需的元素。贾荣香在《自然观视角下中美城市建筑文化对比研究》中认为自然观就是感知其背后的文化核心。

从上可见，园林范畴内自然的概念具有丰富的多元内涵，不同研究方向的学者在实践或历史研究中总结出适应当前大环境的人与自然的相处模式，并以此形成自然观，指导该领域未来的发展道路。经济发展带来的环境变化促使风景园林学丰富其内涵，其范畴下的自然观、对自然的认知日益全面。自然观指导着风景园林未来的发展之路，发展中所遇到的挫折与矛盾促使着自然观内涵的拓宽。因此，当前学者对于自然观、自然认知的研究越来越趋于具体化、学科化，从不同的视角对自然进行解析，丰富了人类与自然的关系，促进人与自然和谐共处。根据以上研究，可以看出不同方向的学者眼中的自然具有不同的属性，结构的、美学的、生态的、精神的等等，不一而足。但大多数观点只是由于文章结构需要一带而过，鲜有学者能在研究范畴内提出具有指导意义的自然观，供该领域的实践者借鉴学习。当前国内对于自然认知的定性研究少之又少，但从众多文章中对更全面看待自然的呼吁来看，自然认知研究的重要性已引起园林行业的普遍重视。王向荣教授于 2007 年在《自然的含义》一文中首次提出了自然的认知，将自然分为四类，并一直对此进行深入研究，基于这一自然认知提出了中国本土地域性景观改造理念。表 5-2 中归纳了王向荣教授及其学生对风景园林自然认知相关的研究成果。

表 5-2　王向荣教授及其学生对风景园林自然认知的研究成果

篇　名	发表时间	作　者	主要研究成果
现代景观的价值取向	2003	王向荣，林箐	提出景观要在一定的经济条件下实现，满足社会的功能，符合自然的规律，遵循生态原则，同时属于艺术范畴，涉及科学、艺术、社会及经济等诸多方面的问题，指出了生态性、社会性、艺术性的不可分割之处，是后续园林自然认知研究的理论基础
从工业废弃地到绿色公园——景观设计与工业废弃地的更新	2003	王向荣，任京燕	工业废弃地的重建是生态与艺术的结合，也是一种保留城市发展历史痕迹的方式，是一种新型自然景观
地域之上的景观	2006	王向荣	任何土地都有属于它的特征，设计师可依据地块中或是更为广泛区域内的地域特征，来寻求景观设计的形式语言，这是新的自然观提出的现实需求
自然的含义	2007	王向荣，林箐	自然有 4 个不同的层面（天然自然、文化自然、美学自然、受损恢复的自然），每一个层面的自然都有自己的特征，只有当人们认识到每一层面的自然的价值，了解并尊重它原有的特征，才能真正做到与自然的协调
现代风景园林中自然过程的引入与引导研究	2009	冯潇	风景园林专业领域的扩展使更大尺度的自然环境进入研究的范围，新的景观建设不应该建立在抹杀原有自然遗迹和阻挠场地自然过程的基础之上，而应该是去发现自然，引导自然过程向着有利的方向发展
自然的人化	2011	李利	对生态自然向文化自然的演进理念做了系统研究，建立起一套如何认识、发现、维护自然与自然文化特征的文化解释系统；提出历史景观中的人文属性超越了自然属性；对自然认知的探索及文化生命力的挖掘有利于建造理想的风景园林
风景园林与自然	2014	王向荣，林箐	对 4 层自然（天然自然、文化自然、美学自然、受损恢复的自然）的内涵与关系进行了进一步的解读，以新自然观建设中国地域性特色景观

续表

篇　名	发表时间	作　者	主要研究成果
自然与文化视野下的中国国土景观多样性	2016	王向荣	依据上述的新自然观（4 层自然）对中国本土景观进行深入研究，认识国土景观的产生、演变、现状和发展趋势，认识景观的自然与文化价值，提出针对性的改造理念

由此可见，目前对自然的认知已不局限于“自然 = 大自然”，各学科的发展赋予了自然多维度的含义，以应对人与自然日渐复杂的关系。从古至今，自然观随着社会形态的改变而进化，生态自然观是如今生态文明时代的主流自然观。风景园林是一门时刻思考人与自然关系的学科，在发展进程中督促着自然观的更新与变革（见表 5-3）。

表 5-3　　生态自然观与当代园林学者对自然认知的对比

代表性观点	自然的含义	应用对象	涉及学科	关　系
生态自然观	受损的生态系统	处于危机状态的全球生态环境	生态学、景观生态学等	当代学者对自然的认知是基于生态自然观发展的，两者拥有共同的目标：人与自然和谐共处
当代园林学者对自然认知的总结	自然具有多重属性，可依据科学、艺术、人文研究的标准进行分类	园林景观营造中面临的人与自然难题	生态学、风景园林学、美学、文学等	

生态文明时代的自然观发展跳不出“生态”这一概念，生态文明贯穿着整个风景园林行业的发展。但人类与自然的关系不仅局限在“生态”这一范畴，当代学者对自然的多元解读代表着人类与自然关系发展的更多可能，追求生态平衡不是终点，不断地更新丰富人与自然和谐共处的含义，促使着未来风景园林道路上更多新自然观的提出。作为中国现代园林的核心造园理念，近自然园林的发展首先要认清自然的本质，将自然的变化与人类对自然的影响等考虑在内，形成一种全面的自然观，让近自然园林的营造有章可循。

第二节　风景园林“立体自然观”

一、风景园林“立体自然观”的构建

风景园林是研究人与自然关系的学科，旨在达到人与自然和谐共处的目的。风景园林学科发展的最终目的，是在保护自然的同时，为人类生活提供满足生理、心理、文化等多方面需求的环境。风景园林要遵循自然规律，尊重自然属性，融入自然，在自然中可持续发展，这一系列的诉求就要求我们营造近自然园林。随着社会经济的发展，风景园林学科发展的不断深入，自然所涵盖的领域越来越多，保护自然不仅仅是保护原始的自然景观、生态环境，而地域性特征、自然原有属性、人类对自然所产生的情感、自然对人类产生的影响等因素日益为人们所关注，人与自然的关系日益复杂，扩充了自然的含义，同时也扩充了近自然的内涵。近自然园林强调的是模仿自然，顺应自然，科学地改造自然。如前文所述，随着人类与自然关系的不断发展，自然观也一直动态变化，可见，近自然园林的营造需要人类以更多元的角度看待自然，持有更新的自然观。模仿怎样的自然，营造怎样的近自然园林，将是未来风景园林学科必须关注的问题和研究重点。

丰富自然的内涵有助于具体学科的发展，使人类有意识、有计划地对自然做出改造。新自然观不是凭空提出新颖抓眼球的概念，而是基于当前的自然观，结合新时代的要求，为未来园林发展提供新的自然观基础。本书结合前人的研究成果，创新提出风景园林的“立体自然观”（见图 5–2），将自然分为四个类型：第一自然为原始的自然（天然景观），第二自然为改造的自然（乡村与农业景观），第三自然为再现的自然（城市园林景观），第四自然为想象的自然（文学作品与虚拟景观）。

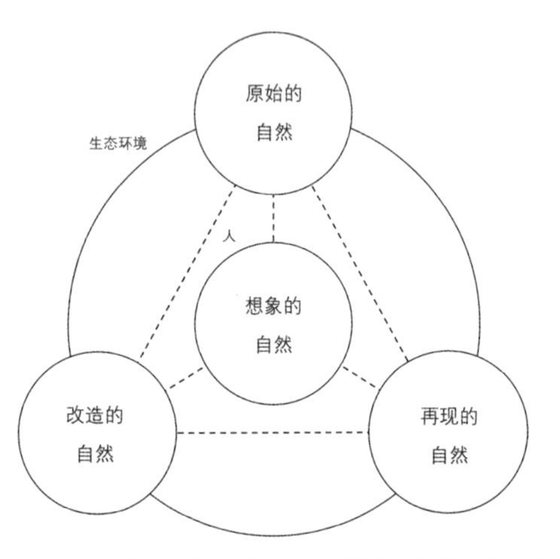

图 5–2　近自然园林的理论基础——风景园林“立体自然观”

从图 5–2 可见，在风景园林“立体自然观”中，前人谈到的天然景观、农业景观、城市园林景观之外，人处于一个非常重要的核心位置，人的需求、人的想法受到了极大的关注和重视。在近自然园林景观营造范畴内，想象的自然也是自然新含义的重要组成部分。人类是自然中的生命体，是最具有智慧以及改造自然能力的生物。在人类仅仅几百万年的发展历史中，对存在几十亿年的自然进行了无法磨灭与逆转的改造，发展出了前所未有的先进社会。自然也对人类产生着巨大的影响，是人类生存的依托。人是属于自然的，不论是人类本体，还是人类社会与文化艺术产物，都是自然中不可分割的一部分。人对自然的构建不仅仅存在于现实当中，还存在于文化以及人类的思想当中。不论是书画、诗词，还是现代园林中已建成的景观，都能看见人类对自然的憧憬与想象。想象的自然是人类对美好人居环境的不懈追求与表达。原始的自然虽具有平衡的生态、优美的景色，但现代人类无法居住在其中，人类的生活还需要生产性、社交性、文化性、便捷性、舒适性等。因此，人类对宜居环境的向往与追求体现出了现代园林景观的不足与缺陷，解决这些缺陷也是新时代风景园林学科发展的一大目标，想象的自然的提出也更具有理论和现实意义。

如今，在生态文明的大环境下，尊重自然规律，顺应自然法则，改善人类生存与居住环境被视为人与自然的和谐。人类社会马不停蹄地向前发展，人与自然和谐发展的平衡点也不断改变，我们应当认清当前生态形势，把握人类对自然的需求，更全面地看待人与自然的和谐。人类当前面对的环境危机形势严峻，风景园林学的实践不应停留在“面子工程”上，按部就班地搬运景观符号只会复刻出没有特色、缺乏生机的画面式景观。无视原有基础，千篇一律的造园手法，机械式的“美化城市”只会加剧人与自然的矛盾。风景园林师不仅仅扮演着城乡美容师的角色，还应该具有灵敏的专业嗅觉，捕捉当下人们对风景园林的需求，根据当前自然环境对人类社会的影响及时地反思自己对待自然的态度，及时地更新对自然的认知并应用到实践中去。以“近自然园林”理念为指导的“浙派园林”是未来园林行业发展的重要方向之一，建立一个生态性、文化性、社会性并存的系统，将“近自然”整理明确为一套园林理论体系，从而指导着浙派园林营造走向更科学的新纪元。

二、风景园林“立体自然观”的含义

第一自然也就是天然景观形态，没有受到人类的干扰，遵循原始的自然演替法则。现存的原始自然已经很难寻觅，因此，可以将人迹罕至的自然植被（自然植物景观）以及荒野作为第一自然的代表。自然植物景观是指处于原生状态或很少受人类干扰的次生状态的植物景观，多以植物群落的形式出现，它的形成基本上是一个纯自然的过程。而荒野是指人类很少或没有进入的那部分自然环境。荒野目前已成为自然保护主义者和风景园林师重点关注的一个对象。

第二自然是人类为了生存对自然进行的适度改造而形成的生产景观，也可以理解为乡村景观或农业景观，具有一定的历史文化内涵，是最早的半人工自然。乡村是相对于城市而言的，居住和利用土地进行生产是乡村的两个基本功能，这两种功能的需要势必要对原有自然环境产生影响。所以说，乡村的自然环境是经过人类劳动影响而“改造”过的自然。在改造的过程中有两个因素不可忽视：一是功利的需求；二是审美的需求（一种粗朴的、半自觉的审美）。

第三自然表现为历朝历代的传统园林以及当今的园林景观，这类自然是人们的基本生存需求得到满足后，追求生活质量提高的体现。园林景观（包括传统的、现代的）是经过人为设计后“再现的自然”，其中不乏优秀的作品。这类自然不仅与第二自然一样具有现实实用性，还是人们以美学为目的而建造的自然，最初往往是对第一、二自然的简单模仿，或是再现、抽象。这类自然中不仅包括为休闲娱乐和景观效果而建造的园林绿地，还包括目前新兴的功能型绿地，如修复型绿地、生态型绿地、疗养型绿地等，是人工主导的自然。

第四自然是人类对美好人居环境的不懈追求与表达。从当代艺术理论分析，诗是流动的一维时间艺术，画是静止的二维平面艺术，风景园林将诗、画两者的特质结合，凭借规划设计师的想象，与现代数字化设计手段的辅助，而构成时空一体的艺术。这种借助于诗、画、园耦合互动，引发人们风景园林感受的“时空转换”，正是中国风景园林规划设计的本质和灵魂。

这四类自然代表着人类对自然的逐步认知过程，也是大自然从原始状态发展到文明状态的痕迹。这样的分类不仅仅是根据历史发展过程划分的，当前，这四类自然还是同时存在的，代表着不同区域的环境。第一自然主要是当前人类还无法或鲜有触及开发的地段，如原始森林、原始次生林、疏林草原、高山草甸、戈壁沙滩、沼泽湖泊等原生环境。第二自然主要包括村落、村野、农耕、田园等景观，以生产为主要目的的区域。第三自然主要包括当前不同种类、不同功能的园林绿地，包括公园绿地、防护绿地、广场绿地、附属绿地和区域绿地等。第四自然是基于人的文化、需求与感知等综合因素而产生的潜在的自然，是对现实自然的提炼与加工，是人类对更舒适、美好生活的向往，具体体现为与园林景观有关的文学作品、诗词书画和数字化景观。

三、风景园林“立体自然观”中各类自然的特性

以科学的方式认识自然，是有效模拟自然的前提。从现代近自然园林景观营造的角度来看，每一类自然都有可供借鉴模仿的特性，其侧重点各有不同，也体现了全面认识自然的重要性。本书提出的四类自然之间既有联系又有区别，深刻反映了人与生态环境（传统的天地）之间的关系（见图 5–2）。可见，对四类自然各自特性的认识，可以结合中国传统文化中的“天地人三才之道”思想加以阐述。《易经·说卦》曰：“是以立天之道，曰阴与阳；立地之道，曰柔与刚；立人之道，曰仁与义；兼三才而两之，故《易》六画而成卦。”大意是说，构成天、地、人的都是两种相互对立的因素，而卦是《周易》中象征自然现象和人事变化的一系列符号，以阳爻、阴爻相配合而成，三个爻组成一个卦。《周易》最早、最明确、最系统、最深刻地提出了“天、地、人”三才之道的伟大思想。这个思想早就深入中华民族之心，贯穿于中华民族的人伦与日常生活之中，牢固地培育了中华民族乐于与天地合一、与自然和谐的精神，对天地与自然持有极其虔诚的敬爱之心。下面从近自然园林景观营造的角度，探讨立体自然观中各种自然的特性（见表 5–4）。

表 5–4　　风景园林立体自然观中各类自然的特性

类型	含义	关注点	主要特性	次要特性
第一自然	原始的自然	天之道	生态性	/
第二自然	改造的自然	地之道	生态性	艺术性、人文性
第三自然	再现的自然	人之道（生理层面）	艺术性	生态性、人文性
第四自然	想象的自然	人之道（心理层面）	人文性	生态性、艺术性

第一自然秉承“天之道”，清静无为，浑然天成，一切事物的发展都遵循自然法则、符合自然规律，这体现出近自然园林营造的生态性（也叫科学性）。近自然

园林景观营造主要模仿其原始的法则、山水之美与稳定的植物关系。第一自然中的山水之美是地球几十亿年地质变化、风力雕刻、气候影响沉淀下来的稳定景观模式，自然雨水渗透与蒸发、河水溪流的流向、地域性的土壤酸碱度等自然法则维持着第一自然景观的稳定。近自然园林景观在形式上模仿第一自然的自然山水形式，通过堆土置石、开源引流打造微缩的山水景观，同时在建造过程中遵循自然法则，在铺设园林铺装时考虑渗透与蒸发，布置植物景观时考虑光照、土壤等条件等。第一自然中的植物群落是经过几百年的自然演替形成的顶级群落，是稳定的自然植被。这其中包含了区域内动植物微生物之间的配比、关系、能量流动，是一个小型的生态系统。要营造近自然园林景观，首先要建立稳定的植物群落，即要模仿第一自然的植物结构、植物外貌与植物的种间关系。在实际应用中，模拟第一自然的种植设计首选乡土树种，经过自然选择的乡土植物常常具有较强的适应性、抗逆性，并表现出良好的生态效益。其次，模拟第一自然建立稳定的植物群落，省略了自然演替的过程，培育引种新树种替代自然中的野生物种，在城市中形成近自然植物景观，在短时间内达到或接近自然植物群落的组成、结构和功能。

第二自然秉承“地之道”，承载万物，孕育众生，其中包含了自然与人文，也就是农耕自然与农耕文化，以生态性为主，同时兼具艺术性与人文性。“开荒南野际，守拙归园田”“晨兴理荒秽，带月荷锄归”，陶渊明诗句中描绘的情景充分体现出回归乡村田园是人们心理情感上的归宿和理想境界。作为第二自然的乡村田园和农耕景观，如稻田、梯田、鱼塘等，成为现代近自然园林景观营造中需要积极借鉴的对象。植物的成活率与生长势是优良景观的基础，第二自然主要是以农林业组成，以生产为主，这种模式下的植物成活率很高，因此其植被种植方式与种植技术、对土壤的处理、肥料的选择与施肥方法、灌溉方式与水质选择、后期的养护管理，乃至新中国成立初期党中央提出的提高农作物产量的“土、肥、水、种、密、保、管、工”的农业“八字宪法”，以“适树、混交、异龄、择伐”等为特征的近自然森林经营理论等都是值得近自然园林营造时学习和借鉴的。

第三自然秉承“人之道”，重点关注“人的生理层面”，通过营造人工山水、建设园林景观，满足人的观赏与生活需求，以艺术性为主，同时兼具生态性与人文性。从古至今，对自然的渴望是人类营造园林的根本原因，无论是复杂规则的欧洲古典园林、写意山水的中国传统园林，还是现代各种风格的园林作品，都是人类亲近自然、回归自然的体现。通过象征、模拟、缩景的手法拉近人与自然的距离，将自然在合理的范围内再现为更符合人类生活、审美、精神期待的形式，这正是第三自然的核心。在近自然园林营造过程中，应当积极吸收先进的造园理念，学习优秀的造园手法，结合景观美学、人体工程学、环境心理学等理论，营造符合当代人需求的园林景观。

第四自然也秉承“人之道”，但重点关注“人的心理层面”，通过塑造人类向往的美好人居环境，满足人的心理和精神追求，以人文性为主，同时兼具生态性与艺术性。中国风景园林崇尚山水，不论是从物质环境还是精神活动的角度，都被赋予了多重意义。壮丽的自然山水寄托了人对美好人居环境的向往，具有主观精神的美学与哲学意义。时代的发展提升了人类的生活品质与眼界，对美好世界的追求也在不断变化，对自然山水的寄托、移情，通过创造自然抒发情感的手法都发生了改变，因此第四自然的内涵是动态变化的。快节奏的城市生活给城市居民带来了巨大的压力，生态能源危机、拥挤的居住出行环境更是持续刺激着城市人对自然的渴望。现代城市人也需要可以寄托情感、抒发胸臆的山水，借助诗情画意的描述、暗示、诱导，结合自身感受、文化素养、伦理观念等，各抒己见，赋诗感怀，丰富城市景观的文化性。此外，蓬勃发展的现代科学技术为人类的想象插上了翅膀，虚拟仿真、计算机辅助设计等数字化技术带来了园林景观营造的颠覆性变革。第四自然不受场地与时间的限制，其内在的形象随着人们的教育背景、生活喜好、想象力，以及科技手段等不同而变化，是一种丰富人们精神世界的精神自然。

表5–5总结了基于风景园林“立体自然观”的浙派园林营造理论，可见，“近自然园林”理念指导下的浙派园林风格是建立在风景园林“立体自然观”基础之上的基本园林范式；浙派园林风格提倡的“师法自然”是广泛包容四类自然内涵，兼顾生态性、艺术性、人文性于一体的核心造园理法。

表5–5　基于风景园林“立体自然观”的浙派园林营造理论

理法	途径	特性	含义	境界	目标
师法自然	循自然之理	生态性	生态稳定	生境	鸟语花香
	仿自然之形	艺术性	形态优美	画境	诗情画意
	传自然之神	人文性	文态丰厚	意境	情景交融

总而言之，随着经济社会的发展，人类与自然的互动随之增加，人类对自然的影响也深刻改变着自然的内涵以及对自然的认知。因此，自然的内涵发展出越来越多的层次。人类本质上是自然界的一部分，自然是人类健康和幸福的基础。风景园林是协调人与自然关系的学科，那么风景园林领域内如何看待自然，如何定义自然，显得尤为重要。在人类历史进程中，经济发展改变社会形态，进而改变风景园林的自然观，产生具有个性的园林景观。不同时代背景下的自然观对自然的认知不尽相同，认清当前人与自然的关系，建立符合现状的自然观，是风景园林健康发展的前提。

“近自然园林”理念是近年来风景园林领域涌现出的先进的科学造园理念，它从近自然林业建设中汲取经验，指导园林景观的营造，有助于克服当前风景园林领域的各种矛盾。近自然园林理念中对自然的认知立足于“立体自然观”，拓展了自然的含义，探析自然的多方面特性，解释了近自然园林应该“接近”怎样的自然这一科学问题，使得浙派园林的理论基础更加丰满。园林景观营造的要素包括山、水、植物、建筑、铺装等，植物的生态性仅仅代表了自然的一部分，立体自然观为园林景观中各要素的营造提供了可模仿的基本范式。立体自然观强调了人在四类自然中的地位，正是由于人的存在，自然发展出了更多的可能性，为营造以人为本的浙派园林提供了更多借鉴依据。在当前的生态文明建设背景下，近自然园林是符合时代发展大环境的造园理念，而立体自然观基于生态文明的前提，为打造更美好的人居环境、建设更科学的浙派园林提供了理论依据。未来风景园林会随着经济社会的发展产生更深层次的矛盾与不足，在发展的道路上对造园理念的反思、对自然认知的反思是风景园林进步的源泉。

第三篇

博采众长、创造三境：浙派园林设计方法

第六章

再现生境：基于“三生”理念的园林设计

如上文所述，作为东方生态美学思想典范的浙派园林风格立足于打造“师法自然”的近自然园林，从生态性、艺术性和人文性三方面，循自然之理、仿自然之形、传自然之神，最终努力实现“生境”“画境”“意境”的融合与统一。

“三境论”思想是由园林泰斗孙筱祥先生提出的中国园林的造园方法。中国古典园林一直以来都具有中国传统文化的特点，并同山水画、书法、诗词歌赋等艺术形式一样寄托了作者本人的情感抒发。古典园林在魏晋南北朝与田园诗和山水画相继产生并逐渐流传，并在儒、释、道等哲学思想影响下，渐渐形成了“文人写意山水园林”的统一风格。孙先生认为文人写意山水园林是中国古典园林的精华，这类园林用艺术手法再现了自然山水的精华。1982 年，孙先生基于对人文艺术、山水文化、自然哲理的综合思考，发表了著名的“三境论”思想，提出对文人写意山水园林的艺术境界和创作过程进行评述时，可分为“生境”“画境”“意境”三个层层递进的境界。

所谓“生境”，是取材于自然和生活之美的中国文人园林创作方法中的第一层境界。古代造园大师在创作过程中创造出了一个生意盎然的“自然美”境界，又在此基础上营造出富有生活气息的“生活美”环境。这种兼具自然美以及生活美的境界，便是中国古典园林在布局、规划过程中反映自然、生活的“生境”。

第二个进程是将自然和生活中发现的美，用框景、借景、抑景等造园手法进行艺术处理，从而形成一个主次分明、有所呼应的完整布局，即对自然美和生活美的素材进行艺术加工，于园林的静态空间布局和动态布局中融入诗情画意般的艺术风格，这便是“画境”——文人园林创作的第二个境界。

除了富于生意的“生境”，以及通过艺术提炼、内涵丰富后的“画境”，最后再从生境、画境中生出情感，达到“情景交融”的境界，这便是文人园林创作的第三个境界——“意境”。齐白石先生曾经言道，所谓绘画中的意境便是达到“似而不似”，兼顾原有的风貌并且表达了人的自我感受，将这条美学理论放在园林中也同样适用。这是园林艺术的最高境界，也就是“理想美”的境界，这种“理想美”的境界包括了美的感情、美的抱负、美的品格和美的社会等四个方面。

美学家宗白华先生曾说过，中国的文艺史上最具有价值和国际性贡献的部分无疑是“意境”这一概念的提出。因此，孙先生的“三境论”，可以说是中国风景园林学科中一个兼具开创性和创造性的理论贡献。

在生态文明新时代，“可持续发展”“三生融合”“以人为本”等新理念新思想不断涌现，因此，非常有必要对现代浙派园林的设计方法进行创新和完善，本篇基于孙筱祥先生的“三境论”思想，提出了浙派园林设计的一些新视角、新方法和新途径（见表 6-1），有助于丰富浙派园林学术体系，从而更好地指导浙派园林实践。

表 6-1　浙派园林“造园三境论”

境界	特性	含义	内容	至高追求	目标
生境	生态性	生态稳定	生态、生产、生活	自然美	鸟语花香
画境	艺术性	形态优美	传统绘画、现代艺术	艺术美	诗情画意
意境	人文性	文态丰厚	需求、文化	理想美	情景交融

第一节　从可持续发展背景看“三生”理念在园林景观设计中的应用

自工业革命开始，迅猛的科技发展，使得人类影响生态环境的能力大大增强。在追求经济发展的过程中，加速了人类对不可再生资源的过度利用，对自然环境造成巨大破坏。为了人类福祉，可持续发展成为当代中国发展的重大战略之一，而园林可持续发展是推动这一战略的重要一环。其中，对整体自然资源和人文资源进行保护与可持续利用是园林发展的方向和主要内容。现今，在园林景观设计中对环境的思考越来越深，许多学者从不同角度、不同层次对可持续园林景观设计进行了研究。如卢圣从整体性、尊重自然、地域文化、人性的角度进行可持续园林景观设计；童芸总结了生态景观、绿色景观、低碳景观等方法都在园林可持续发展史上发挥了不同程度的功效，并提出可从文化、技术、经济、管理四种不同层次的策略进行可持续景观营建；肖先超等从宏观、中观、微观三个层面对可持续园林景观进行思考，并提出可持续园林可从整体协调性、遵循自然、延续地域文化、可持续技术支撑四个方面进行设计；任栩辉等认为棕地的改造与利用、群落自我更新型园林、节约型园林与低养护型园林等是促进园林可持续发展的不同途径。总结来说，可持续园林设计并无定式，其中涉及的学科众多，涉及的内容庞杂，各学者选取的角度多样。

因此，如何更好地协调各方面利益，让园林景观设计朝着健康持续的方向发展是可持续园林景观营建的关键。“三生”理念是国家针对国土空间优化而提出的政策，包括生态、生产、生活三要素，其最终目标是实现社会的可持续发展。本节基于这一理念，对园林景观中的生态、生产、生活视角进行思考，园林景观作为人类生活、生产与游憩的重要环境，在这三个尺度上发挥着多样的功能。本书期望提供一种新的思路，尝试从“三生”视角下的可持续园林景观设计进行探索，以最大限度地满足园林景观各项功能的发展需求、合理配置各类自然资源、促进三个要素的均衡发展，期望成为加强生态系统和人类福祉联系的有效途径。

一、可持续园林景观设计背景

现今人类正面临严峻的环境威胁，大众认识到生态环境在人类与地球健康发展中发挥着关键作用，而可持续发展成为了面向未来的发展模式。可持续发展理论的形成经历了漫长的历史过程，其中，“可持续发展”一词最早出现在 1610 年，由生态学家提出，意图说明人类在发展进程中可保持自然资源利用与开发活动之间的相对平衡。1987 年，联合国世界环境与发展委员会首次正式定义了可持续发展。1992 年联合国环境与发展大会提出了基本原则和实现可持续发展的行动计划，获得了超过 170 个国家政府的支持。可持续发展将环境资源、土地流失与发展问题相结合，作为人类社会发展的一种战略。总的来说，可持续发展是指既满足当代人的需求和愿望，又不损害后代人满足其需求的能力的发展。社会可持续发展、生态可持续发展和经济可持续发展是可持续发展的核心思想，从长远来看，可持续发展的这三个方面是彼此依赖的。

可持续园林景观是指将可持续发展理念融入园林景观设计中，是人类实现可持续发展的重要途径之一。1993 年 10 月，美国风景园林师协会（ASLA）发表了《ASLA 环境与发展宣言》，提出了风景园林学视角下的可持续环境和发展理念。从这一概念出发，可通过两个层面来理解可持续园林景观：①可持续园林景观将景观视为人与自然的融合体，园林景观作为人工生态系统是生态系统的重要组成部分，应树立整体的概念；②从人类的需求出发，可持续的园林景观应具备并持续提供生态系统的各项服务功能：如降低周边空气的温度，增加氧气含量，提高空气质量，净化环境；提供人们休闲交流、体验文化的场地；食物生产等功能。综上，可持续园林景观可以定义为具有再生能力的景观，作为生态系统的一种类型，它应该是持续进化的，尽可能少地干扰和破坏自然系统的自我再生能力，并能为人类提供持续不断的生态服务。

二、可持续园林景观设计方法与思考

可持续园林景观设计主要涉及环境、社会和经济的可持续性，是以自然生态为基准，平衡环境、社会和经济之间的设计实践和管理。正是因为可持续设计从单纯追求功能、审美和艺术要求、环境价值，转化为将生态理念融入设计，再到环境、社会和经济的综合要求，因此是一种包容和超越传统设计和生态设计的方法。

可持续园林景观这一概念无法进行定量的界定，但这并不妨碍从业人员对园林景观的“可持续”设计方式进行探索。目前，我国在园林景观可持续发展的研究与实践正处于摸索实践的阶段，也形成了不同的设计方法。

（一）可持续园林景观设计方法

1. 生态可持续：设计融入自然，促进资源节约与可循环利用

园林景观的真谛、出发点和归宿都应该是实现人与天调、天人合一的最终目标。应通过适当干扰，使得破损的自然系统再生能力得以恢复。在设计中模拟自然空间，充分利用自然景观，适当结合人为景观；构建群落结构合理的植物群落，使得生物多样，保证生态平衡；提倡生物防治、少用农药等有污染的材料；提倡节水、使用再生水和集水技术的措施，以改善小气候，实现水土保持等。

2. 经济可持续：进行低成本、低能耗设计，降低后期维护费用

实现园林经济可持续发展的思路主要从成本节约这一角度进行，如合理开发利用资源，进行低成本设计；尽量使用地方建材、可循环材料、环保材料、可再生材料等；注重降低能耗，使用太阳能、水能、风能等清洁能源，使用合适的低廉的替代品等；降低后期维护费用，在后续管理过程中，利用最少资源和维护成本，使得资源优化配置，实现节能减排。

3. 社会可持续：保障人类身心健康，传承精神文化，进行人性化设计

人与自然和谐共生是可持续发展的目标。园林景观的基本服务对象是人类，需满足人类的需求，保障人类身心健康也是基本要求，因此合理的交往空间、交通、环境、尺度都是必须考虑的内容。同时，园林景观是优秀精神文化与地域文化的载体，应尊重本土文化，保护文化生存的土壤，突出场地的地域特色，进行合理开发与发扬。整体以遵从自然并尊重人为原则，以满足各阶层的需要为目标进行设计。

（二）对可持续园林景观设计方法的思考

可持续园林景观设计是将可持续发展理念融入园林景观设计与营建过程中，园林景观建设的终极目标是寻求人和自然、人和人、人工环境和自然环境、经济社会发展和自然保护之间的和谐，期望达到一种新的平衡，得以高效地利用各种资源，物尽其用，地尽其利，人尽其才，更好地服务、改善人居环境并保护自然。园林景观设计的本质是对自然的改造，应同时关注到整体的审美、生态、经济等功能，因此，可持续园林景观设计应是注重复杂功能系统的整体性设计，并为人们提供健康有序的生活方式。经过多年实践，不同学者从可持续发展的上述三个角度对园林景观可持续的方法进行了探索，并形成了不同的理论与实践体系，由此形成了新的园林景观设计方法。如对园林景观生态环境的改善与修复（如生态性园林景观等），对现有自然环境的设计与再造（如仿生型园林景观等），对生态规划理念的贯彻与园林景观建设（如低碳园林景观、节约型园林景观等）。以上园林景观设计方法的重心都是将对待自然环境的正确态度贯彻在设计中，以长远的眼光来审视和把控造园过程，多角度、多层次地促进园林可持续发展。

因此，在解决发展中的生态问题与人类生活环境的矛盾中，设计是一个重要

的切入点，所谓可持续的设计也是依照不同评判标准来估量的。那么，对于可持续园林景观设计方法而言，关键是树立整体观，重视土地空间的多维性，进行多维的思考。本节选取了可持续发展的不同视角，结合当今园林景观可持续发展的现状及党的十八大提出的“三生”理念，提出了基于“三生”理念的园林景观可持续景观设计方法。“三生”理念中，生态、生产、生活可作为切入可持续园林景观设计的三个角度，也期望作为一种探索尝试，以一种新的视角对园林景观可持续发展的多个维度进行探索，协调自然、经济、社会三者之间关系。

三、从“三生”理念视角进行可持续园林景观设计

（一）“三生”理念与可持续园林景观的内在联系

“三生”理念中的“三生”即生活、生产和生态，这一说法最初可追溯到党的十八大报告中，之后又在十八届三中全会上进行了解释与扩充。报告中指出国土生态、生产、生活空间的发展目标，即促进生产空间的高效性、改善生活空间的宜居性、提高生态空间的宜人性。其最终目标是实现可持续、生态、低碳和绿色发展。这一理念最初为解决土地空间规划而提出，期望重视土地生态功能的重要性，统筹生产、生活和生态用地空间，将三者协调发展提高到国家发展战略的新高度。在“乡村振兴”的政策背景下，政府为解决“三农”问题，提出从“三生”角度对乡村景观进行合理的规划设计，对乡村的“三生”空间进行规划与景观设计，以实现乡村“三生”融合的可持续发展。因此，可持续发展也是以“三生”空间为基底的可持续发展，生态、生产、生活空间的合理规划对城、镇、乡的各方面发展都具有指导意义。

如今人们对园林景观实践的探索正在逐渐走向系统性与整体性。随着园林景观建设越加重视可持续性发展，如何体现注重系统性、整体性的园林景观设计方法，从规划到设计、实施层面的具体策略仍然需要进一步探索，因此，园林景观建设也需要赋予全新的理念。本书提出的“三生”理念的视角实际上是园林景观建设的一种新思路，不同于之前的研究，将研究方向集中在国土空间或乡村规划的领域，而是从“三生”理念中提取了生态、生产、生活三个方面的元素对可持续景观设计进行思考，从园林景观功能出发，整合多学科的知识，将“三生”理念与园林景观建设相结合。

可持续园林景观包含两方面内涵，即满足人类社会合理要求的能力和生态环境自我维持与更新的能力。提供新的生态系统服务功能与保护已有的生态系统服务功能是可持续园林设计的重要基础，这使得可持续设计的环境、经济、社会的目标更加明确。近年来，随着可持续发展研究的深入，人们日益意识到人类社会的可持续发展从根本上取决于生态系统及其服务的可持续性。

生态系统服务的概念可视为自然经济与景观功能研究的进一步发展。这一概念的出现始于20世纪90年代末至21世纪初的欧洲景观研究及一些引领性的相关著作。在产生之初，生态系统服务仅是一种学术概念，研究对象是生态系统对

于人类所具有的潜在功能与使用性。其中，联合国环境规划署（UNEP）的全球千年生态系统评估（2005）是迄今为止除生态系统与生物多样性经济学以外，对生态系统及生产力最全面的研究。其生态系统的服务功能可总结为四项：①支持服务，指土壤形成、光合作用与维持生存环境的养分循环；②供给服务，包括生态系统本身或其他帮助形成的产物；③调节服务，指对某些特定领域与环节产生影响，如缓解洪水的危险，土壤过滤改善地下水水质，通过树木、绿地等减少有害物集聚；④文化服务，主要指绿地的功能，使人们接触、感受自然，起到休闲娱乐空间的功能，与此同时，让人获得对环境与文化的认知。

在可持续发展背景下，园林景观生态系统作为人工（半人工）生态系统，应具备并持续提供生态系统的各项服务功能。具体内容至少表现在以下几个方面：①净化空气和调节气候；②保护生物多样性；③维持土壤自然性能；④减缓自然灾害；⑤休闲娱乐；⑥精神保障等。园林景观中不同的生态系统服务功能之间一方面存在协同作用（相互加强、相互利用），另一方面也存在着冲突，需要权衡利弊——一项功能只有在舍弃另一项的时候才能更好地实现。在园林景观中，生态系统的调节服务功能与文化服务功能尤为重要，因为它们直接影响了人类的健康与舒适感。如树木降低了周边空气的温度，增加氧气含量，提高了空气质量；园林景观提供了人们休闲交流、体验文化的去处，因此，这两大功能可让游人切实感受到。较为不同的是，园林景观中的土地较少作为种植用地开发，这种情况下才会被人们认识到它也具有生产的作用。综合来说，人们对于调节、支持功能的重视程度超过其他功能，其次是文化功能，最末是供给功能。因此，如何以可持续发展的方式平衡园林景观中各项生态系统服务功能也是园林景观设计面临的重要挑战之一。

从“三生”理念出发，生态、生产、生活是园林景观的三个视角，三者之间相互联系、相互支撑。生态是基础，园林景观是自然生态系统的载体，是由自然环境、动植物、微生物所共同组成的多级结构复合体，生态属性赋予了园林景观崭新的思维角度，展现出新兴的设计手法。生产是园林景观的重要特征，一方面，园林景观中的生产是历经千年的农业文明的产物，是蕴含生命、文化内涵深厚、能可持续性发展以及具有物质产出的类型，是人类对自然的改造升级及对自然资源的生产再加工。另一方面，园林景观的生产也包括提供空间资源（生产、生活、生态空间）、提供环境资源（水源、土壤等），保持资源的输出与循环，转换为经济效益，拉动社会经济发展。园林景观中生产要素的内涵丰富、呈现的形式各式各样。生活则是园林景观中的重要内容，园林景观是为人民服务的公共场所，是人们进行休闲、娱乐、教育、思考、修养等活动的重要载体，提供了人们休闲健身、体验文化的去处。因此，根据园林功能内涵来看，生态系统服务中供给、调节、支持、文化四个类型的服务功能与“三生”理念中三个要素可进行相互对应（见表 6-2）。

表 6-2　　千年生态系统评估报告的生态系统服务分类体系与“三生”理念的内在联系

序号	服务类型	具体功能内容	对应要素
1	供给服务	食物、淡水、燃料、纤维、基因资源、生化药剂	生产
2	调节服务	气候调节、水文调节、疾病控制、水净化、授粉	生态
3	支持服务	土壤形成、养分循环、初级生产、制造氧气、提供栖息地	生态、生产
4	文化服务	精神保障、故土情节、文化遗产、审美、教育、激励、娱乐与生态旅游	生活

由此看来，可持续发展理念中环境、经济、社会可持续应具备的功能与生态、生产、生活的内涵也是相对应的（见图 6-1），是符合“可持续发展”思想内涵的。那么，在可持续发展与国家“三生”政策的背景下，基于“三生”理念的园林景观设计也可成为可持续园林景观一个重要的发展方向。

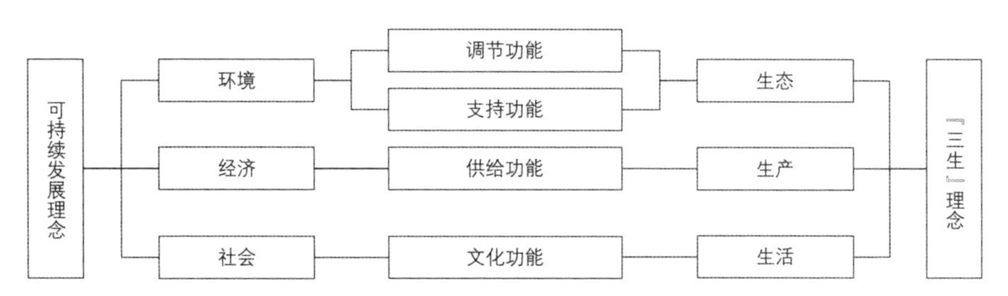

图 6-1　园林景观可持续发展理念与“三生”理念的联系

（二）基于“三生”理念的可持续园林景观设计理论基础

1. 核心理论：可持续发展理论

可持续发展理论作为一种先进的发展理论，具体内涵是指既满足当代人的需要,又不对后代人的环境构成危害。它要求遵循公平性、持续性、公共性等基本原则。可持续发展理论的核心是发展，即要求在保护环境、资源循环利用的前提下使得自然、经济、社会复合系统和谐发展，这便要求通过结构以及功能的整合来协调三个子系统之间的关系。根据 1992 年联合国环境与发展大会的要求，中国发布了《中国 21 世纪议程》，该议程建立和完善了中国可持续发展的框架，为国家长远、稳定发展提供了理论保障，这一理论也是基于“三生”理念的园林景观设计的核心理论。

2. 相关学科理论

（1）系统学（Systematics）。

“系统”可定义为具有相互关系的部分组成的整体，并与周边环境产生联系。而系统学理论则是研究整体中的各部分的相互关系与变动规律的一门学科，同时，其最中心的思想是整体性大于各部分之和，系统的整体也在不断地演化、发展。园林景观是一个复杂的整体系统，本书在系统学理论基础上，考虑园林中生态、生产、生活之间的相互关系与变化规律，在设计中对三个要素进行不断调整与改进，促进“三生”系统的协调，实现园林的可持续发展。

（2）景观生态学（Landscape Ecology）。

景观生态学是以景观为对象，研究不同类型生态系统与外部环境相互关系、相互作用中动态机理的学科。最早由德国地理学家特洛尔（Troy）提出，他指出，景观生态学的概念是地理学与生物学意义上的有机结合，通过城市区域规划、土地开发等方式来协调人与自然的关系。同时，景观生态学也是控制乃至解决人口、污染、资源问题的重要理论基础，在各个领域如农、林、牧、渔等方面均有应用，更拓展到自然—经济—社会的复合生态系统中。因此，景观生态学是构建结构合理的园林生态空间的重要理论基础。

（3）仿生学（Bionics）。

仿生学是实现环境高效、低消耗、绿色发展的重要科学理论，该理论由美国斯蒂尔教授提出，并将仿生学定义为研究生命系统功能的科学。其核心是学习、模拟大自然，并进行合理的创新与改进。事实上，仿生学的研究范围十分广泛，其发展理念、模式与内涵都在不断深入与细化，本书则以仿生学中的重要分支——生态仿生学为重要理论基础进行研究。生态仿生学认为，向自然学习、对生命本质的有意识模仿是人类发展的策略，更是实现未来可持续发展的途径。发展至今，人类越发注重探索自然本身的景观、现象及原理，开展了模仿生境的仿生研究，包括学习自然生态系统的运行机制、规律与法则。

（4）循环经济学（Circular Economics）。

循环经济学的主要指导原理为生态学理论，是生态学与经济学相结合的学科。其本质是一种“生态经济”，并且强调生态环境与经济协调发展的模式，也是实现可持续发展目标的实践模式。循环经济学是遵循生态规律来指导人们的社会经济活动，合理地利用自然资源与环境容量，达到“低投入、高利用、低排放”的目标，实现经济活动的生态化模式。在园林景观设计中，可基于循环经济学理论，遵循3R（减量、再利用、再循环）原则，促进园林中生态、生产要素的协调。

（5）农学（Agronomy）。

农学是研究农业领域中自然、经济规律的学科，具体研究内容包括作物生长规律、病害防治、遗传育种、土壤与环境影响等方面。农学是与园林景观联系紧密的学科，农业景观是园林“生产”特征的体现，是一种特殊形式的景观；而农学则是设计的基础，农业设施技术的进步与科学管理方式的支持是园林系统不断完善、发展的动力。在园林生产功能的实现中，农学作为重要的理论基础，为生产性设计提供了技术支持。

（6）环境心理学（Environmental Psychology）。

环境心理学是社会心理学的分支，又可称为生态心理学，这一理论形成于20世纪60年代，不少心理学家开始对相关研究领域进行探索。环境心理学主要研究在特定环境中，环境对人类心理与行为的影响。在环境与人类的互动、交流过程中，环境不断影响着人类的生理、心理状态。因此在园林景观系统中，可利用环境认知、空间行为等方式分析不同环境空间对人类心理与行为活动的影响，有利于营造高品质的园林环境。

（7）人体工程学（Ergonomics）。

人体工程学这一概念最初由波兰的特莱保夫斯基为改造军事飞机结构、以促进高效作战而提出，后期在多学科交融下进行了发展与转化。现今，人体工程学已将研究领域拓展到产品、环境等方面。在园林系统中，人体工程学主要通过研究人类的生理、心理特点，使得环境设施与人们的体形、生活习惯、生理结构相匹配，在客观方面满足人类的生理需求；同时通过空间营造、五感设计等方式在主观方面满足人类的心理需求。

（三）“三生”理念在可持续园林景观设计中的应用

园林是处于社会、经济、环境交叉点上的少数学科之一，是多学科理论交融的复杂系统，因此，科学合理地选择研究视角、建构研究框架，是研究得以成功的前提和保障。它涉及系统多样性、生态平衡、食物链等多个景观生态学的基本理论问题，更加强调“人”在园林景观系统中的作用，在人们的参与下，它成为一个复杂、开放的环境—社会—经济的人工（半人工）生态系统，具有与自然生态系统不同的结构、功能和特征。园林景观设计是实现、协调和完善景观各种功能的过程，为创造可持续的、富有吸引力的景观，设计师需要融合景观生态学、社会文化、经济等相关知识。本书建立生产、生活、生态三维度的框架，“三生”中生产、生活、生态是立足于“人”这个核心，提纲挈领地描述园林景观中人与环境间需求与制约的完整关系的三个要素。在宏观层面把人类物质利用活动与其环境间的需求与限制关系划分为生产、生活、生态三要素，有助于达成生态文明建设和园林景观可持续发展的目标。

从园林景观的“生态”视角来讲，生态性体现在土壤保持、水资源涵养、气候调节和生物多样性维护等方面，也表现在可以为人群提供舒适的生活环境和健康的生产食品等，实现物质的循环，是生物与环境之间物质交换、能量转化和信息传递建立起来的功能整体，它受到自然资源与人类活动的限制。园林景观生态是人类、动植物等存在、发展和发挥功能的物质环境基础。

从园林景观的“生产”视角看，是对生态、生活功能的更深层次拓展，在生态文明新时代，其内涵也超越了它本身的“生产”（第一产业）的含义，而衍生为在园林及其相关产业、企业发展过程中产生的经济效益，可实现时间、空间上生态可持续与经济可持续的双收益。总结来说，园林景观的“生产”是用最少的投入来获得最多的可持续的输出，种类丰富，形式多样，具有节约成本、美化环境、传承文化、增加经济效益等特征。

从园林景观的“生活”视角来讲，园林景观中的生活是人类在园林景观中的活动，不仅提供人们的游憩场所与观察自然的机会，使得人们从情感与感知方面接触自然，并且同时具有舒缓心理压力、保健身体的重要作用。除了休闲功能以外，还具有自然、文化体验空间、保健、精神保障等重要功能。

“三生”理念应用于园林景观规划和设计时，生态、生产、生活三方面并不是相互独立，而是相互交融、包容的。从“三生”的角度来看，超过 90% 的园林景观空间存在双重或三重功能，多功能性十分显著。生态、生产、生活的多功能融合可在一定程度上缓解原本功能单一而造成的景观失衡。因此，对设计场地进行合理分析与综合权衡是不同类型、功能园林景观空间合理、有目的地设计的客观要求。生态常作为基础，在此基础上可加入生产性设计、生活性设计，形成共融的“三生一体”的园林景观设计；同样地，由于场地的限制因素，不同场地会存在功能之间的权衡，因此也可以生产性或生活性设计为主，因地制宜，进行不同比重的“三生”融合园林景观设计（见图 6–2），在需求与矛盾之下，更加合理地利用自然、提升人民所期待的生活品质，实现生态良好、注重人文关怀与经济发展的平衡，实现生态、社会、经济的均衡发展，最终实现可持续发展的目标。

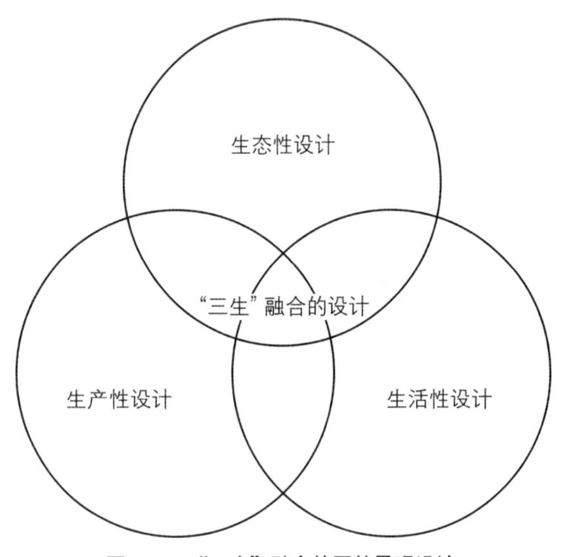

图 6–2　“三生”融合的园林景观设计

第二节　基于“三生”理念的可持续园林景观设计策略

在秉承可持续发展理念的前提下，实际上并不存在一种单一的方法就可解决全部问题。由于生态可持续发展、社会可持续发展和经济可持续发展是可持续发展的核心思想，基于这种考虑下，本节从生态、生产、生活三个角度对可持续园林景观设计进行探索，这三个方面都是实现可持续发展目标的重要途径，最终的设计目的是促进场地环境、生态、经济价值的发挥，并体现出场地的多功能与审美性的统一。

一、生态性园林景观设计研究

生态性园林景观设计是以生态可持续为目的的设计方法。追根溯源，可持续发展思想源于生态学，立足于“生态持续性”(Ecological Sustainability)。自然资源是社会营运的源泉，人类作为地球上的生物，一直在地球圈内获取生活所需的资源。为了持续地获取资源与发展，必须按照生态系统的规律来运行。以有限的自然资源作为资本，无节制使用的前提已不复存在，因此，园林景观环境的生态维持与恢复也成为重要课题。

园林景观的生态可持续意味着人为干预过程与生态演替过程的相互协调。由此可见，园林生态可持续的范畴非常广泛，是理论的进一步拓展，是生态技术、艺术欣赏、社会属性的相互渗透。由于场所的功能用途与条件不同，园林生态可持续设计的重点也应有所区别。

通过文献整理可以发现，自中国古典园林开始发展到现在，一直秉承着“师法自然”的生态理念，而国外学者则在不断丰富生态学理念，并衍生出自然式、保护式、恢复式、乡土式这四种生态设计模式的倾向。因此，本节从生态可持续角度出发，结合国内外学者的理念与研究成果，以场地需求为根据，将协调人与自然的关系作为主要诉求，提出以修复生态系统、保护生态系统、模仿展示生态系统为目的的三种生态设计模式，即恢复型、保护型、仿生型。

（一）恢复型设计

在日益严重的环境问题影响下，为治理与改善被过度使用与被污染的生态环境，生态恢复型设计就此产生。总的来说，恢复型设计是以全面改善与修复生态系统服务为最终目标，使用科学（物理、生物、化学、农业等）技术，具体表现为土壤的净化与改良、废弃材料的再利用、净化水质、原有植被保护与恢复、植物群落再营建等形式，最终达到可自我更新，重新为人类提供生态系统服务的目的。

（二）保护型设计

保护型设计是西方景观生态设计思想的主要体现，常应用于生态环境较好并需要维护的区域，或是具有保护意义的区域，如有历史文化价值的遗址等。它适用于大多园林环境，主要通过对场所的生态因子和生态关系进行分析，采取措施减少人类活动对自然的破坏，以此维持良好的生态系统。在发展过程中，保护型设计包括了多方面的内容，如生物多样性保护、景观资源保护、历史遗迹保护等。其中保护物种、保护物种所需空间、保护支持物种的自然环境尤为重要。由此可见，在进行保护型设计时基础数据的收集是必不可少的。同时，由于之前的保护型设计存在过于重视生态功能而忽视园林环境的艺术需求的不足，因此，设计人员还需意识到人类需求对园林设计的重要性。

（三）仿生型设计

仿生型设计不同于传统的生态设计，是以模仿自然生境而形成的设计方法。自然界是人类生存、生产、发展的基础，自古以来，我们的先辈就敬畏大自然，并向其学习与寻求灵感。自然生态系统具有许多值得借鉴的地方，更是实现未来可持续发展的途径。本节提出的仿生型设计的主要理念是从形式与内涵上都学习、模仿自然，立足于将自然的特征、形式等进行合理创新、改进后引入园林的半人工环境。在设计时应对设计场所的自身条件、小环境状况、植被群落状况、地方自然史进行调查分析，包括尊重地域文化和乡土知识，适应场所自然过程，使用乡土材料，使设计与当地环境相协调，并使其具有地域景观特色。这种设计方式不仅使之具有环境生态的科学性，同时兼顾了生态文化性，又具有教育科普、展示地方特色的作用。其中，许多生态理念与形式都可以在可持续园林景观设计中直接应用，如：人工湿地模仿了自然湿地的生态过程；雨水花园是自然景观中洼地的变形；污水处理系统是对自然循环的模仿等。因此，人类应学习自然生态系统维持稳定与高效运作的策略，有效运用自然资源，满足人类需求，实现园林生态系统的永续发展。表 6–3 列出了恢复型、保护型、仿生型生态性园林景观设计的主要流程与要点。

表 6–3　　　　生态性园林景观设计方法

流程	要　点	方　　法
1. 场所分析与前期调查	1）尊重原场所特点	寻访场所及其周边环境，观察并记录下环境的状况，使设计不脱离场所的本质，保持其延续性，避免割裂文脉，包括地形、土壤、水系、气候、植物、动物等要素
	2）确定要解决的问题	确定场所需要何种方向的设计，便于后期确定设计目标以及元素的保留与利用
2. 布局与规划	恢复型设计	
	1）保留与利用	对场所原址的建筑、植物进行评估分析，进行适当的保留和利用
	2）土壤与植物	对场地的污染土壤或开发中被污染的土壤，应用适当的技术修复，恢复理化性质；清除入侵植物，营造乡土植物群落，恢复适当的植物生物量
	3）水	净化水质，进行雨水收集与利用、中水循环利用等
	4）使用生态（修复）技术	合理应用雨洪管理、微生物土壤改良、乡土物种保护、特种植物栽种、植物引种等多种生态修复技术
	保护型设计	
	1）土壤与植物	在建设与开发过程中减少对土壤的破坏；尽量避免清除现存的乡土植物，确定需要保护的植物区域，在设计时进行保护设计
	2）水	使用节水灌溉设施；应用节水抗旱植物；进行低影响的开发
	3）资源与材料	重复利用构筑物与拆卸的材料；使用可循环或可再生材料的制品
	仿生型设计	
	1）空间布局	对场所所在地区的历史环境、人文背景与生活习惯进行研究，注意建筑风格、植被类型、道路等与场所的和谐一致性，形成一个有机整体；注意与基本设施的结合，如与建筑、水利设施、交通系统、废弃地、农业系统等基础设施之间的结合

续表

流程	要　点	方　　法
2. 布局与规划	2）植物	对自然植物群落进行仿生，模拟植物形成群落的条件、种类的选择等；尽量合理地保留原场地的部分乡土植物，在植物选择上适地适树，适当引入景观植物，帮助形成良好的景观，并使得生态平衡、促进生态循环以及恢复被破坏的生态系统
	3）水	自然净化与人工净化相结合，模拟自然界水体净化的过程来净化场所中的废水或重新构建被破坏的水循环系统；进行水资源的可持续利用
	4）资源与材料	模拟形成宜人小气候所需要的条件，如对太阳能、地热的利用；通过对地形的塑造形成风；贯彻节能技术与循环生态；通过喷雾产生负离子以创造宜人的小区域环境；通过模仿自然肌理，消除自然中不利的因素
	5）文化生态的融入	借助自然地形、历史风俗、场所精神、使用者需求、当地建造材料等实现文化生态的表达
3. 沟通与交流	强调参与设计的重要性	接受市（村）民的意见与建议，决定是否需要对方案做出调整，实现更宜人、合理的设计

二、生产性园林景观设计研究

生产性景观设计是为了实现园林经济可持续（Economic Sustainability）而形成的设计方法。“生产”的释义为人类创造财富的活动过程。自古以来，人类为了生存，适当改造了土地空间，从中获取生产资本，发展至今，园林的“生产”要素传承了场所的文化，继承了精神遗产。无论何种形式，人类都是在保护自然环境的前提下，利用土地的“生产性”，通过最小的人力干扰来获取尽可能高的投资回报，这也是可持续发展的重要特征之一。

而园林的生产性事实上是景观的第一功能，也是生态性的一种体现，具体表现在可为人群提供熟悉空间环境资源、支持资源输出、提供宜居生存环境和健康的食品，通过获取经济价值，最终促进经济效益的实现。人与自然相互依存，是园林景观中“生产”要素可持续的具体表现。因此，本节将以园林景观中通过人类活动产生的经济效益作为生产性园林景观设计的出发点与落脚点。

由于园林景观中经济效益的实现不仅仅局限于自身的“土地生产性”，而是在不同层次、不同领域、不同尺度中有不同形式的体现，因此，本节以经济效益的来源作为分类的依据，将生产性园林景观设计分为种植型、三产型、节约型三个类型。

种植型生产性景观是以种植为主要途径，是展现土地生产最核心内涵的一种形式，通过合理的设计来节约土地资源与减少能源消耗，形成土地利用的良性循环；它是一种充满生机、文化内涵、节约资源与成本，并伴有物质输出的可持续性景观，具有审美性与实用性并存、观赏性与体验性并存、生态性与文化性并存的特征。

三产型生产性景观以产业为基础，以园林中第三产业与企业的发展为经济利益获取的方式，将生产性园林景观理解为产业的“景观化”。这也是跳出传统生产性景观的定义，用一种景观的理念来发展产业，将产业转化为可参观、可体验、可消费的景观活动。在此思路的引导下，园林相关产业不仅可体现其文化性、经济性，并且可促进、引导相关产业结构升级、拓展产业业务发展，带动传统景观产业与旅游业、商业的共同发展。

节约型生产性景观可理解为低成本建设的园林景观，即使用尽量少的资金来建造与维护景观，以发挥更大作用的类型。这种类型可归纳为生产性景观的生态经济性，从另一种角度实现经济效益。

如何更好地实现园林“生产”元素与设计的结合，实现可持续发展的目标，是进行生产性园林景观设计的重点。

（一）种植型设计

种植型生产性景观，是以作物种植而形成的具有物质输出并伴有经济收入的景观类型，并体现出审美性、体验性、经济性、文化性等多种特性。这类型景观主要应用于公园绿地、居住区、屋顶花园、乡村区域等各类型场所。其主要资源来自粮食作物、花卉作物、茶作物、药作物、蔬果作物等具有物质输出功能的生产资料。这些生产性作物一般都是可食用、需要人工维护、运营，在具有观赏性、体验性、科普性的基础上，最终能带来经济收益的资源。

其中，粮食作物是以种植五谷（水稻、玉米等）而形成的景观，分布广、规模大，并且形式多样，包括平原、梯田、圩田等类型，呈现的效果一般较为统一、震撼，季节变化明显，给人视觉冲击。同时，具有为人们提供食品、降低生活成本的重要功能。花卉、蔬果作物也是种植型生产景观的重要组成部分，中国幅员辽阔，花卉、蔬果种类多、形态丰富，观赏性极佳，同时具有文化意义、食用功能、经济价值等优点。另外，茶作为我国代表性的经济植物，品种多样，种植形成的景观多样，虽然其首要功能是物质输出，但茶形成的景观也可成为良好的观赏、采摘体验。药物则是具有特定经济价值并具有科普教育功能的特殊类型。表 6–4 列出了种植型生产性园林景观设计的主要流程与要点。

表 6–4　　种植型生产性园林景观设计方法

流程	要　点	方　　法
1. 植物选择	在选择材料时，综合考虑成本、地域气候条件与最终呈现的景观效果，选取性价比高的材料	主要选择具有多重功能的、适合该场所种植的粮食类、花类、茶类等易形成良好景观效果的材料，如水稻、玉米、小麦、油菜花、月季等
2. 布局形式	顺应自然地貌，根据地形进行合理布局	布局形式多样，包括点型、线型、规则型、行列型、图案型等。①粮食类一般进行规则或线型布局；②花类、药类一般规则或散点布置；③茶类一般为行列布局；④果蔬类可进行规则种植或结合周边环境形成景观
3. 色彩布置	根据景观需求，确定色彩是否需要统一，或是色彩是否需要丰富，或其他特殊需求	生产性景观的主要色彩是随植物材料的生长而不断地、有规律地变化，不同季节呈现不同效果，因此具有动态变化性，需保证四季有景的效果。①粮食类一般颜色统一，在春夏季节一般为绿色，秋季为金黄色；②花类、药类、果蔬类等颜色丰富，可根据需求确定选择何种色系及色彩丰富程度；③茶类颜色统一，一般为绿色

续表

流程	要　点	方　　法
4. 文化内涵	注重赋予生产性景观的文化内涵	①提炼生产文化符号，以图案、色块等方式在景观空间中进行布置；②结合地域的生产文化背景，在背景、历史、精神内容上进行传承；③从人们的生产体验和饮食习惯等方面思考
5. 活动设置	以感受生产、保护自然为原则	种植型景观的体验活动种类丰富，可从几方面进行考虑：①接触自然，采用教育科普方式，可学习生态、种植等知识；②体验生产或生产相关的活动，采摘、烹饪蔬果粮食，喂养禽畜，打渔活动，感受文化遗产等；③以人与自然、人与人的互动为主，进行摄影、交友等活动；④以科研、科普、教育为目的，进行教学研究活动

（二）三产型设计

三产型生产性园林景观，是以园林相关企业与第三产业的发展来带动地方经济发展的类型。这些以经济效益为主要目的的产业形式有效应用了园林景观的经济价值。场地可通过因地制宜，结合自然资源与地方产业进行整合与开发，充分利用耕、林、牧、渔等要素，形成景观良好的风景区或休闲文化游览地，为人们提供活动、旅游的去处，刺激消费，进而拉动区域整体经济的发展，同时解决了一部分就业问题。因此，三产型生产性景观应立足于场地的优势，合理制订开发计划，优化产业布局与结构，在营造良好景观的前提下，促进第三产业的发展。表 6–5 列出了三产型生产性园林景观设计的主要流程与要点。

表 6–5　　　　三产型生产性园林景观设计方法

流程	要　点	方　　法
1. 布局形式	根据场地与产业的特点，合理分区，重点考虑人们的需求	①注重周边的交通便利性，以方便人们的游览与活动；②合理分区，注重基础设施的设置；③对不同活动场所进行不同的布置；④注重园林的整体景观效果；⑤布局需要考虑附带建筑、设施的布置，将观光区域与办公区域适当分离，化解游客与工作人员的矛盾
2. 植物选择	选择人们喜爱的、可形成良好景观效果的植物材料	结合场地优势与特色，形成改善环境与景观效果良好的植物景观
3. 色彩布置	追求景观效果的和谐	三产型生产景观的色彩并无特殊要求，结合各年龄、各层次游客的需求，注意色彩和谐、景观无空白期即可
4. 产业引入	引入可产生经济效益的设施与活动	①满足游客的基本需求，如住宿、餐饮、购物等活动，可引入小型商业设施，为公众提供便利的服务，并刺激消费；②策划休闲娱乐活动，如游乐设施、游船、公共自行车、摄影等多种活动；③增加就业岗位，增加商业设施服务收入，提供经济支持

（三）节约型设计

节约型生产性园林景观，是利用尽量低的经济成本，减少园林景观建设与运营的经济投入，营建具有生产效益，即提供空间资源（生产、生活、生态空间）、提供环境资源（水源、土壤等），具有资源输出与循环的景观。与上文所提出的具有经济收入的生产型园林景观不同，这一类型是从经济节约角度进行思考，但这并不意味着单纯追求降低经济投入，而是以长远发展的眼光，期望建设低造价成本与低环境影响的园林景观，实现与社会系统、自然系统和谐发展的目标。表 6-6 列出了节约型生产性园林景观设计的主要流程与要点。

表 6-6　　节约型生产性园林景观设计方法

流程	要　点	方　　法
1. 植物选择	根据需求选择合适的植物材料	因地制宜，科学选择植被。可选择低维护成本的乡土植被及生产性作物，节约维护成本与替换成本；或选择耐受性能强的植物，以保证在天气恶劣及外部干扰等不利环境中能正常生长，减少后期的维护压力
2. 资源利用	高效利用资源，实现资源循环	①节约土地资源，降低资金投入。可通过将园林系统与城镇基本设施相结合，叠加土地使用功能，实现高效率的土地利用；②利用自然资源进行动态、可持续应用，如风能、太阳能、水能、生物（植物）作用等自然能源，通过能量转换、合理引导的方式，使得自然资源转换为园林系统发展的动力
3. 材料与技术	利用园林相关材料的再利用与生态新技术来实现经济效益	①园林废弃材料重新利用，如枯枝落叶、湖塘淤泥、土建废料等，进行改造利用后，可应用在土壤覆盖、地形塑造等园林建设过程；②提倡使用生态环保材料，尽量使用本地材料，如土、木、石、竹等，可降低材料运输成本和损耗率，同时也是表现地域文化的途径；③推广新技术，使用生态环保新材料，提高资金的使用效率
4. 后期维护	以低养护、低消耗为目标进行可持续规划	①在植物维护方面，维护人员应对绿地各时期的维护重点进行判断，制定不同养护策略，尽量避免因灾害而产生的损耗；②减少园林系统中电力的使用，可通过对照明的位置、强度等合理规划，并使用节能电力设备如 LED 节能灯等，来降低电力损耗；③通过雨水收集循环，储蓄雨水用于灌溉、水景用水等方面

三、生活性园林景观设计研究

生活性园林景观设计是为了实现社会可持续（Social Sustainability）而形成的设计方法。现今国内外并无“生活性园林景观”概念的界定，根据词典中的释义，“生活”为人们的日常活动与经历的总和，因此，本书对“生活性园林景观设计”的定义为：为满足人们的身心需求，使得人类可在园林（户外）空间中进行舒适自在的活动、合理愉悦的交往，有益于身心健康、感受文化而形成的景观设计方式。园林作为人类交流、游憩、休闲、释放压力的场所，是人们活动的重要载体。关注园林景观可以缓解快节奏生活带来的压力与焦虑，人工景观中的娱乐活动也有益于人的身心健康。因此，生活性园林景观设计是基于人类各种需求的设计方法，也是实现社会可持续的重要途径。

虽然国内外并无关于生活性园林景观的具体研究，但基于相同理念的设计中，运用到阴阳平衡论、色彩学、五行学说、文化学、环境心理学、人体工程学等理论较多，这些理论对生活性园林景观设计都有借鉴和指导意义。生活性园林景观设计是以满足人们身心需求为目的的设计，本节根据人类的生理、心理需求，将生活性园林景观设计分为舒适型、保健型、文化型三类。

（一）舒适型设计

人类的舒适感来自多方面的反馈，舒适的园林景观起到激发人性中的美好情感的作用。舒适型设计是基于人的需求及生活习惯等，进行人性化的设计。对于园林环境来说，其色彩、空间、形式、尺度都是影响舒适感的重要因素。根据马斯洛需求层次理论，舒适型园林设计应满足使用者的生理需求、安全需求、社交需求、尊重需求这些基本需求。因此舒适型设计首要保证的是场所的安全性与基础设施的完善性，即满足使用者的生理需求和安全需求；其次，园林空间的设计应遵循人体工学与环境心理学的要求，为人们提供不同类型的交往空间，如公共、半公共、半私密、私密等不同类型，为社交需求与独处需求创造条件；最后，考虑人们的环境认同感，在设计时多应用地方材料、地域性树种，营造具有地方特色的景观，让人们感受到场所归属感，满足使用者的社交需求与尊重需求。表 6–7 列出了舒适型生活性园林景观设计的要点。

表 6–7　舒适型生活性园林景观设计方法

内容	要　点	方　　法
1. 场地安全性设计	1）考虑周边环境的影响	设计前要了解场地周边的环境，将提升场地安全性与区域规划相结合。通过行道树种植等方式改善场地与周边环境的生态连通性
	2）道路系统与照明设计	①强化场地入口与通道，并进行道路分级，通过尺度与材质区分节点、主干道路、次级道路，实现人车分流；②设置合理的照明系统，避免过亮、过暗，照明应满足在 7~8m 可看清人脸
	3）领域感的营造	通过围栏、绿篱、铺装的变化来营造不同空间领域，儿童游乐区应营造出可被人关注并进行保护的领域感；停车场、入口、公共道路、私人空间应分离，不同的空间应形成不同的领域感，包括公共、半公共、半私密、私密空间等
2. 场地便捷性设计	1）无障碍设计	设计无障碍通道（不设台阶或坡度小于 5%），方便残障人士的游览
	2）导览设施设置	在入口与节点设置带有位置标示的导览图；场地中设置指示性标示，使得导览功能更便捷、清晰
	3）符合人体工学的设计	①完善基础设施，如公共卫生间、饮水设施等；②公共环境中各种形式的座椅设计都应符合人体工学要求，注意高度、材质等；③夏季提供阴凉的空间，冬季提供遮风场所；设置紧急避难场所
3. 场地归属感设计	1）平等性设计与差别化设计	确保主要场地的可达性与集中性，更好地为大多数人提供服务；为不同人群提供差异性选择，适应他们的需求与能力差别
	2）地域化设计	应用地方材料、地域性树种，引入地方文化，营造具有地方特色的景观
	3）增加活动的场地规划	场所中的活动与设施有利于促进人们的社交行为，可设置露天剧场、运动场、游乐区或其他服务设施，吸引公众的聚集与交流

（二）保健型设计

保健型设计可理解为“保证并维护健康”的设计。场所对于使用者的身体健康会产生不可忽视的影响，在园林景观设计中应避免有害物质的使用并减少噪声与污染等。因此，园林景观空间如何真正惠及使用者的身体健康，发挥园林中保健因素的作用是保健型设计的关键。园林空间在促进大众健身活动方面有着重要的作用，安全、便捷、舒适的环境提供了散步、骑行、锻炼的良好空间。同时，与自然接触可以使人缓解精神疲劳、释放生活压力，调节与改善人的身心健康，因此，园林景观的疗养康复功能及提供人与自然接触的机会至关重要。表 6–8 列出了保健型生活性园林景观设计的要点。

表 6–8　保健型生活性园林景观设计方法

内容	要　点	方　　法
1. 促进场地的健身设计	1）规划鼓励健身活动的环境	①篮球场、游泳池、运动场等设施，可鼓励人们进行健身活动；②设计安全的骑行与步行通道，提供更为方便的进入方式，规划合适长度的步道与自行车道
	2）鼓励将园艺活动作为健身方式	生产花卉、果蔬等园艺活动，比单纯的健身活动对人益处更多，同时也可实现可持续景观、生态修复等重要环境效益
	3）设计符合各年龄层次的游乐场地	以特定年龄群为服务对象，设计优美且功能丰富的游戏场地
2. 促进场地的疗养康复功能	1）营造具有自然美的康复型景观	人与植物的近距离接触可促进心理、生理健康的恢复，重视景观树木等自然元素的应用，形成优美的自然景观
	2）营造小尺度空间与私密空间	较小、私密的空间给人安静、沉思的环境，康复型设计应将大场地划分、营造出多个小空间，营造小尺度的宁静空间
	3）创造多感官体验	五种感官体验使得人们可感受自然，如芬芳的气味、微风吹动树叶的声音、青草树叶的触感、丰硕的果实等，与人工环境成为对比，形成动态的、具有自然美的康复型景观
	4）保证场地相对安静	康复型景观需要安静的环境，因此应控制噪声污染，利用绿篱、水流的声音、隔音建筑、合理安排人流等方式降低或隔绝噪声

（三）文化型设计

可持续景观的一个重要特征是文化的可持续性。中国文化底蕴深厚，园林中的文化体现在对场所文化元素的提取与合理再利用，表达历史人文特征与地域文化特征。从可持续发展的角度看，文化型园林景观内涵丰富，可向使用者传达场所的故事，与使用者建立精神上的沟通，满足人们心理上更高层次的需求。另外，表达地域性历史人文特点的场所更容易给人们带来主人翁意识，对园林的长期使用、保护、管理都有重要意义。表 6–9 列出了文化型生活性园林景观设计的要点。

表 6–9　文化型生活性园林景观设计方法

内容	要　点	方　　法
1. 文化的传承设计	1）就地取材，使用地方性技术	使用当地材料、使用地域性技术是地域文化传承的重要方法

内容	要　点	方　　法
1. 文化的传承设计	2）“形”的借用	提取、转化文化要素，转化为园林符号，也可使传统文化与现代科技相结合，更为生动地传达文化意蕴
	3）“意”的延伸	将抽象、难以表现的“感知”文化融入设计，以空间营造、植物造景、园林建筑、景观小品等多种形式的设计，传达文化的神韵
	4）“文化”的互动	利用旅游、表演、体验活动使得优秀文化与使用者有实际的互动，同时推进园林文化产业的发展
2. 保护场地历史文化特征的设计	1）保留与保护	维持历史建筑、遗迹的现状；保护大型古树名木及较有意义的树木；保留具有历史内涵的景观元素
	2）修复与加强	对历史遗迹进行合理修缮，传达遗迹的历史价值与文化价值，并通过色彩对比、空间营造等方法来凸显景观元素
	3）复原与改变	复原具有历史意义的建筑或遗迹，通过现代景观设计手法对其进行再加工，赋予其新的意义与使用功能
	4）重组与再现	将历史人文元素进行分解与提取，用现代艺术的手法，如雕塑、景墙、景观空间等，还原地域的自然、人文特色景观，同时发挥科普教育的作用

第三节　基于“三生”融合理念的可持续园林景观设计方法

可持续园林景观应具备多重功能，是复杂的、具有内在联系、生生不息的系统。综合的可持续园林设计应促进场地环境、经济、文化等价值的发挥，体现出场地的多功能与审美价值的统一实现。上文所提出的生态性设计、生产性设计、生活性设计均是针对于可持续设计中某一方面的设计，而可持续园林景观则要求在系统视野下，全面协调园林生态、园林生产、园林生活之间的关系，以生态为基础，以生产为动力，以生活为灵魂，进行“三生”融合的设计，最终整体实现“三生”的平衡发展。

一、基于“三生”理念的可持续园林景观设计原则

（一）减少破坏与风险防范

一些开发行为会导致不可逆的环境破坏，因此有可能会对人类与环境产生负影响，务必要非常谨慎。设计时应尽量减少对场地周边环境的影响，全面评估每一种选择，进行多方面、多层次的思考。

（二）运用系统性思维方式

园林景观是综合生态、生产、生活的多层次的复杂系统，“三生”之间存在着

相互作用、相互影响的联系。设计应尊重和理解园林景观环境中内部的相互关系，运用符合生态系统服务要求的方法，整体、全面地审视与协调园林生态、生产、生活之间的关系，为后代提供可持续的环境，实现“三生共融”的平衡发展。

（三）以服务对象为中心

可持续园林景观作为一种场地设计，与人类福祉息息相关，因此需要尽可能地了解场地的使用者范围。设计中应将服务对象作为设计流程的中心，了解使用者、利益相关者的习惯、文化背景、社会联系、需求等至关重要。从使用者的根本需求出发，才能给场地设计带来切实的意义。

（四）多学科合作设计

设计决策所产生的复杂结果会对场地与周边场地产生深远的影响，因此设计团队应包括了解当地生态建设、维护的专业人士。综合生态学、美学、环境心理学、人体工学等方面的知识，从多学科视角探索设计方案，促进信息共享与合作，全面考虑设计方案。

二、不同偏重“三生”融合可持续园林景观设计方法

园林景观是由生态、生活、生产三个子系统之间相互作用而构成的，三个系统之间相互影响、相互促进，“生态”为基础包容着生产、生活要素，对这两者的存在状态起着决定性作用，是作为核心的存在；“生产”体现着园林景观发展的经济可持续力；“生活”则体现着园林景观的生命力，“三生”的相融使得园林整体具有各系统简单相加所不具有的系统特质。子系统之间的和谐共融是实现可持续园林景观的重要基础，因此，将相互影响的生态、生产、生活系统当成一个整体加以思考，以“三生”共融而形成的系统性设计是构建可持续园林的重要方法。

“三生”融合的可持续设计并不是将生态性设计、生产性设计、生活性设计全部、同时运用在一处园林景观中，这三种设计方法之间并不相互独立，而是互相交融的，但各有侧重点。由于场地具有不同的特征与需求，设计便应具有不同的目的与目标，因此，应从园林生态、生产、生活三个层面对场地进行分析与考察，确定三个子系统之间的占比与重要性排序，如林地草地、河岸水系、裸地、棕地等场地的设计主要以生态性设计为主导，生产、生活性设计为辅；耕地、农用地、生产用地等场地的设计以生产性设计为主，生态、生活性设计为辅；风景名胜、古镇、旅游区等场地的设计以生活性为主，生态、生产性设计为辅；作为综合体设计的公园、花园等则“三生”并重，即生态性、生产性、生活性均衡设计，实现“三生”之间的相互支撑与依托，从较为单一的功能向多功能进行拓展。

因此，基于“生态—生产—生活”的可持续园林景观设计具有不同的设计组合模式（见图 6-3）。在应用到具体设计时，应结合设计目标与定位，根据场地需要实现的功能进行分析，考虑使用者的真正需求，选择具有不同偏重的“三生”设计方法，即有侧重地使用“三生”设计方法，其设计流程如表 6-10 所示。

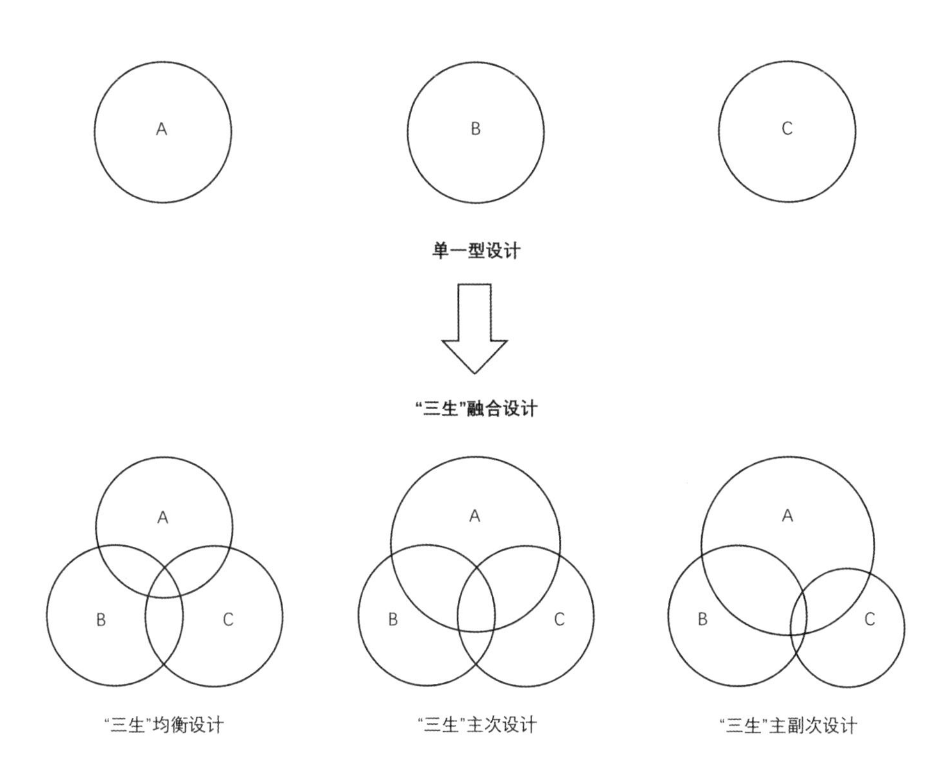

图 6–3 "三生"融合的园林景观设计模式

图中，A、B、C 分别代表"生态性设计""生产性设计"或"生活性设计"中的任一个

表 6–10 不同偏重"三生"园林可持续设计流程

内容	方法	
1. 规划解读与信息收集	①研究场地开发的现有综合规划与分区规划情况。②研究场地周围环境的有利条件与不利条件，包括噪声、污染等干扰因素。③确定场地周边的生物栖息地情况，对场地周边区域性动植物栖息地情况进行了解。④确定场地的潜在自然灾害因素，如台风、洪水、山火等。⑤了解场地周边交通环境，包括现有的、未来规划中的公共交通路线、骑行通道、步行通道等	
2. 场地调研与分析	1）气候情况	查询场地的年、月度降水量、湿度、气温数据，绘制风玫瑰图等
	2）水文条件	对场地地形进行分析，尤其是汇水与易积水区域的分析；了解现状水体的污染情况、水岸线、生境情况等
	3）土壤条件	对场地地质情况、土壤情况进行研究，标示正常或被破坏的土壤区域；了解是否具有基本农田或重要农田等特殊土壤区域
	4）植被条件	绘制植被现状分布图（主要注意大乔木、入侵物种、重要植物、古树等），建立优势物种名录，确定是否属于乡土植物
	5）设施与材料	对场地现有建筑、设施（如道路、小品等）等进行测绘，确定是否具有再利用、再循环的潜力，进行保留，或改造，或拆除；了解当地建设材料情况与来源
	6）历史文化情况	研究场地历史与之前的使用情况，对场地进行观察，深入挖掘其历史特点与文化景观特征

续表

<table>
<tr><th>内容</th><th colspan="2">方　法</th></tr>
<tr><td rowspan="2">3. 确定设计策略与方法</td><td>1）设计目的与定位</td><td>设计是基于需求而形成的方案，应明确该项目为何要建设，以及想要达到何种效果。如：将废弃场地改造为生机盎然、可持续的公园，促进旅游业的发展，拉动经济与就业，减少维护费用；或项目应建设环境良好的市民公园，鼓励市民在室外进行健康活动，增加与自然接触的机会等</td></tr>
<tr><td>2）根据需求，确定“三生”的重要级顺序</td><td>①明确场地或场地的不同区块所需要实现的功能，列出场地使用者的需求，考查每种功能的重要、次要、最次的顺序，对其优先度进行排序。②根据优先顺序，可从园林生态、生产、生活三个方面提出清晰的方向与愿景，就关键问题提出明确方向。③结合目标与需求有侧重地进行“三生”融合的园林景观设计</td></tr>
<tr><td rowspan="9">4. 不同偏重的“三生”可持续园林景观设计应用[1]</td><td rowspan="3">1）以生态性设计为主</td><td>①保护型：文化遗址地；濒危物种保护地；生物栖息地；自然保护区；防护绿地；林地草地等场地</td></tr>
<tr><td>②恢复型：棕地（石油、采矿、化工等废弃工业地）；灰地（城市及周边地区被遗弃的场地）；裸地等场地</td></tr>
<tr><td>③仿生型：森林公园区域；水滨区域；湿地等场地</td></tr>
<tr><td rowspan="3">2）以生产性设计为主</td><td>①种植型：农田区域；牧场；茶园；果园等农业生产用地</td></tr>
<tr><td>②三产型：产业园区；旅游地（城镇、乡村等）等场地</td></tr>
<tr><td>③节约型：资金投入受限的建设用地等场地</td></tr>
<tr><td rowspan="3">3）以生活性设计为主</td><td>①舒适型：居住区周边场地；街巷周边用地；公园用地；主要以人类聚居区域为主</td></tr>
<tr><td>②保健型：医院用地；公园用地；居住区周边场地；街巷周边用地等场地</td></tr>
<tr><td>③文化型：广场用地；文化遗产地；历史古镇；旅游区；风景名胜区等场地</td></tr>
<tr><td>5. 设计方案形成与调整</td><td colspan="2">与甲方及利益相关者进行沟通、商讨，并应共同意识到可持续性是项目设计中必要的、不可或缺的组成部分。就讨论结果对设计进行提炼与升华，重新调整设计方案</td></tr>
</table>

[1] 本栏中列出的场地类型具有一般普适性，但并非绝对适用，还需结合场地具体情况以及功能需求进行分析。

第七章

表现画境：基于传统绘画与现代艺术的园林设计

孙筱祥先生提出，中国文人写意山水园林的传统创作方法，一般要通过三个创作“境界”——“生境、画境、意境”，其中“画境”是对生境美的素材进行艺术加工，融入中国山水画的笔意，通过取舍、概括、提炼和升华，上升到艺术美的过程。园林的画境即为体现园林艺术美的境界。在中国古典园林中，以体现艺术美的园林营造来看，往往会借鉴中国传统绘画，尤其是自然山水画。通过山水画画论入园，在园林立意、空间布局都体现出以画构园，借用画论中的手法来组织和安排各园林要素。可见，在中国古典园林中，营造园林画境通常以传统绘画画理为途径，以求构成如画的景观，表达如诗的意境。

除了中国传统绘画之外，园林画境营造还可以从现代艺术中得到启示。在现代园林景观设计中，受到西方现代艺术的影响，现代园林景观的形式、风格呈现多样化趋势。其中，构成艺术对园林的影响尤为重大，其理论已深入园林设计之中，现代园林景观风格深受其影响。构成艺术就是抽象了的形以及形的构成规律，这是一切现代造型艺术的基础。园林的设计正是艺术反映到实体的过程，构成艺术反映到园林之中便是抽象的构成规律的具体化。构成的最终目的是按照形式美的规律、原则，将两个或两个以上的元素进行组合，形成具有艺术美的感受，在园林设计的美学理论上形成有力的支持。当今，构成艺术与现代园林的关系密不可分，二者在呈现艺术美的角度上有着许多相通之处，从构成艺术的角度对园林景观进行设计，也正是营造园林画境的体现。

第一节　传统绘画与园林

一、传统绘画与园林的创作思想

（一）隐逸文化

隐逸思想在中国历史上发挥着重要的作用，各类艺术的发展也受此影响颇深。

从魏晋开始，隐逸思想逐渐成为潮流。儒家学说创立者孔子说“邦有道则仕，邦无道则隐”，孟子也有“穷则独善其身，达则兼济天下”之说。道家也有这样的出世思想，庄子憧憬“至德之世”的理想社会，向往“无何有之乡，广漠之野”般逍遥自得的状态。许多文人受到道家“无为”思想的影响，隐居山林，独善其身，求得生活的宁静淡泊。文人得意时在朝当官，失意时归隐田园，在中国历史上这类例子数不胜数。著名的“千古隐逸诗人”陶渊明就留下了许多归隐田园的诗句，“晨兴理荒秽，带月荷锄归”“采菊东篱下，悠然见南山”等等，都表达了他对隐逸山林的热爱。

在这种思想的影响下，绘画则成为抒发隐逸思想的一大方式，历史上众多的山水画因此而诞生，而园林则成为隐逸思想的具体实现之地，成为隐逸文人的安身之所，也可以说绘画，尤其是山水画，与园林是共同相伴成长的艺术。清代出现了一批以石涛、龚贤、恽寿平、王翚等为代表的具有隐逸思想的画家，他们的绘画思想和画作（见图 7-1 ~图 7-3）中处处显现着隐逸思想，在文学艺术、要素内涵、空间组合等多个方面都体现着文人的隐逸思想。隐逸也是中国古典园林的基本主题之一，很多园主人因为在官场不得志，不得已隐居，逃离官场，寄情于山水，历史上很多文人园林正是因此而建造。苏州沧浪亭中的一对楹联“清风明月本无价，近水远山皆有情”，表达了园主人投身于自然，陶醉于山水的思想状态。苏州拙政园的园名取自于晋代文学家潘岳《闲居赋》中“此亦拙者之为政也”，表达了园主人避世隐居的缘由。此外，还有苏州网师园中的“濯缨水阁”也是如此。总之，历史上许多名流都通过绘画、造园的方式来获得精神上的满足。

图 7-1　清・龚贤《挂壁飞泉图》

图 7-2　清・石涛《自云荆开一只眼》

图 7-3　清 · 恽寿平、王翚《花卉山水合册》

（二）道法自然

“道法自然”出自道家思想，在中国古代哲学中占有重要的位置。道家创始人老子认为，“道”是宇宙的本源，主张“大地以自然为运，圣人以自然为用，自然者道也”。庄子在后来也集成了“道法自然”的思想，强调“无为”，他认为大自然的本身是最美的。道家思想中这种对自然美的推崇深深影响了绘画和园林的发展。

山水画中的“天趣”“天成”“天真”“天然”的理想追求就是从道家的思想派生和发展起来的。传统绘画里，山水画的创作思想正是顺应了自然，以保持自然为创作的标准。道家思想认为，实现美的目标，应当要遵守自然规律。画家要在认识了大自然的客观规律之后，再通过自己的理解用画笔画出景物，才能准确又独特地表现出自然的气韵。魏晋画家王微认为，作画时应该做到人与自然合二为一，这也正是道家顺应自然思想在绘画创作思想中的一种表现。而对于可感而不可见的自然之性，画家也应能够透过自然的物态将其表现出来。

道法自然思想对中国古典园林的影响是巨大的。中国传统园林遵循道家“天人合一”的自然哲学，造园者们受到这种哲学思想的影响，在一定空间内，对山水、建筑、植物进行巧妙的组合营造，模拟自然的状态，创造出与自然环境协调共生的园林艺术。中国古典园林中没有规整的行道树，没有绿篱，没有花坛，没有修剪的草坪，所有的植物都按照自然式的植被分布方式，原因就在于：中国古典园林的景观艺术和营造手法是由道家核心思想“道法自然”决定的。这与西方几何对称式的园林形成了鲜明的对比。道家提倡“知足常乐，恬淡寡欲”，这种思想具有自得之趣。人一旦远离了功利，就能做到无忧无虑，容易知足，精神上达到和美的境界，因此，文人们普遍认同这种恬和养神的生活方式。在园林中，尤其在明清时期，士大夫们也越来越醉心于小园子，但是内心的精神空间却越来越大，如清代李渔的“芥子园”、明代米万钟的“勺园”，还有苏州历史上的“一枝园”“残粒园”“曲园”“半枝园”等等，都表达了这种精神。

（三）意境营造

意境是古代各类艺术所追求的最高境界。以传统绘画为例，画家用画笔描绘出的不单单只是物象的具体景象，而是通过塑造的景象去引发观者的联想、思绪，从而产生某种情感，这就是意境的营造。

传统绘画中，画家多以山水画来表达自己的思想情感和思辨观念，通过描绘山水来寄寓情感，这样的画是具有意境美的艺术品。例如，常在画中出现的梅、兰、竹、菊（见图 7-4），被世人称为“四君子”，画家们常以这四种植物来表达对君子人格境界的神往。传统绘画非常讲究情景交融，力求做到形神合一，在画中表达出天人合一的思想意境，将画作上升到更高的精神层面。清代著名书画家笪重光第一次在画论中提到了“意境”一词，论述了中国山水画中意境和空间的关系。南朝宋画家宗炳在《画山水序》中最早论述了山水画画理：“夫以应目会心为理者，类之成巧，则目亦同应，心亦俱会。应会感神，神超理得。”他认为欣赏山水不仅在于观赏外形，更需要用心领悟内在神韵。东晋画家顾恺之提出了“以形写神”的绘画理论。南朝齐梁时期画家谢赫提出“取之象外”的主张，并总结出了著名的画论“六法论”，首先提到的“气韵生动”就是关于山水画意境的要领。北宋杰出画家郭熙在《林泉高致》中使用过“境界”一词：“境界已熟，心手已应，方始纵横中度，左右逢源。”他在这里提到的“境界”指的也是“意境”。

与山水画一样，意境在园林中也是造园者所追求的一种最高的境界。园林中的“意境”概念可以追溯到东晋至唐宋年间，历代的文人、画家的诗词、画作都影响了古典园林的发展，因此园林和山水画的意境美上也有很多的相同之处。山水画不仅仅只表现画中的物象，而是要在有限中呈现无限。同样，园林不仅只是表现自然的山水景象，更是要利用有限的园林空间内的山石、水体、植物等来产生联想，引发精神共鸣，展现景外之美。比如江南的私家园林，对意境营造的追求更是达到巅峰，意境的产生能体现园主人的学问内涵、人格品行。在园林中的楹联、匾额、碑注上，都能体现园林的意境。在这些诗格的簇拥下，点出了文韵、词义、诗境，也点出了儒风、道骨、禅机，使营造的园林空间表达出种种高情逸思而上升到“形而上”的诗境空间，丰富了空间内涵，拓宽了意蕴，提升了空间文化品位，其中，园林题名最能精练地为风景传神写意，常起到托物言志、借景抒情的作用。例如苏州拙政园“宜两亭”，取自于诗人白居易的“明月好同三径夜，绿杨宜作两家春”；拙政园“远香堂”，取自于周敦颐《爱莲说》中的“香远益清”句意，园主人以荷花自喻，出淤泥而不染，有着高尚的品德，声名远播；拙政园“与谁同坐轩”取自苏轼的名句：“与谁同坐？明月、清风、我。”还有苏州网师园的“濯缨水阁”“竹外一枝轩”北京圆明园的“月地云居”等等，仅仅这些匾额就已经能够让人浮想联翩了。关于楹联，更有沧浪亭的“清风明月本无价，远山近水皆有情”、拙政园的“爽借清风明借月，动观流水静观山”“蝉噪林愈静，鸟鸣山更幽”等，这类楹联借景抒“情”，让游人在欣赏美景的同时，精神境界得到提升，心灵得到净化。

图 7–4　清·邹一桂《四君子图》

二、传统绘画与园林的创作风格

（一）师法自然

“师法自然”是中国传统山水画的创作准则之一，同时也是中国古典园林的造园风格之一。传统山水画是在平面上进行创作的艺术，而园林是在三维空间上的艺术创作，表现的方法、空间的形式都不一样，但是在创作风格上却达到了一致，都是向自然学习，效仿自然，以自然为师。

《论语》中说道：“仁者乐山，智者乐水。”这既包括了对自然美的称赞，也表达了对仁、智的赞赏，两者成为一个整体，这就是“山水比德”的思想。由于山水可以寄托高雅的情怀，故“坐拥山林”是文人们表达高洁志趣的理想状态，而山水画和园林使得人们在家中便可拥有如此美景，是实现人们“林泉之志”的最佳方式。郭熙在《林泉高致》中提出：“君子之所以爱夫山水者，其旨安在？丘园养素，所常处也；泉石啸傲，所常乐也；渔樵隐逸，所常适也；猿鹤飞鸣，所常亲也；尘嚣缰锁，此人情所常厌也；烟霞仙圣，此人情所常愿而不得见也。”郭熙认为，人之所以投身于自然山水之中，是因为身处在自然中不但能保持良好的修养，还能得到洒脱自由的快乐。正因为如此，山水画家才能达到与自然融合为一体的境界，即“天人合一”的境界。“天人合一”思想是传统的宇宙观，也是一种把自然拟人化和把人化作自然的艺术思想，也正是山水画和古典园林最基本的创作理念，即提倡人与自然和谐相处。这种自然美学思想决定了中国传统山水画和中国古典园林崇尚自然、追求天然的特点，从而在画作、园林中表现出师法自然的风格特点。

（二）写意风格

写意，正是源自中国传统绘画，是一种最常用于山水画的绘画技法和风格。绘画讲究细致、工整地描绘景物，要求画家用简练的笔触着重描绘景物的形态神韵，以体现意蕴之美（见图 7–5）。在宋代，文人画崛起，山水画占据了主导地位，“写意”作为一种艺术的表达风格，不仅在绘画中影响重大，而且逐渐影响到其他艺术种类，成为中国传统艺术风格的重要特征之一，园林更是深受其影响。韩玉涛先生在《书意》中提到“写意是中华民族迥异于西方的另一种美学体系”。

图 7–5 齐白石写意风格山水画《松窗闲话》《山间小屋》《山水人家》《白石老屋图》

在园林里，文人山水园更是把写意这一艺术风格运用到了极致。早期的园林往往是真山真水式的园林，如汉代上林苑，面积巨大，囊括了山林河流。而绘画的艺术理论引入园林后，出现了写意山水，这种园林表达方式结束了对真山真水的模仿，出现了新的园林艺术风格。文人写意园里这种艺术风格既效仿了绘画，继承了山水画的写意特色，同时又严格遵守着自然规律，与真实的山水景象有一定的相似。园林中的写意手法在创造具有风格特色的园林的同时，也降低了园林的造价，原本只有帝王才能享用的园林，变成了小范围内的私家园林，减少了原本人工园林中营造真山真水所需的大量物力财力。而且写意手法所带来的意趣增加了园林艺术的创造性，产生了园林创作的更多可能性，扩大了园林艺术的创作主题和鉴赏主体的范围。园林中的写意可以表现在多方面，比如整体的布局、建筑的造型、山石的堆叠等等。园林中的山水景观当然不是将真实山水通过比例缩放来表现，而是通过写意来塑造。例如假山的堆叠，造园家运用一块皱、瘦、漏、透的太湖石就能表现出一座险峻山峰的意向，即“一拳则太华千寻，一勺则江湖万里”的艺术效果。

总之，写意这一艺术风格，不论是在传统绘画中还是在中国传统园林中，都是一大显著的艺术特点，千百年来留下了深刻的影响。

（三）含蓄蕴藉

中国传统艺术非常重视含蓄蕴藉之美，讲究含蓄，有“余味”。中国传统艺术的含蓄之美来源于传统文化思想，儒家主张的“乐而不淫，哀而不伤”是一种含蓄，“温柔敦厚”“内圣外王”是一种含蓄；道家的“微妙玄通，深不可识”是大美的含蓄。这种美学源于古代艺术家们对自然生命和个体生命的思考，他们对于美的感悟有独到的感受传达，这种传达方式忌讳开门见山，而是迂回曲折留有余地，正是所谓的“绕梁三日，余音不绝”。这是属于东方艺术才有的美学内涵，美的感受不能直截了当地表达，一旦说透了，反而没有了韵味。

传统绘画中，要求以含蓄为上，要求画家给观赏者留以广阔的联想和咀嚼的余味，而不同的观赏者根据自己的审美理念和独特感受去进行艺术的再创造，从而获得强烈的美感享受。中国古典园林的构园手法讲究含蓄、曲折变化，反对僵直、一览无余，景物大都藏而不露、隐而不现，实际上反映了中国艺术的创作和鉴赏规律。古代的造园艺术也十分善于表达园林的含蓄蕴藉之美，“欲扬先抑”“柳暗花明”“曲径通幽”都是古典园林中常见的艺术造景方式，“障景”“漏景”“框景”等古典园林构景手法则是含蓄美的具体表现。如在苏州拙政园中，入门便是一条狭窄的巷道，在其中行走仿佛走进绝路，走出腰门有一座假山挡住视线，遮住后方景色，这就是“障景”手法的表现，一直走到远香堂才步入视野开阔的空间，这种“柳暗花明又一村”的手法给人以强烈的视觉感受。还有苏州留园（见图 7–6），更是深得“藏露”这一艺术手法的精髓。进入入口前厅后，经过封闭、狭长、曲折的曲廊，让人有一种“庭院深深深几许”的感受，从而产生寻幽探芳的兴趣，进入庭院空间后豁然开朗，产生强烈的空间对比，更有效地烘托、突出了院内的空间和景点。含蓄蕴藉这一创作风格在传统绘画和园林中都有明显体现，含蓄的韵味使人留之不得，去之不甘，从而可以强烈地激发、吸引观赏者的注意力和兴趣，满足观赏者参与形象再创作的需要。

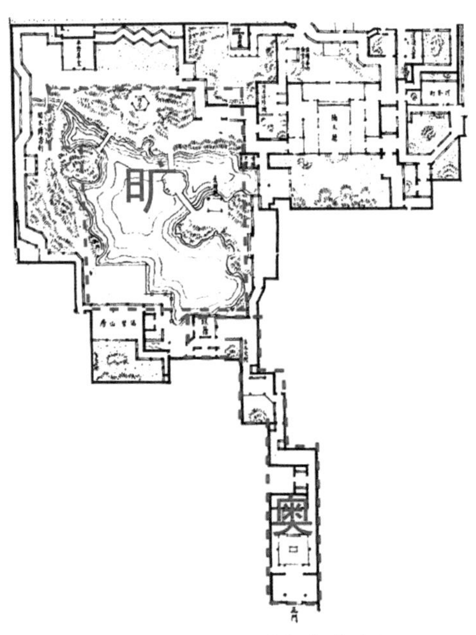

图 7–6　留园入口空间奥旷对比

三、传统绘画与园林的创作元素

中国古典园林的景观元素在很多方面受到中国传统山水画的影响，无论是对基础景观元素的构造还是对整体景观的把握，二者都有着许多相似之处，以下就从植物、山石、水体、建筑四个方面来探讨传统绘画和园林的创作元素。

（一）植物

在传统绘画中，树木花卉是重要的景物元素。在山水画中，植物的绘制是练习运用笔墨的入门学习阶段，也是画家寄托情感、烘托氛围的重要素材。在古典园林中，植物更是必不可少的造园要素，植物是表现自然美的重要元素，因此植物景观营造也是一门园林艺术。

传统绘画史上很多画家提到了植物的创作手法和表现手法，很多画中的配置方式也影响到了古典园林。王维在《山水论》中提出"有路处则林木""水断处则烟树""山借树而为衣，树借山而为骨"等说法，这是山水画中关于植物绘画的论述。古典园林中的植物，包括植物种类选择、植物配置、植物空间营造等方面都要向山水画借鉴，花草树木作为富有变化的景物，在园林中具有功能性作用的同时，还能表现出一种动态美。古典园林的植物配置是自然式的配置，模仿自然的效果，没有规则的排列，山水画理中也提及这种审美的观念，清代画家龚贤在《半千课徒画说》中说道："三株一丛，二株相似，一株宜变，二株直上，则一株宜横出，或下垂似柔非柔，有力故也。"古典园林在植物配置和养护修剪上都和山水画密不可分，着重表现自然之趣，这与西方园林规则式的植物配置和修剪方式恰恰相反，正是体现了中国山水画的画意。中国传统山水画对植物进行绘制时，植物的类别根据画笔技法的详细程度可以分为：孤植树、丛植树、草木三大类，中国古典园林将这种分类方式继承下来，也对植物景观的营造做出了类似的类别划分。

山水画中孤植的树木（见图 7-7），主要表现自身单体的姿态美，通过树干、枝条、树叶等细致的表现，来展现单株树木的景色，而单株树木在绘画中的形态必须有趣、独特。在古典园林中，孤植树的创作技法被拿来使用，这种手法在园林中又被称为"单植"，即指在某个确定的范围之内进行单株种植。与山水画相似，孤植树作为单独栽种的植物，是重要的景观节点，在其造型上要求较高，需得精雕细琢，具有独特的姿态美，可以是枝干曲折优雅，可以是树叶质感独特，也可以是叶色绚丽多彩等，必须能获取人们的关注。园林树木从自然取材，有着一定的局限性，所以整体的效果保持要通过前期的植物挑选和后期的维护配合共同完成。

山水画中植物的丛植（见图 7-8）主要表现植物的整体效果，通常在画面里以树丛的形式出现。园林中的丛植树与这种表现效果类似，通常由三株及以上的树木组合种植，注重树木整体的群体美。

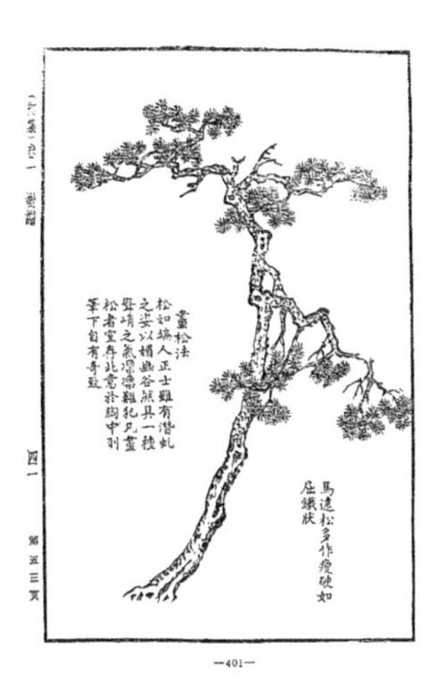
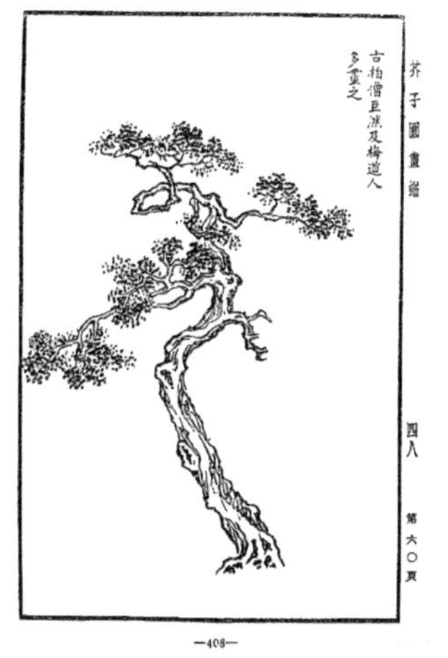

图 7-7 《芥子园画谱》中的孤植树

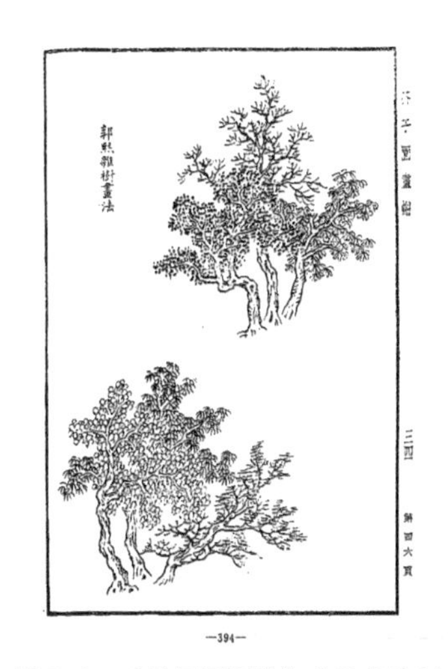
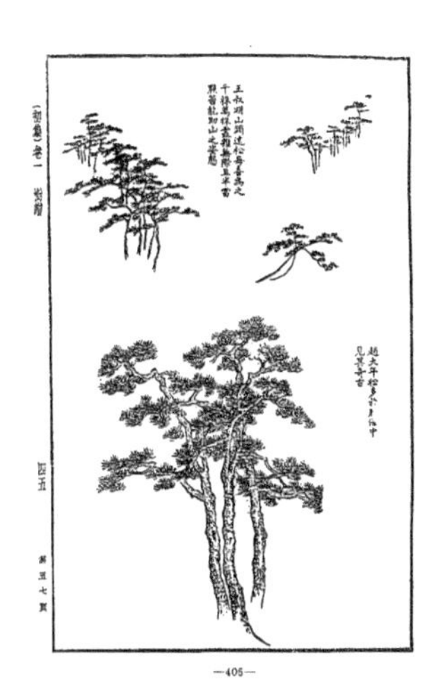

图 7-8 《芥子园画谱》中的丛植树

还有草木也是山水画中的植物表现元素之一（见图 7-9）。例如山石之间的草丛、青苔（见图 7-10）的点缀，在园林中也有这样的表现，假山缝隙间常用地被植物点缀其中，以此来增添更多生机，也弱化了山石的坚硬质感，达到了刚柔并济的艺术效果。

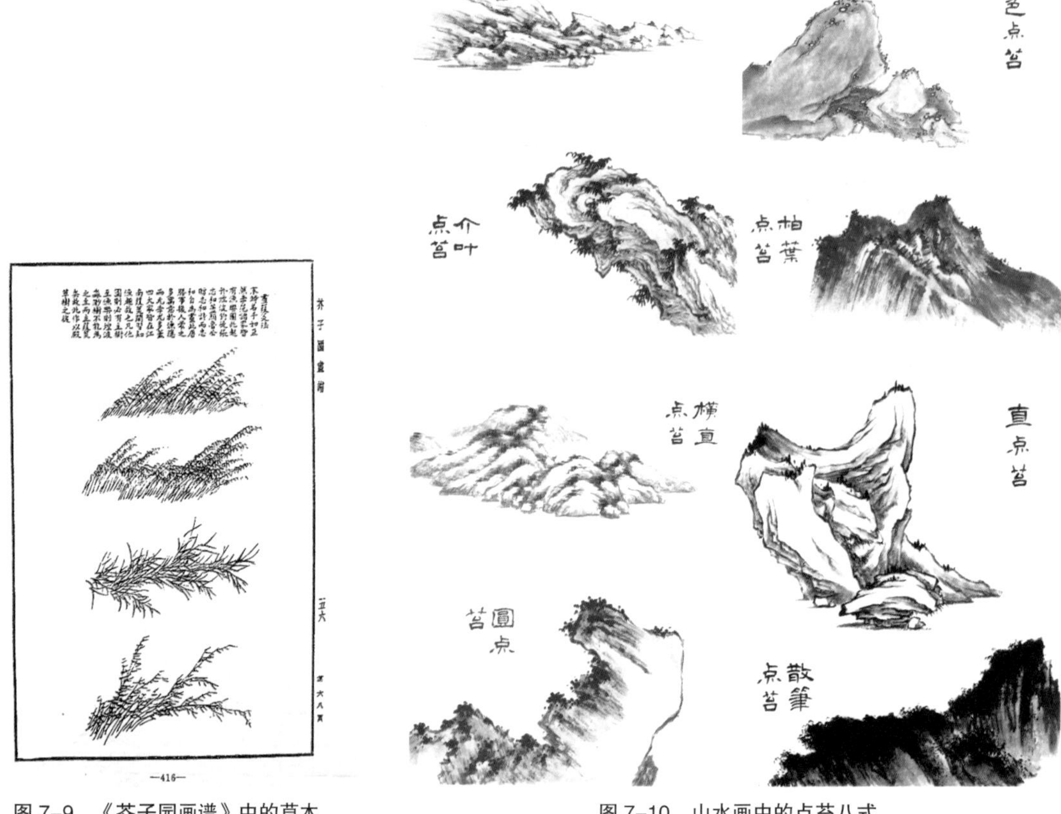

图 7-9　《芥子园画谱》中的草木

图 7-10　山水画中的点苔八式

（二）山石

山石（见图 7-11）是传统山水画中重要的审美元素，而堆叠山石也是中国古典园林中基本的造景手法。山石是古代艺术家眼中重要的观赏对象，同时在园林中也是丰富园林内容、营造山野趣味的重要元素。

在绘画中，根据不同的创作构想，画家通过使用不同的绘画技法来表现各种山石的体块和质感，其所形成的堆叠之势都是有理可循的。在古典园林中，山石的堆叠决定了园林整体的骨架，对营造园林的整体风格打下了基本格调。造园家们借鉴传统山水画绘画技法，用不同的方式堆叠山石，在挑选单独石块时形态上以“瘦、皱、漏、透”为准，神态上又兼顾“丑、清、顽、拙”，作为对其整体气势的评价。其实，园林中很多堆叠山石的艺术家本身就是画家，比如石涛、张琏等。画家们对绘画的技法了如指掌后，在堆叠山石中也表现出山水画的影子。山水画中的皴法（见图 7-12）是中国画技法之一，用以表现山石、峰峦和树身表皮的脉络纹理，画时先用笔勾出外轮廓，再用淡干墨侧笔而画。表现山峰、石块时，主要采用披麻皴、雨点皴、大斧劈皴、小斧劈皴等皴法。叠山与绘画一样，可以效法山水画中的“大斧劈”“小斧劈”等皴法，堆砌斧劈形的石壁，往往用黄公望的皴法，他所作的山石皴纹极少，笔意简远；或可用王蒙的皴法，他画石善用卷云皴，笔下的山石纵逸多姿。石涛就叠山提出了自己的看法，他认为“皴有是名，峰亦有是形”，石涛所说的皴法，已不单纯只是一种笔墨技巧，而是将山水画的皴法和园林的叠石技法相融合。塑造不同形质的山石，要利用不同的皴法。他精心选石，再根据石块的大小、石纹的横直，分别组合模拟成真山形状，运用“峰与皴合、皴自峰生”的画论指导叠山，叠成“一峰突起，连冈断堑，变幻顷刻，似续不续”的形态。

图 7-11　山水画中的山石（明·陈洪绶《杂画图册·溪石图》）

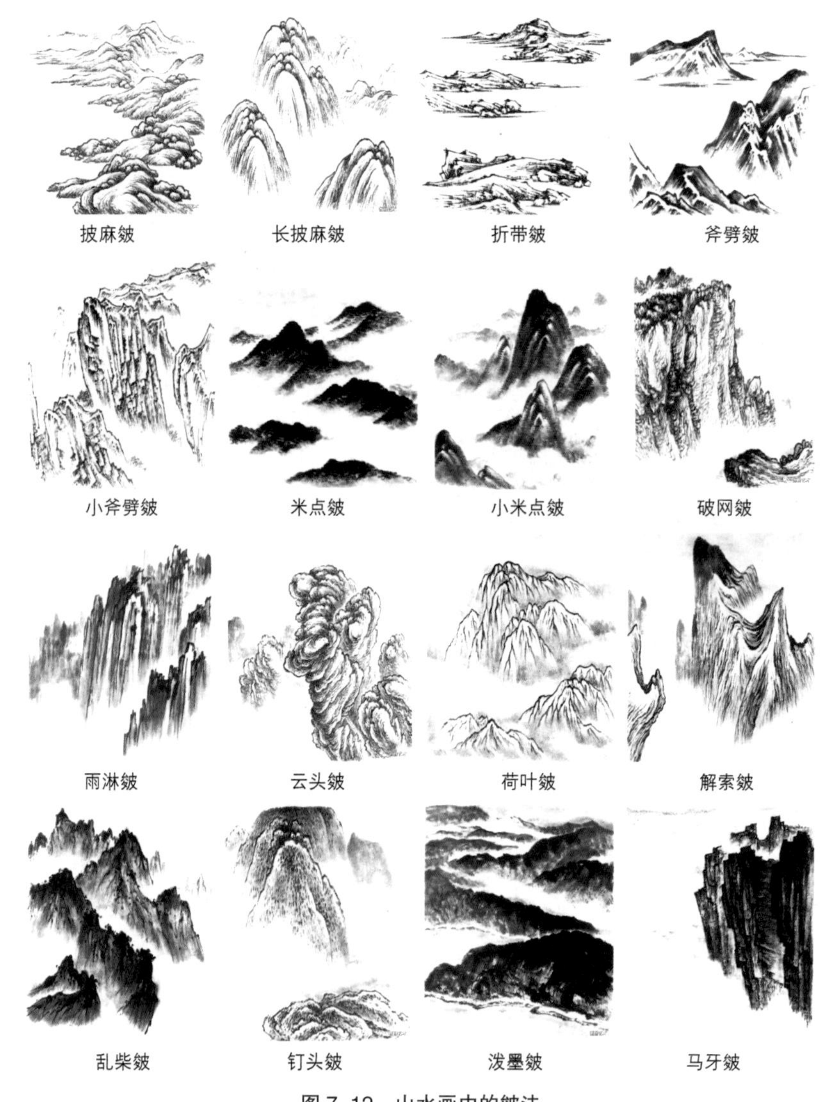

图 7-12　山水画中的皴法

（三）水体

有山必有水，在山水画里，山和水是不可分割的。在园林中，山石是具有坚硬质地的造景元素，具有刚性；水体是流动的液体，具有柔性。山石能框定水体的造型，而水则能赋予山石生气。园林因此能做到刚柔相济，仁智相形，山高水长。山水画中的水体类型（见图 7-13）体现在园林中，可以分为 4 种类型：平静的水体、流动的水体、跌落的水体和喷涌的水体。

平静的水体保持着相对静止的状态，只有在外部因素的影响下才会发生变化。比如在园林中，一阵微风吹过，水面产生一道道微波，波纹产生一定的节奏和韵律，为园林添加了宁静之美；阳光照射下，静态的水体就像一面镜子，能够产生倒影、反射的效果，使水面波光粼粼、色彩缤纷，为周围其他景物增添了光影感。流动的水体在山水画里有溪流、河道、水涧等，这种水流跟随地势，主动地、自发地流动，产生波纹，显得生动活泼，充满动势。在园林中，这种流动的水体具有方向性，水流的走向可以给游人起到引导作用。山水画中的水浪具有变化的节奏感，起伏不定，而园林中流动水体的营造往往也要有这种变化的韵律和节奏，使水体在流动的同时具有更多的变化性。王羲之在《兰亭集序》中提到“流觞曲水”，就是这种流动的水体在园林中的体现，文人雅士作诗饮酒，清澈的溪水蜿蜒曲折，潺潺流过，体现出一幅逍遥自在的园林画面。跌落的水体如瀑布、水帘、壁泉等，喷涌的水体如喷泉、涌泉等，这两种形态的水体都具有非常强的动感，与山水绘画中的“激流”和“巨浪”相似。在古典园林中，动态水体占比较少，但由于其极富个性和张力，在地形的铺垫下，多作为景观节点出现，成为静态空间中的亮点，给人以强烈的视觉冲击。

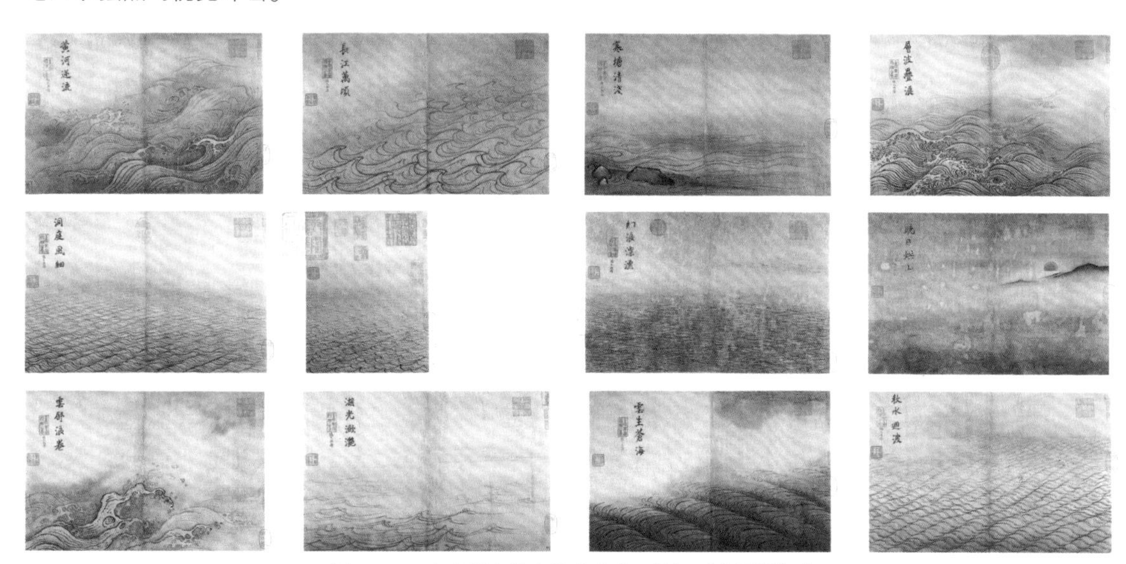

图 7-13　山水画中的水体（南宋·马远《水图卷》）

（四）建筑

建筑是传统山水画创作元素之一，山水画中建筑所占面积比重并不算高，但是往往作为点睛之笔出现，使山水画具有人烟气息。建筑在园林中则是不可或缺的一部分，作为园中供游人使用的场所，不同于其他园林要素，建筑是完全由人工创作的，园林因建筑增光添彩，同时园林又是建筑向自然环境的延伸。

在传统山水画中，建筑往往是人隐居山林中的落足点，不过由于自然风光广阔辽远，建筑往往只是渺小的一点，画面的大部分以描绘自然景观为主，建筑仅作为画面的点缀。以清代画家石涛的画作《陶渊明诗意图》（见图 7-14）为例，在田园、山林之中，构筑草亭、小屋，建筑四周山石林立，树木花卉环绕，把文人隐逸山水的气质完全显露出来。石涛根据著名田园诗人陶渊明创作此画，作者显然非常赞赏这种避身独处、与世无争、乐天安命的人生哲学，通过描绘回归自然、淡于荣禄、不与统治者合作的隐士陶渊明来表现自己美好的理想。

图 7–14　清·石涛《陶渊明诗意图》（部分）

古典园林与山水画一样讲究追求自然之美，建筑的布置都是结合山石、水体、植物，与自然之景相辅相成，具有自然之趣。当然，园林与山水画有所不同，建筑在园林中的功能作用更为广泛，建筑是作为游人观赏、停留甚至居住的场所，具有重要的功能性，同时也能作为观赏的景物，建筑在园林中的重要性是大于山水画的，是园林中不可或缺的组成部分。

在古典园林中，建筑多是具有通透性的，开敞性较强。比如传统建筑中的亭、廊、桥、榭，四面开敞，观赏者在其中具有多个观景角度。从建筑向外看，透过虚实结合的框景、障景，就像为景色套上一个画框，在某些角度将园林定格为平面的山水画，使游人更能领略到山水画境。

第二节　现代艺术与园林

一、影响园林的现代艺术思潮

（一）解构主义

解构主义（Deconstructionism）是从批判结构主义（Structuralism）发展而来的。解构主义批判结构主义的二元对立性、整体统一性、确定性，突出差异性和不确定性。解构主义与景观设计哲学家德里达认为，结构主义是形而上学的“逻各斯中心主义”，他把矛头指向形而上学哲学传统，以达到将传统文化中一切形而上学的东西推翻的目的。解构主义的内涵，包括了拆解和重组两个过程；而它的精神实质，则是一种对于传统体系、权威思想的质疑和颠覆。最早受解构主义影响的其实是建筑领域，解构主义设计师们善于打破原本水平、垂直、对称的建筑结构规律，尝试建筑设计的各种可能性：运用相贯、偏心、回转、扭曲等手法，给予建筑一种视觉上的不稳定性和运动感。在 20 世纪 80 年代，解构主义在建筑界掀起了一股热潮。

在园林景观领域，王向荣对解构主义的解释为：应当将一切既定的设计规律加以颠倒，如反对建筑设计中的统一与和谐，反对形式、功能、结构、经济彼此之间的有机联系，认为建筑设计可以不考虑周围的环境或文脉等，提倡分解、片断、不完整、无中心、持续的变化……解构主义的裂解、悬浮、消失、分裂、拆散、移位、斜轴、拼接等手法，也确实产生了一种特殊的不安感。胡赛强认为在园林设计中，解构主义的手法可以分为四种：①对城市公园绿地传统意义上的解构；②对传统园林布局、构图形式的解构；③对建筑功能确定性和结构形式的解构；④对历史文脉的摒弃和建筑形式符号与意义的解构。

解构主义影响了许多现代园林景观设计作品，但是真正以解构主义为代表的作品并不多。解构主义在园林发展过程中形成了对理论的探索，但并没有形成一种具体的风格，不过解构主义所发展的设计语言丰富了园林设计的表现，对园林有着持续的影响作用。解构主义影响力最大的景观作品是位于法国巴黎的拉·维莱特公园（见图 7–15），由号称解构主义大师的法国建筑师伯纳德·屈米设计，充分体现了他的解构主义设计理念。屈米打破了一切原有秩序和构图原则，首先从中性的数学构成或理想的拓扑构成（网格的、线条的或同中心的系统等）着手，设计出三个自律性的抽象系统——点、线、面，即每隔 120m 建成一个红色构筑物，科学工业城、音乐城等作为一个个“点”；轴线、漫步流线的道路系统是“线”；点线相交构成“面”，形成公园的整体骨架，点、线、面元素的分解组合、穿插重叠、巧妙连接形成了新的秩序和完整体系。

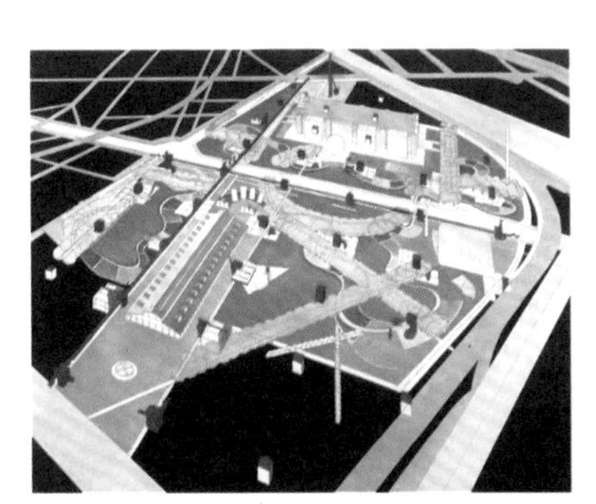

图 7–15　拉·维莱特公园

（二）大地艺术

大地艺术起源于美国，是一种通常在荒漠、海滩等大尺度的场地上进行创作的艺术。巨大的尺度足以改变地表的形态，因此大地艺术的创作一般都远离城市等人群密集的地方，通过呼吸自然界的自由气息来获得艺术灵感，表达出恢宏壮观的感觉，具有强烈的视觉冲击效果。

在大地艺术诞生时，艺术家的追求是远离世俗去寻找纯粹的、干净的艺术土壤。在这一艺术形式取得了一定影响力后，它又回归到大众视野里，并被大众接受，在园林设计领域里也取得了巨大的影响力。首先，大地艺术带动了现代园林景观设计中艺术化地形的塑造，丰富了传统的地形设计形式，不仅仅局限于中国传统的“道法自然”式设计和西方古典园林的“人定胜天”式设计。其次，大地艺术让园林设计师们从更多的角度去认识和组织自然素材，大地艺术对自然材料的运用具有旺盛的生命力，粗犷的石材、土等都能形成惊人的艺术品，在园林中可以从新的角度来看这些自然材料的运用。最后，大地艺术开辟了对工业废弃地景观设计的新思路，大地艺术最初的创作场地通常是荒无人烟的，就像工业废弃地的主题，低影响的大地艺术设计既不会干预废弃地的生态恢复，又能形成良好的景观效果。

大地艺术的设计实践在如今已经有很多。荷兰 Buitenschot 大地艺术公园（见图 7–16）是一个具有降噪功能的休闲公园，能够降低附近机场带来的噪声，同时也提供了活动空间，流畅的线条以及茂盛生长的植被勾勒出宏伟的大地肌理，一个个活动场地串联起了景观细部。美国设计师查尔斯·詹克斯设计的“细胞生活”景观（见图 7–17）是由八个景观地貌与四个湖泊以及连通它们的长堤组成的大地景观雕塑，用抽象的方式体现细胞的有丝分裂、细胞膜与细胞核的关系，是具有科普意义的大地艺术景观。荷兰的 Biesbosch 博物馆岛（见图 7–18）上，新老博物馆建筑被大地景观环绕，也被长满草的屋顶所覆盖，屋顶增加了该地区的生态价值，可以将其称为大地艺术的雕塑。

图 7–16　Buitenschot 大地艺术公园

图 7–17　“细胞生活”景观

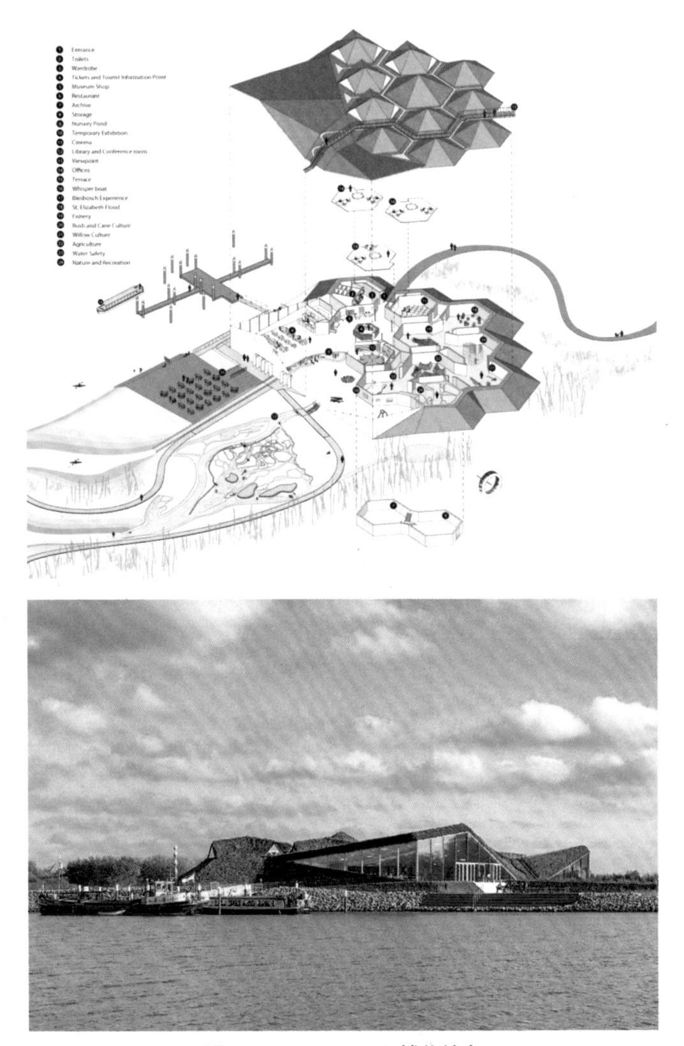

图 7–18　Biesbosch 博物馆岛

（三）极简主义

极简主义最初诞生于 20 世纪 60 年代美国的绘画艺术，后来影响到雕塑等其他艺术。极简主义是一种非具象、非情感的艺术，主张艺术是“无个性的呈现”。极简艺术家追求形式的纯粹抽象、客体无特征的艺术逻辑，后来发展成一种非绘画性抽象艺术。

在园林设计中，不少设计师与极简主义艺术家一样，在形式上追求极度简化。其主要特征有：非人格化、客观化，表现的只是一个存在的物体，而非精神；形式简约、明晰，多用简单的几何形体；颜色尽量简化，作品中一般只出现一两种颜色或是只用黑白灰色，色彩均匀平整；使用工业材料，如不锈钢、铝、玻璃等，在审美趣味上具有工业文明的时代感；在构成中强调整体，重复、系列化地摆放物体单元，没有变化或对立统一，排列方式或依等距离或按代数、几何倍数关系递进。

当代园林景观设计师中最具代表性的极简主义设计师是彼得·沃克（Peter Walker）。19 世纪 60 年代末，沃克开始对极简主义园林设计进行研究和实践，随之成为一种日趋成熟的风格，他的园林作品在构图上强调几何和秩序，多用简单的几何图形，如圆、椭圆、正方、三角或者这类几何图形的重复，以及不同几何系统之间的交叉和重复，表达了工业构造物的冷酷、神秘和简洁的现代景观。彼得·沃克在极简主义景观设计上做了许多实践，知名的有斯坦福大学詹姆斯·H. 克拉克中心（见图 7–19）、得克萨斯州伯纳特公园、哈佛大学泰纳喷泉、慕尼黑机场凯宾斯基酒店的景观设计等等。

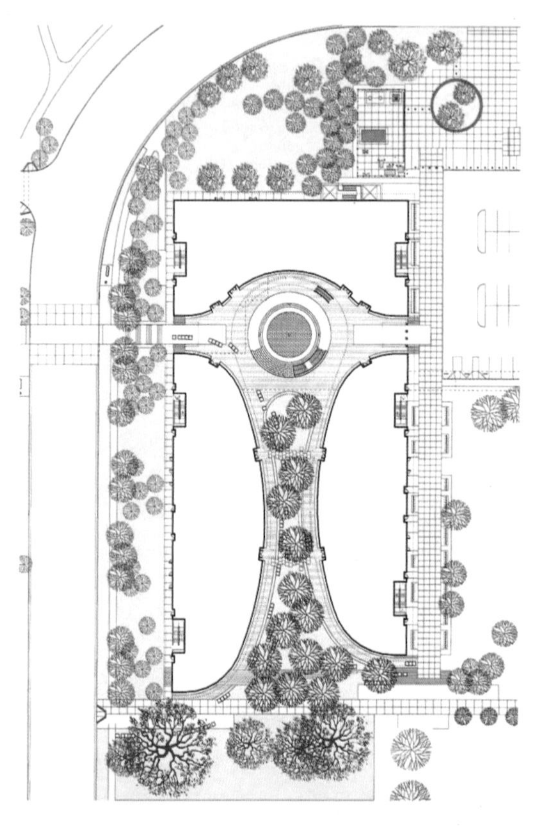

图 7–19　斯坦福大学詹姆斯·H. 克拉克中心

（四）波普艺术

波普艺术（Popular Art）诞生于20世纪50年代的英国，却在20世纪60年代的美国开始发展。波普艺术给人的第一印象就是具有强烈的视觉冲击效果，让人联想到商业的拼贴海报、广告，具有符号性极强、色彩艳丽的特色。波普艺术具有反叛的特征，直接针对20世纪四五十年代美国抽象表现主义绘画“统领天下”，主导欧美画坛做出的回应与反叛。波普艺术家倾向运用艳丽的色彩，如红、黄、蓝、紫等的直接应用，给人以夸张的视觉效果，吸引人们的注意力，使作品成为哗众取宠的流行艺术。比如利用生活中的常见物品如汉堡、钥匙、剥了皮的香蕉，通过缩放比例、改变材质等手法制造成大型的公共雕塑，放置在城市中心广场中，从而赋予了这种新型雕塑别样的内涵，使之具有了标志物性质，具有特别的趣味。而且，从设计上来说，波普艺术风格并不是一种固定的、具有一致性的风格，而是多种艺术混合的风格。波普艺术讲究大众化、通俗的趣味性，对现代主义的清高嗤之以鼻，设计中强调独特和创新，运用高纯度的艳丽色彩，可以说是一种形式主义的设计风格。

受波普艺术影响的园林设计师，具有代表性的是美国的玛莎·施瓦茨（Martha Schwartz）。她具有学习艺术的背景经历，因此在园林设计中也具有创新和反叛的精神，在她的园林作品里也能看到波普艺术的影响。例如，她设计的亚特兰大里约购物中心广场（Rio Shopping Center Plaza）（见图7-20）、怀特海德学院拼合园（Whitehead Institute Splice Garden）等等，都具有波普艺术的趣味。

图7-20 亚特兰大里约购物中心广场

二、构成艺术的基本组成要素与园林

构成艺术的基本要素具体可分为点、线、面和色彩，而构成艺术的原理主要就是将这四种要素依据形式美的法则进行创造性组合。而在园林设计中，平面构成艺术的应用主要就是将点、线、面等概念性的要素进行物化，将其转变为具体的园林景观设计要素，以下从点、线、面和色彩四个要素论述构成艺术与园林的关系。

（一）点

在构成艺术中，点是最基础的要素，也是最小的形象，点在园林中是相对而言的，没有大小的限制，也能作为在空间的标定位置。树林里的一朵小花可以是一个点，广场上的一盏灯可以看作一个点，一座雕塑在整个园林里也可以看作一个点，点的体量都是相对整体区域而言，所以点在园林中是相对的。

第一，点可以在空间中界定位置或是来标示一个范围。比如园林中的标志性物体就是这样的点状参照物，可以是一个具有形状的简单构筑物，或者仅仅只是一个路边的标识，简而言之就是具有区别于周围其他参照物的突出元素。标志性的物体常被作为确认信息的线索，在园林中这样的景物是必不可少的，设置标志物对园林的游览引导具有重要作用。第二，小的景物可以作为一个点参与布景的构图。单独的景物可以看作一个点来参与整体的构图，比如一棵造型独特的孤植树在疏林草地上就是一个点，可以作为游人游览时的一个观赏焦点。第三，点还可以是两个线型空间的交叉点。在园林中可以标志园林空间的转交或者两端，也可以是空间的交叉点，比如道路的交叉口、道路尽头的休息廊亭都是点的体现。

（二）线

简单地说，线就是点在一个方向上的延伸。在几何意义上的线是只有长度和位置的，而园林中的线则具有宽度、色彩等变化。在园林景观设计中具备着线状性的景观要素被称为线基本要素，而不同形状的线基本要素具备着不同的个性，例如水平线具有禁止感与稳定感，而垂线具有端正以及严肃之感等。线还有直线和曲线之分，在这两种基础之上还可以形成折线、波浪线等复杂的线型，不同的线型形成的视觉效果是不一样的。在园林中线的视觉效果取决于两个因素。一是线的长宽比，长宽比越大，线的视觉效果越强。二是连续的程度，不断连续的元素越密集产生的线性效果就越强。

在园林中线的主要作用有三种。第一，作为联系和连接的作用。最常见的道路、廊道都是线性空间，具有交通功能，具有导向、疏通人流作用。第二，作为边界作用。比如园林中水体的驳岸、公园的围墙，是硬质的边界，是具有限定空间作用的边界线。第三，具有装饰和表述作用。比如平面铺装样式的线性分割，这类线条确定了面和体的轮廓，并给面、体和空间以确定的形状。还有各类线型的构筑小品等等，这类线型元素在园林中最为常见。另外，还有一类抽象的线型，难以具体确定类别。比如园林的天际线，可以让人从远处观看园林整体和周围环境的结合效果。还有园林中的轴线，轴线是一条抽象的控制线，其他各要素均参照此线在其两侧做对称式的安排。有时，园林景观设计师为获得对某景物的观赏而在设计中常常考虑保留一条视觉通道。这时，视线的控制作用并不要求其他要素做对称式布局，园林中的对景形成的是一条视线轴。

（三）面

面是由线条围合形成在二维空间上的视觉感受。面不同于其他类型的视觉因素，是一种封闭式形态，通常都是由形状来进行确定。在园林景观设计中，面是应用最为广泛的一种造型要素，园林中的面具有限定空间和展示的作用。

第一，园林空间类型的变化很大程度是依靠于“面”的处理。排列成行的树可以形成一个竖直的面，通过控制树木种植的间距可以使这个面产生虚实的不同；高挑的树枝能形成一个顶平面，从而形成更封闭的空间。地表面的处理则更为复杂和重要，不同材质的表面可以在其上形成不同性质的空间，草坪、铺装、水面都是完全不一样的材质面，在空间、功能、视觉感觉上也都是完全不同的。面的透明度也可以有变化，廊架顶面、玻璃能界定一定程度透明的面，能够适度地限定外部空间。第二，作为一种功能，平面还可理解为一种媒介，用于展示，如肌理或颜色的应用。面甚至能作为展示面，平静的水面倒影就是一个典型的例子，还有，一些建筑物用水平的平面能达到特殊的效果，如用平行的平屋顶来突出地平面，一些摩天大楼的垂直面上，透明的玻璃幕墙能够映射天空或周围的建筑物。

（四）色彩

园林的设计离不开色彩的运用，色彩是节奏表达的重要方面，通过色彩可以表达丰富的情感。在设计时，色彩的存在能够跨越视域，是创作极好的载体。在园林设计中，色彩是最容易创造气氛的活跃因素。此外，在应用色彩元素时，要注意色彩的立体结构、变化特征及与周边环境是否协调，为参观者提供多层次的景观。

色彩在园林设计中具体应用于三个方面。第一，作为背景。用自然的色彩要素作为背景是园林设计的一大特点，最常见的就是成片树木形成的绿色色调作为背景颜色。充当背景色的重要条件是能够拉开与近处事物的层次感，加强整体环境的色彩多样性。除了自然的颜色，硬质的人工色彩也经常作为背景。第二，作为主体支配颜色。景观中视觉焦点所具备的色彩可作为支配色，另一种情况是色彩成分在环境中所占比例较大也可成为支配色，支配色起到决定环境的基调和氛围的作用。第三，作为辅助颜色。除了背景色和支配色，其他的色彩都是起到辅助这两者的作用，作为两者之间的过渡色。例如，园林植物中通常情况下是以色彩丰富的花灌木来充当这个角色。

三、形式美法则与园林

在长期的现代艺术实践中，人们对现实中许多美的事物形式特征进行了概括和总结，称为形式美法则。形式美法则包括了多样与统一、对称与均衡、对比与调和、比例与尺度、抽象与具象、节奏与韵律等。构成艺术从其产生的时候便对景观设计关于形式美的追求产生了暗示，它引导着景观设计师依靠多样、统一、均衡、调和、比例、节奏、韵律等多种手法追寻景观在形态和空间上的潜在特质。园林设计在满足社会功能、符合自然规律、遵循生态原则的同时，还必须遵守美学的基本法则——形式美法则。

（一）多样、统一法则

多样与统一法则是形式美法则中最为基本的规律，二者是对立且互相依存的存在。在设计中不论平面上的布置，还是三维空间上的布置，都要遵照这个规律。多样和统一的法则保证了一个整体的协调感，在多种元素聚集到一起的时候能控制统一的整体感，同时多种元素的运用不会让整体看起来平铺直叙，显得单调无趣。

在园林中，多样性指的是园林要素的差异性。多样性决定了园林景观的层次变化性，要保持游人对景观的观赏兴趣需要设置具有多样性的景观，才不会让人觉得单调、乏味。早在 19 世纪，园林设计师汉弗莱·雷普顿就认为，园林的必要属性包括了复杂性和多样性。在园林的设计中，多样性的表现途径可以体现在方方面面，比如景物线条的多样化、园林色彩的多样化、材质肌理的多样化等。但在园林设计时多样性往往不只是通过某一种途径体现的，而经常是由不同途径的综合使用来实现。景观中缺少多样性会使景观显得单调乏味，但过于多样则会在视觉上产生混乱而无法保持统一，因此要按照适度原则把握好其中各要素之间的关系。统一性涉及的是景观的整体与部分的关系，寻求整体与局部、局部与局部间多种元素的平衡与和谐。景观设计需要考虑景观与周围环境的关系，通常原生态景观中的自然要素相互关联，具有很好的统一性。从局部到整体都要讲求统一，但是只讲统一就会给人以呆板、乏味的感觉，而变化能给人带来刺激，打破单调。所以我们要在园林设计时做到在统一中求变化，在变化中求统一。

（二）对称、均衡法则

对称和均衡在设计领域是运用最普遍的形式美规律。对称是指一个均等的体块，以中轴线为界线划分成上下或者左右相同的两部分，在形态、体量上达到均等的分布。对称是一种稳定平衡的感受，能让人感受到具有秩序、庄严、理性之美，对称给人带来的视觉感受在生活中是最符合日常习惯的。

在园林中，对称的设计形式能形成一种庄重、平衡、稳定的心理感受，中国古代的园林建筑最能体现这一心理感受，不论是江南私家园林中的亭台楼阁，或是皇家园林中的宫殿，还有寺庙、宝塔等，都遵守了“对称”这一美学规律。以故宫为例，从整体的布局，到单体宫殿的造型，再到内部空间的安排及装饰风格，均不同程度地融入了中式建筑的传统对称美学。西方的规则式园林更是把“对称”这一规律运用到了极致，法国凡尔赛宫就是典型代表，设计者勒·诺特尔的设计突出体现了“强迫自然接受匀称法则”的规则式设计理念，园林主题的配合在构图上呈几何体形式，在平面规划上多依据一个中轴线，在整体布局中为前后左右对称。植物配置多采用对称式，株、行距明显均齐，大规模地将成排的树木或高大的林荫树用在小路两侧，加强了线性透视的感染力。

均衡是指造型的分布不相等，但是在体积、重量上大致相当的一种等量的设计布局形式。均衡就好像力学平衡原理，但是在视觉效果上是截然不同的。相对而言，均衡显得更为活泼、跳跃，并不会显得呆板，在形式上不会做到相同。例如，日本的龙安寺枯山水庭园，散落布置的石块和象征小桥的条石，通过在体积、位置、疏密上的安排布置来达到均衡。在园林中，还包括了各类元素相对数量所占的比例不同而形成的均衡的视觉效果。每种元素都在形状、颜色、纹理等方面有各自的视觉强度，它们之间需要相互平衡，避免某一元素所占比例过多，从而失去均衡感。在景观要素组合中，应用均衡时需注意的是，首先要明确视线的中心，如广场上、道路上、道路的端头或拐角处、休息点等；其次要考虑到景物在视觉上的重量感和远近感。例如，用一个视觉重量强的小要素来抵消视觉重量弱的大要素可以使景观达到均衡。视觉的重量感可以由景物的大小、材质、色彩等来体现。

（三）对比、调和法则

对比是强调事物的相互对立的差异性，对比存在于相同或相异的性质之间，也就是把相对的两要素互相比较之下，产生明暗、远近、大小、疏密、轻重等对比。差异程度较小的表现称为调和，调和使彼此和谐，指适合、舒适、安定等近似性的强调，使两种或两种以上的元素相互具有相似性。对比与调和是相辅相成的，对比强调了个性，调和则强调了事物的相似因素。对比与调和也就是美学上的“统一中求变化，变化中求统一”，是一种矛盾对立的存在。

对比法则是在园林设计中产生变化的一种重要手段，可以利用相互之间的衬托来表现出各自特点，使园林景观变得生动活泼、具有个性，传达出强烈的表现力。而调和则能使不同的园林要素拉近彼此关系，借助相互之间的共同性而产生单纯感。在园林设计中，对比与调和都是不可缺少的。对比可以使景观效果丰富起来，从而引起人们的注意力以及触动人们的强烈情感；调和追求的是各个要素之间的相同性，但如果过于强调调和而忽视对比，就会造成景观上的单一，平淡无味。因此，掌握对比与调和之间的尺度关系，是涉及设计好坏的关键。一般情况下，园林设计中对比与调和还可以体现在形态、体量、方向、造型和空间、色彩、质感等方面。

（四）节奏、韵律法则

节奏与韵律来自音乐，在艺术设计中，也可以产生音乐般动听的旋律。节奏在艺术中是为了形成一种律动感，按照一定的秩序排列进行连续地重复。节奏是指不同元素有规律地运动变化能引起人的视觉感受，形式上可以有高低、长短的构成，而韵律是基于节奏进行有规律的、和谐的变化，二者结合，构成了一种有秩序且富有变化的美感。节奏是韵律形式的纯化，韵律是节奏形式的深化，节奏富于理性，而韵律则富有感性。

在园林设计中，使用节奏与韵律的规律，能产生具有趣味的视觉效果，而且这种规律还具有功能作用，有秩序地运用这种规律能产生诱导作用，在园林中能作为视觉引导功能的设计手法。设计师既要遵循节奏和韵律的规律，又要结合实际环境需要恰当地控制好连续中的停顿、韵律中的节奏。一般情况下，在园林设计中能够运用到的韵律表现形式有重复的韵律、间隔的韵律、渐变的韵律、起伏与曲折的韵律等。重复是最为简单的韵律形成方式，是由同种元素连续以等距的形式出现。交错的韵律是指由两种或两种以上的元素交替出现的构成形式。渐变的韵律是指两种元素中，一种元素与另一种元素之间发生渐变的韵律感，具有运动的节奏感，而且有引导视线的作用。渐变的韵律还有体积渐变、色彩渐变等形式。起伏与曲折的韵律是指构成要素进行较有规律的起伏或曲折变化时产生的动态感，园林环境通过处理高差形成的变化、植物的高度变化等都可以形成这种韵律。

（五）比例、尺度法则

比例和尺度都是关于尺寸的问题，但二者是不同的概念，比例是物体与物体或者物体与局部的比值关系，尺度则是人与物体的尺寸关系。

比例是各种物体之间或者整体与局部的相对度量关系，是物与物相比，和谐宜人的比例关系可以引发美感。“黄金分割比”是在艺术设计中最经典的比例分配法则，要求比例为 1∶0.618，在园林立面、平面的设计上经常可以用到这种比例分割法。还有“三分法则”，以 1/3 或者 2/3 的比例来区分处理，英国设计师汉弗莱·雷普顿曾用三分法则将树和开敞空间分成恰当的比例，以此来达到视觉的和谐美。在园林中，比例的关系都是相对而言的，都是具有参照物的比例。除此之外，其他因素也会影响比例的确定，比如环境的材质、色彩、光线等等，要结合实际情况进行分析确定，才能达到舒适的比例关系。

尺度是从人的角度出发，是人与物体的尺寸形成的比例关系。尺度与园林景观的功能效用是分不开的。无论设计什么形式的园林，都必须与人的心理、生理特点相适应，不应只从单纯的比例美的因素来设计它们的尺寸。在设计人使用的景观构筑物时，要参考人体工程学的常识，才能达到基本使用功能的满足。可以说，尺度是园林物质功能体现的关键。不同的尺度关系给人的心理感受是完全不一样的，尺度的把握在园林设计中是至关重要的，营造符合游人心理需求的尺度关系，不仅能在视觉上产生美感，也能为人们提供良好的公共服务，从而成为一个优秀的园林设计作品。

第三节　园林画境设计途径

一、传统绘画角度

在中国古典园林中，以体现艺术美的园林营造来看，往往会借鉴中国传统绘画，尤其是自然山水画。通过山水画画论入园，在园林立意、空间布局上都体现出以画构园，借用画论中的手法来组织和安排各园林要素。在中国古典园林中，营造园林画境通常以传统绘画画理为途径，以求构成如画的景观，表达如诗的意境。著名画家谢赫的“六法论”详细地论述了绘画创作的标准和美学原则，它不仅对平面绘画艺术具有理论指导作用，而且对三维立体的园林艺术也有积极的借鉴和指导意义。以下从传统画论代表理论“六法论”的角度，来研究在现代园林景观中具有画境效果的景观设计方法。

（一）气韵生动

谢赫的“六法论”是一个相互联系的整体，而“气韵生动”，则是绘画作品的总体纲领，是绘画中的最高境界。“气韵生动”指的是作者在清楚地认识自然事物，把握客观规律后所产生的高屋建瓴的一种主观感受。换句话说，气韵可以理解为一个作品从物质层面到精神层面的升华，是一种对意境的追求。王世襄在《中国画论研究》中说：“任何门类之绘画，只须发展至最高境界，皆当有气韵生动。”更说明了绘画中气韵生动的重要。

与中国传统的诗词绘画艺术相比，园林设计是更为综合的艺术，是作为三维空间的艺术创作，探讨“气韵”的园林画境设计途径，应该从园林景观各个要素的寓意，以及它们之间相互联系的角度出发。要创作出一个具有“气韵”的园林作品，需要做全面的设计，从创作立意上要做到提纲挈领，场地设计上做到因地制宜，即从园林的主题和立意上为作品打好基调，再通过各个具有寓意的园林要素的组合，从而使其产生生命力。“气韵”是将一切的情感和园林联系到一起的纽带。

在中国古典园林中，文人园林大多有鲜明的主题，造园都有明确的立意。以古典私家园林为例，造园主题往往以退隐江湖、归隐田园居多，例如表达江湖归隐之情的沧浪亭、网师园，表达归隐田园的拙政园、艺圃、耦园等；也有以知足常乐、随遇而安的传统中庸思想为主题的私家园林，例如取名自杜甫诗句“香稻啄余鹦鹉粒”的残粒园，还有曲园、半园、芥子园等；以血缘为纽带，娱老、怡亲、祭祖、寄傲、养志的有苏州怡老园、上海的豫园、明代王世贞的离园等；还有抒发方外之情、尘外之意的弇州园、壶园、壶隐园等。

现代园林不像古典园林那般受到限制，随着时代发展，社会思想也在发生转变，园林的尺度、种类大大增加了，园林不再是古代私人享用的游乐之地，而是成为普通百姓的园林，大众皆可享用，不仅仅是在城市中，乡村郊野都可以见到园林设计作品。园林的要素也不再仅仅局限于山石、植物、水体等，现代各式各样的造景材料都可运用在园林之中。当然，园林作品的立意和主题也变得更加的丰富多样，根据不同园林所处的地域、文化，所营造出来的园林“气韵”也各不相同。因此，具有“气韵”的园林设计途径，可以从凸显园林立意和主题层面来考虑（见表 7–1）。例如杭州的曲院风荷，以观赏荷花为该园林的主题，荷文化是曲院风荷的精神所在，其赏荷的历史颇为悠久，从历史文化和诗情画意的角度出发，荷花即是其“气韵”所在。而除了从历史文化、地域特色等传统角度进行园林的立意，目前还有从功能角度、环境生态角度等出发，为园林景观设计立意。现在城市中的各类专门公园，如儿童公园、体育公园等，是从功能角度，也可以说是从服务人群角度出发，而设定的园林主题；而从环境生态角度出发，现代的园林设计项目也是层出不穷，例如著名园林设计师俞孔坚的作品——哈尔滨群力雨洪公园（见图 7–21），是以实现城市绿地的综合生态系统服务功能为主题创作的园林设计作品。

图 7-21　哈尔滨群力雨洪公园

表 7-1　“气韵生动”层面的园林画境设计途径

园林立意与主题确定	园林画境设计途径
功能角度	园林设计最基本的目的就是要实现园林的基本功能，从功能出发进行主题立意。如园林最基本的生态功能，园林具有净化空气、水体和土壤的作用，可以改善环境，为人们提供良好的生活环境。还可以从美化城市、休憩娱乐、康体疗养、物质生产等功能角度进行主题立意
自然资源角度	从自然资源的角度进行主题立意，如植被、地形、气候、动物等等，强调当地独特的自然景观
文化角度	从历史文化和民俗文化出发立意，利用历史文化的地域性与教育性等特征，进行继承与创新，同时结合地域特色，如当地的民俗习惯，以及当地社会经济、政治、文化以及人们的生活需求和生活方式，进而进行主题立意
工艺技术角度	工艺技术是设计园林的重要保障，在园林建造的工艺上达到创新，能为园林设计带来令人瞩目的设计效果，从而丰富园林内容，还可以打造新时代的园林形象，展示科学技术发展带来的变化

（二）骨法用笔

六法论的第二论——骨法用笔，指的是绘画里用笔之理，用笔的好坏关系到整张画的神韵。就是要求绘画中塑造不同的形象时要有不同的用笔，画轻的东西时，用笔顺畅轻快；画重的东西，用笔沉着稳重。线条是中国画的基本构成，运笔画线的轻重变化、抑扬顿挫、快慢节奏、组织穿插和用笔粗细的不同，甚至笔墨的浓淡、干湿，都反映出当时作者的作画情感、创作激情，或者是人生感悟。笔法不仅仅是描绘而已，更是作者对于作画工具充分掌握之后，结合表现对象和自我的充分自由表现。运用线条的水平可以反映出一个艺术家的内涵、修养和境界。

在园林设计，尤其是在中国古典园林营造中，“骨法用笔”也有深刻的应用。首先，造园者在设计园林之初，对场地的设计意图要有“骨”的感觉，这种“骨”在绘画中就是用画笔勾勒出画中人物或者自然景物的整体结构，而园林中则是要对客观条件认识清晰、对自然条件掌握之后，提炼其场地的自然之美，形成能感受到的“骨”，再结合造园者的情感态度，而后定下园林的整体布局。在中国优秀古典园林中，整体布局往往没有轴线，然而布局结构、空间序列依然能做到具有丰富变化的节奏感和井井有条的整体感，这就是“骨法”在园林中的表现。

其次，具体到园林设计的方法中，也有“骨法用笔”的讲究。山水画用笔的手法被归纳为五种:“勾”“皴”“擦”“染”“点”。这五种绘画技法反映到园林之中，可提炼出四种审美特征——线条美、质感美、细节美、明暗美。

1. 线条美

“勾”是指用线条勾出所画物体的轮廓，用线条确定物体的骨架和明确物体的结构，山水画中常用于山石的外轮廓勾勒。而在古典园林中，也注重景物边缘的勾勒，园林的山石需要考量的轮廓不只是从单一的角度，绘画的勾勒手法也变成了多角度、连续性的园林营造方式。造园者设计时将单独石块置于一处，使边缘线完整独立；而将多块石块堆叠时，边缘线相互交错，形成错落的轮廓线；又或者山石与起伏的地形结合，产生刚柔交错的线条。这些不同的组合方式，营造出丰富多样的线条美，趣味十足。

2. 质感美

“皴”是在勾出基本轮廓以后，用不同形态的线、面进一步画出形态的起伏变化和肌理质感。这种技法主要用于提炼山石的表面质感。引用“皴”这一技法，在古典园林中，假山的堆叠往往也选择表面粗糙、纹理纵横、凹凸不平或是漏透的石块，以此来体现假山的质感美。在堆叠方法上也遵循“皴法”原理，如假山堆叠方法中的“拼掇法”取自“斧劈皴”，“随致乱掇”取自“折带皴”，“压掇法”取自“披麻皴”等。“擦”是在皴的基础上，对笔墨的浓淡进行调整，墨浓时用干毛笔进行擦拭减少堵塞感，墨淡时则擦笔增加皴纹的细节，从而形成更为厚重、有层次的山水效果。园林设计并不能像作画一般，后期再进行大幅的调整，而是在前期选取造景材料时就考虑到堆叠的效果。以石材为例，古典园林中挑选的石材有湖石、黄石、青石等，不同石材的材质肌理有不同的效果，选取石材后再在园中运用“皴法”配置成假山，这也体现了园林中材质的质感美。

3. 细节美

“点”即点苔，在中国画中运笔点草苔，以此来表现地面的花卉、小草或者更细微的青苔，也有可能用于表现远处的树木植株。反映在园林中，在视线焦点中种植小体量的植物或者设置园林小品，在整个园林里能起到画龙点睛的作用，可理解为对细节的修饰，体现出细节美。

4. 明暗美

“染”是在皴、擦、点的基础上，用浓淡不同的画笔笔触画出物体的明暗和黑白色彩特征。在园林中，一天中随着时间变化，园林中光线的角度会发生推移，园中各种景物也会产生不同的光影效果。造园者在设计园林时，要对园林要素个体或组合的明暗关系进行推敲，确保不同的时间中，产生不同的光影效果，这体现了园林中的明暗美。

由此可知，“骨法用笔”这一理论在古典园林中有以上四种审美特征的呈现，因此，探讨园林画境设计途径可以从山水画的五种运笔技法所形成的四种审美特征进行讨论（见表 7–2）。

表 7–2 “骨法用笔”层面的园林画境设计途径

审美特征	园林画境设计途径
线条美	①采用轮廓线、表面质感各异的山石，单独放置或者组团配置，形成不同的线条组合 ②水体运用山石塑造成曲折蜿蜒的驳岸，使驳岸线型呈现犬牙交错的效果 ③注重建筑的轮廓线、天际线，与整体园林的搭配要有韵律变化，同时整体和谐 ④曲廊的线型要做到流畅，可弯曲、可转折 ⑤水面上的折桥做成“之”字形的弯折形式 ⑥道路线型做到自然流畅，忌直线
质感美	①选用不同材料的山石塑造石景，反映不同的质感美 ②增加流动的水体，比如瀑布、跌水，形成活水，打破水面的单一质感 ③建筑贴面、道路铺装等运用不同的铺装材质，可形成不同的整体质感美
细节美	①在假山上置石或在其周边点缀植物，以青苔、草皮为主，增添山石的自然之趣 ②通过放置盆景，作为景观的点缀
明暗美	①塑造假山时，调整山石的形态、注意垒叠的方式、改变石块的方向，营造一个立体化的假山，使整个假山的光影层次饱满、变化丰富 ②选用高大且形态各异的树木，能产生不同的树影效果

（三）应物象形

谢赫“六法论”的第三论是“应物象形”，指的是绘画中，画家对所要描绘的对象进行深入研究，物体总是存在着形状、体量、颜色等区别，应对于所描绘物体的外在有深刻的了解，从而在绘画时做到对描绘对象的形似。绘画的表现是对自然事物的“再次表现”，但是画中的艺术形象与实物是有所不同的。“应物象形”不是说对客体事物的完全临摹，绘画是一种精神活动，有着主观的思想性，作者需要运用自己的思想去描绘更为理想的形象，以此来表达自己的主观情感。在南北朝时代，画家已经对绘画中描绘的对象做到了有现实的真实性，作为“气韵生动”和“骨法用笔”之后的第三论，又说明了当时的画家已经十分注重外在形态和精神内涵的关系，除了描绘出形似的物体，还要上升到艺术境界。直到今天，虽然产生了许多不同的艺术观念，五花八门，但是“应物象形”这一艺术原则还是具有一定的指导作用，而且，在园林设计中也有着重要的体现。

从“应物象形”的角度探讨园林画境的设计途径，首先是从园林要素的意向来源来看。南朝宋画家宗炳说“以形写形，以色貌色”，就是说要以自然山水的真实样貌为依据，来描绘画面上的山水之景。中国古典园林的设计灵感几乎都来自自然山水，通过“小中见大”的艺术表现手法，将自然山水提炼出来，在有限的范围内，表现出“多方胜境，咫尺山林”的艺术效果。园林中的要素以自然山水为题材，园林建筑、山石、水体、植物等，要以自然山水为参照，通过提炼、结合主题等，来选定园林要素具体的材料、造型。当然这并不限定于古典园林中通常使用的园林材料，如古典园林堆叠假山常用的太湖石、黄石等，现代的材料一样能表现自然山水的画境，只要意图抽象地表现自然山水的画面即可。例如贝聿铭先生设计的苏州博物馆（见图 7-22），在庭院中采用了片石假山的现代做法，同样是来自于自然山水的意向。

图 7-22　苏州博物馆庭院假山

其次，“应物象形”在园林中也反映了景物大小、造型、尺度和比例问题。在江南私家园林中，叠山理水的造景灵感源自真山真水，通过比例的缩放和抽象的比拟，达到小中见大的效果。此外，还有园林要素之间尺度的问题。园林是动态的艺术，随着时间变化，园内的景物之间比例也会发生变化，园林建设刚完成时的树木花卉与其他园林要素的比例搭配得当，但是多年之后，其他硬质要素不变，而树木长大，相互之间的比例就会失调，失去原有的美感。因此，除了要考虑园林要素的来源，园林画境的设计还要注重园林要素之间的大小、造型、尺度和比例问题。根据园林建设的用地、目的、自然条件等不同，在比例尺度上的处理也是完全不同的。例如，皇家园林中的颐和园和私家园林的留园相比，二者的规模大小、立地条件都不一样，在尺度上的处理也各有特点。颐和园中皇家建筑群立，且依山而建、水面开阔，甚至其中还有园中园，大中有小，小中见大，表现出气势雄伟的皇家风格；而苏州留园的面积仅颐和园的百分之一不到，园中山小、水少、建筑少，却布局有致，比例尺度合理，也营造出了小中见大的效果。一般来说，大尺度给人以雄伟壮观之感，正常尺度给人以自然亲切之感，而小尺度则给人以小巧玲珑、富于情趣之感。

由上可知，“应物象形”层面的园林画境设计途径可以从园林要素的题材和比例、尺度的角度进行探讨（见表 7-3）。

表 7-3 “应物象形”层面的园林画境设计途径

园林要素的特征	园林画境设计途径
题材	园林中的要素以自然山水为题材，通过提炼自然山水，结合园林主题，来确定园林要素具体的材料、造型
比例	控制园林要素之间的比例关系，以动态的角度考虑园林要素之间的比例变化，及时调整控制以达到适宜的比例
尺度	园林要素的尺度控制要做到因地制宜、以人为本，在不同风格的园林中和具体空间环境下，做到适宜的尺度选择
造型	模仿自然，山石水体的造型讲究“虽由人作，宛自天开”的艺术效果

（四）随类赋彩

“随类赋彩”是说绘画中的上色，根据不同类型的对象赋予其不同的色彩。苏轼曾说：“画有六法，赋彩拂澹，其一也，工尤难之”，意思就是“赋彩”是一种绘画方法，而且是难度较大的。“随类”和“赋彩”可以理解为两个步骤：首先，画家认识所要表现物体的色彩，称为“随类”，然后用色彩来创造画面中的形象，称为“赋彩”。谢赫提出这一原则是对前人作画经验的总结，而随着时代的变化和发展，后人对“随类赋彩”这一原则增加了不同的理解。“随”，这里指绘画者在认识客观对象的本体色彩过程中采用的认识手段，与“应物象形”中的“应物”有所相似，“随类”是深刻掌握客体的自然规律。而“赋彩”的“赋”则更蕴含了绘画者的创作思想，具有很强的主观能动作用，并不是简单地用照葫芦画瓢的方式进行上色。所以，“随类赋彩”应当是一种达到精神思想高度的艺术创作原则，而不是像“取色就彩”这般只是对物体进行复制粘贴。

在园林中同样也有“随类赋彩”的应用，画家作画上色用颜料，园林设计师造园用园林材料，二者的审美原则有相通之处。园林设计师设计园林时，首先要对客观条件有清楚的认识，然后通过对园林整体到细部独具匠心的色彩运用，做出主观安排，这与“随类赋彩”有异曲同工的道理。而具体到园林的色彩使用方面，主要体现在不同园林要素的颜色搭配，不同的园林要素有其不同的色彩搭配，从而形成丰富多彩、风格不一的园林景观。因此，可以从不同园林要素的角度出发，探讨园林色彩搭配的设计，从而得出“随类赋彩”角度的园林画境设计途径。

在中国传统园林中，色彩首先来自自然的灵感，原生的自然色彩是最容易被人接受的。中国传统园林追求“师法自然，融于自然”的艺术效果，在园林色彩上也是做到了对自然色彩的充分应用。对人而言，自然原生的色彩相比人工调制的色彩来说，更具有亲和力，人们对大自然的渴求更加强了对自然元素的追求，因此大自然的色彩对人是具有强大吸引力的。自然中的色彩例如草地的浅绿色、大海的蓝色、岩石的各类颜色等等，这些都具有强烈的自然气息，同时能满足人们对自然审美的需求。而在园林设计之中，园林的树木、水体等自然元素的色彩正是园林中的底色，园林的色彩是以自然的色彩作为基底的。这种自然底色能够衬托出园林中的建筑、小品等人工构筑物的人工色彩，两者相互交融，相辅相成，才能形成园林独有的色彩氛围。尊重自然生态的特点，掌握好自然的色彩之美，应该是园林画境景观的追求之一。

其次，在园林画境景观设计中，需要考虑色彩的文化性。色彩的文化内涵包括了色彩的地域性、历史性、思想性等等，在不同的地域、历史背景、思想文化中孕育了不一样的园林，园林的色彩也因此具有了独特的文化性。传统的南方私家园林和北方皇家园林在园林色彩上就有许多不同之处，两种园林的色彩风格包含了不同的思想、地域特色。南北方园林的色彩风格受到了两个因素的影响，一是自然因素，二是人文历史因素，二者造就了各自独特的园林色彩风格。传统园林中尤其以园林建筑的色彩最能传达文化内涵。在江南私家园林中，建筑通常以“黑、白、灰”作为主色调，以此传达出清新淡雅、质朴脱俗的园林氛围，体现了儒家的“崇尚自然，师法自然”等思想的影响；北方皇家园林的建筑色彩以红、黄为主色，整体为暖色调，鲜艳夺目，给人以较强的视觉冲击力，具有庄严宏伟、富丽堂皇的宏大景观效果。在现代园林设计中必须考虑色彩的地方性，顺应当地的气候环境，尊重人们的色彩喜好传统，注重本地历史文脉的延续和地理特点，利用的色彩应体现本土色彩风格和文化特质。园林中的建筑、构筑物、小品等正是传承色彩文化的主要载体，在这些要素上的色彩运用也是一大重点。

最后，园林画境的色彩艺术需要与时代接轨，色彩的运用也要做到与时俱进，注重色彩的时代感。在未来园林发展中，现代科技将会更多地运用到园林设计中，为艺术注入科技的力量将是园林未来发展的一个新方向。先进的园林工艺技术为园林中的色彩运用提供了更多的思路，为实现新的色彩表现形式提供了可能，尤其是在体现色彩时代感方面具有良好的契机。综上所述，“随类赋彩”层面的园林画境设计途径可以从以上三种色彩运用策略的角度进行探讨（见表 7–4）。

表 7–4　“随类赋彩”层面的园林画境设计途径

色彩运用策略	园林画境设计途径
尊重自然色彩	园林色彩是环境优美的标志之一，与生态环境有着密切的关系，在园林设计时应尊重当地生态特点，把握好生态自然的色彩美
注重色彩文化内涵	①在设计中的色彩运用上要把握地域特色，分析文化内涵，归纳传统、地域色彩元素，进而有选择性地加入具有一定代表性的流行色彩，合理运用色彩 ②将色彩作为园林的一大亮点，在园林中建筑、构筑物、小品等色彩的载体上表达具有地域特色的传统色彩文化
注重色彩时代感	强调色彩艺术与当今信息时代的接轨，关注现代科技对于色彩表达的提升作用，在设计中使色彩的表达更具有现代感

（五）经营位置

“经营位置”指的是绘画的构图问题。早在谢赫之前，顾恺之就提出过“置阵布势”，谢赫也是以此为基础，丰富了其内涵，谢赫认为不应只是构图，强调要对“位置”进行“经营”，对画面中的各个物体需要通过推敲、分析来确定其位置。唐代张彦远也说道:“至于经营位置,则画之总要”,也说明了绘画的构图之重要。“经营”指的是营造、建造;“位置”，在这里指空间分布，即所在或所占的地方、所处的方位。位置必须要通过经营，就是说构图需要深思熟虑地安排，历代画家都有许多关于构图的论述。宗炳在《画山水序》中提到了关于绘画的透视问题，郭熙与韩拙各自的“三远论”也是关于构图的论述，明末的董其昌等人对传统山水画的构图也做了分析和研究，诸如此类的绘画构图研究使中国山水画的构图方法更加完善。在山水画中，构图是重中之重，构图决定了一幅画的基本构架，山水画如果没有精巧的构图，即便绘画技巧炉火纯青，画面惟妙惟肖，也不能说是好作品。

绘画是在平面上的二维艺术创作，通过巧妙的安排，在平面上组织画中物体的位置，从而产生艺术美感。园林则是在三维空间上的创作，“经营位置”在园林中是造园者通过精心的设计，组织园林各类要素，比如山石水体、亭台楼榭等，进行位置的安排，从而营造出一个具有诗画韵味的园林空间。美学大师宗白华在《美学散步》中提道:“建筑和园林的艺术处理，是处理空间的艺术。”关于园林中运用到画论中的构图法，阚蔚认为实际运用的有五点，将其概括为“主从分明”“疏密相间”“曲折有致”“藏露互补”“虚实相生”。“主从分明”指的是主从关系，即山水画中要做到区分宾主，使物体做到主次之分，从而让画面做到有重心，张弛有度;“疏密相间”指的是画面主体突出的程度，画中各物体的疏密要控制节奏，疏密得当才能有合理的构图;“曲折有致”更像是一种审美特点，就是控制画面要做到蜿蜒曲折，产生一种深邃的美;“藏露互补”指的是对画面中景物与景物藏与露的关系，使景物呈现在主体画面或藏于角落，产生联想美;“虚实相生”可以理解为对比，质感的对比、物体有无的对比等。

还有山水画中的鸟瞰透视画法对园林也有很大的参考价值。我国山水画论中，把动态构图中的开始称为“起”或“开”;把动态构图中的结束，称为“结”或“合”。山水画中平行移动视点，与“步移景异”的园林艺术特点相似，园林布局借鉴了这种方法，人在行进的过程中感受到风景不断地变化，这种动态布局理论对园林中空间的串联、功能区域的组织具有重要参考价值。动态连续风景布局主要可以分为一般式序列风景构成和循环式序列风景构成两种形式。一般式序列风景构成又可分为二段式风景序列构成和三段式风景序列构成，如图 7-23 所示。循环式序列风景布局则形成环状的、闭合的风景序列。除此之外，还可以按照专类园林的逻辑关系进行风景序列的布置。

在园林局部造景上，各种景观要素的组织也充分运用了绘画中的构图原理。例如，古典园林中常见的框景，将远处的景物引入限定的窗门等框内，就形成了一幅具有画框的画。又或者是在一面粉墙前，种植一株造型奇特的松树，以苍劲有力的独特姿态置于墙前，将自然引入园中，让人赏心悦目。

园林空间的布局，是园林设计时的重要部分，三维空间上的创作也决定了布局设计是多层次的。首先从园林平面布局上，要做到园林功能区域分布合理、整体重心协调等；其次在空间的串联上，从游人观景的角度上看，园林风景是连续的风景构图形式，主要体现在游线上的构图；在整体的布局、游线的安排确立以后，不同区位的景点、景物也有局部的设计构图，一般会有最佳的观赏面和角度进行观赏。因此，以“经营位置”的角度探讨园林画境景观设计途径，首先要遵循画论的构图原则，然后从园林布局设计的三个空间层次上进行考虑（见表 7–5）。

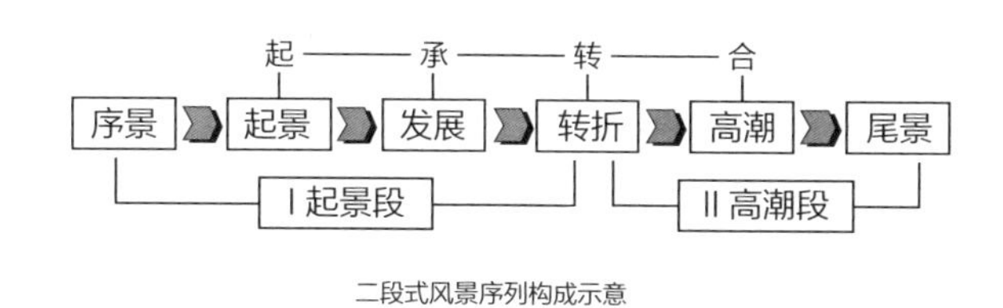

二段式风景序列构成示意

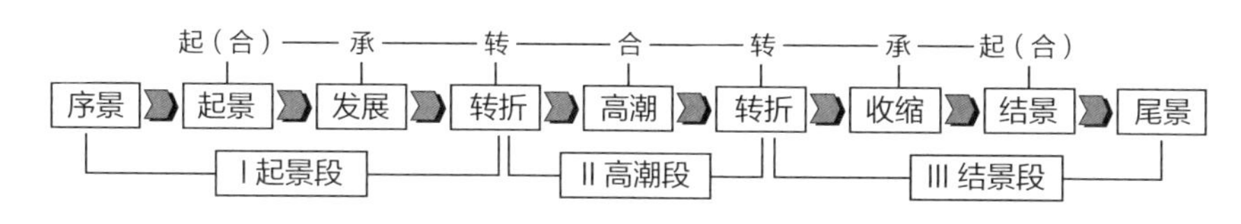

三段式风景序列构成示意

图 7–23　一般式序列风景构成示意图

表 7–5　　**“经营位置”层面的园林画境设计途径**

空间层次		园林画境设计途径
平面布局		园林构成要素布置顺序为，首先确定建筑，其次确定山水空间，最后布置植物，进行平面布局时参照画论的五大原则
动态连续风景布局	一般式序列	①二段式序列：由起景段和高潮段构成 ②三段式序列：分起景、高潮和结景三段
	循环式序列	①序列形状为环状，或风景序列展示路线为闭合成环状，各种成分的风景按照环形顺序进行排列 ②仍按二、三段式布局，风景成分布局与前述保持不变，在环上仍可布置成二段式或三段式 ③序景尾景可合二为一，由同一个景点承担
	专类序列	按专类风景逻辑关系布局；在动态风景序列各风景成分的排列中，按照其相互间的自然逻辑关系排列成一定的顺序，可采取线状、环状、放射状布局
局部造景布局		①对景：园林中视线端点的景。如园林中的大面积墙面可作为“画布”，通过种植花木、放置山石，构成一幅单面观赏的“画卷” ②框景：用内空的框所框取的其他空间的景致。可以将园林中的窗户、门洞、树枝等作为“画框”进行构图设计 ③夹景：以一对前景遮掩两侧，从而突出表现中间主景，例如对植的树、对置的林带、巷道的侧墙、对置的小品等都可以作为夹景造景 ④障景：为达到“欲扬先抑”的效果，而以实体性的屏障景物布置在园林入口以内阻断视线，例如园林中设置的照壁、屏风等就可以作为障景 ⑤漏景：是用某种稀疏分隔物透漏摄取另一空间景致的造景手法，可以用各种漏窗、花窗或者是竹篱笆、栏杆式墙取景 ⑥隔景：位于园林内部，主要起空间分隔作用的景物

（六）传移模写

“六法论”的第六法“传移模写”通常的解释为模仿前人的优秀作品，这个看法并不是十分全面。“传”“移”两字说明了是随着时间的变化所发生的。“传”有“传授”“传达”“流传”等意思，“传移”说明了随时间的推移，进行了绘画艺术的流传。要把前人的绘画艺术进行流传，就要通过临摹来掌握前人的绘画技法、思想等，再结合不同的时代背景，临摹过程中可能有新的艺术想法加入其中，从而实现对前人艺术的传承。如上文所提到的“骨法用笔”，山水画的绘画技法是流传至今的绘画精髓，还有笔墨、气韵等都是可以流传的，这也是中国画的一大艺术特点。通过临摹优秀作品，首先可以学习绘画的基本技术，总结艺术规律，其次也可以作为一种流传作品的方式。其实直到今天，“传移模写”不仅适用于中国画学习和创作的过程，同样在园林设计中也是一个重要原则。

“传移模写”是园林设计师的一种学习方式，学习如何通过参考和借鉴经典的优秀园林作品，领悟其园林创作的精华，单纯的临摹是不可取的，不能像照猫画虎般对外形进行简单的仿制，而要通过观察思考，总结优秀的经验。历史上借鉴前人优秀作品而后创造出优秀园林的情况有很多，比如日本的枯山水园林，在大量仿造中国园林后，结合本国的文化，创造出优秀的园林风格。苏州园林中的怡园（见图 7–24），建于清末，吸收了历代园林的精华，如园中的廊仿造沧浪亭，水池效仿网师园，假山参照环秀山庄的做法，其中的洞壑又是参考狮子林，园中的画舫斋与拙政园的形式位置都相同，怡园的造园家博采众长、巧置山水，建造了这么一座广纳精华的优秀园林。在清代皇家园林中，仿造园林之风尤为盛行。乾隆、康熙皇帝多次来到江南巡访，对江南风景念念不忘，甚至在游玩途中带着画师对所经过的地方画下风景样貌，回京后再建设园林。因此在皇家园林中，出现了杭州西湖、绍兴兰亭、嘉兴烟雨楼等大量江南园林的影子。著名的案例有惠山园仿造无锡寄畅园，惠山园是清漪园中的“园中园”，从相地选址、空间布局、掇山置石、引水理水和亭堂楼榭等全面地对寄畅园参考借鉴。虽然后来改造过，并更名为谐趣园，失去了原有的山水韵味，但是并不能否定惠山园是仿造园林的佳作。历史上园林的仿造现象非常多样，从具体的造园手段来看，大概可以分成五种类型。因此，在“传移模写”的角度下，探讨园林画境设计途径也可以从模仿的不同造园手段来入手（见表 7–6）。

表 7–6　“传移模写”层面的园林画境设计途径

造园手段	园林画境设计途径
以园仿园	在整体规模上模仿知名园林，重点模仿原型园林的整体布局和结构
仿建园林建筑	重在仿造具有特殊意义的园林建筑，如亭子、楼阁，在建筑的结构形状上进行模仿，在视线焦点的地方重现别样风貌
模仿园林主题再现	以写意的方式模拟原型的山水植物风貌，通过对原型景观的抽象化，建造达到具有类似韵味的园林

续表

造园手段	园林画境设计途径
仿造园中假山片段	对知名园林中的假山片段进行模仿，从石材的选取，到堆叠的方式等参考原型
仿造大规模地形改造	对园林地形大规模的改造模仿，改变原有的山水形态

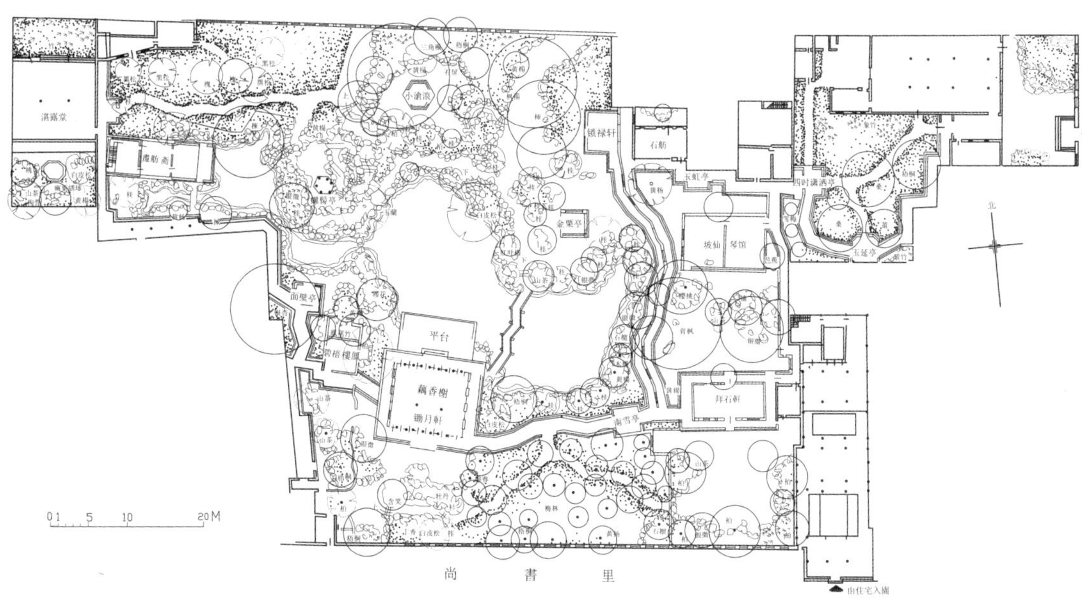

图 7-24 苏州怡园

二、现代艺术角度

现代艺术，指的是 20 世纪以来，区别于传统的，带有前卫和先锋色彩的各种艺术思潮和流派的总称。从早期的绘画艺术、雕塑艺术，再到后来的装置艺术、大地艺术、概念艺术等非架上艺术，在材料的综合运用、空间把握、观念表达，以及在观众的参与性等方面与传统架上艺术相比发生了很大变化。西方现代艺术浪潮中的构成主义、超现实主义、表现主义和极简艺术、波普艺术等，随着风景园林的发展，都被艺术家们和园林设计师们带入到园林中来。现代艺术对园林产生了多方面的影响，形成了多样的设计手法，在形式构图、材料运用、空间营造、色彩构成等方面都有所创新，以下从现代艺术的角度来探讨园林画境设计途径。

（一）独特的形式

形式是指某物的样子和构造，区别于该物构成的材料，即为事物的外形。在园林景观设计中，形式有其特定的含义，可以是抽象地指园林要素之间的联系状态和形态，也可以具体地指景物的状态，如景墙的轮廓、植物的姿态、水景的特征等。所以，在园林设计中，可以把“形式”定义为设计的所有景物和空间的状态，包括景物的外观，如轮廓、形态等。而且形式不是一个静止的状态，是一个动态平衡的结果，它影响着园林的整体设计，并且是被整体景观设计气氛所影响的。

现代艺术中不论是哪种艺术，艺术家都十分注重形式的探索。以线条的运用为例，在早期艺术中，线条的运用从无意识地强调流动性，再到后来艺术家们有意识地对线条进行控制、整合，并达到表达创作意图的目的，使线条成为设计领域中具有重要地位的设计元素之一。在 19 世纪末到 20 世纪初，曲线是艺术界的主题之一，艺术大师塞尚的艺术作品中，对物象的简化概括处理，就是以线条运用作为重要形式的；梵高的绘画作品中则无不利用曲线表达他的情感，无不在倾诉、发泄；风格派画家蒙德里安认为绘画的本质是线条和色彩，他的绘画（见图 7–25）多是垂直和水平线条，对后来的景观设计也有深远的影响。现代艺术中除了线条，几何图形也是表达艺术形式的重要载体。几何图形是一种超然的、节制的形式，在建筑和室内设计中常常表现为圆形、矩形、三角形等几何图形。图形又可以进行组合，对圆形、椭圆形、三角形、矩形、梯形等几何图形，通过平面构成的重复、近似、渐变、发射等构成方式，可以形成无数种独特的形式组合。抽象艺术的开拓者康定斯基的绘画（见图 7–26）就常常是几何图形的组合变构，尽管他的绘画没有涉及园林，但是他的绘画成为许多园林景观设计的形式语言。这些在艺术形式上的探索，形成了形式几何化的辩证背景，它们形成了一个时代的形式观念。

图 7–25　蒙德里安的绘画作品《构成 A》

图 7–26　康定斯基的绘画作品

形式的观念流传到现代园林景观中也同样形成了一种重要的设计理念，设计方法也变得更为丰富，因此，这种理念也可以作为园林画境设计的途径之一。法国建筑师屈米设计的位于巴黎的拉·维莱特公园突破了原有对称式的设计原则，取而代之的是“点、线、面”的形式构图原则，点、线、面系统的布置分别对应了点式活动、线性活动和面式活动。彼得·沃克设计的伯纳特公园（见图 7–27），以网格的形式来显示工业系统冷漠的规律性，平面的构图形式以三个几何水平层体现了设计形式，使花岗岩道路、草地、水池三种要素形成不同的对比，形成多层次的景观效果。托马斯·丘奇的作品唐纳花园（见图 7–28），通过折线与曲线的灵活组合运用，形成了一种轻松而不失稳重的平面构图，这种构图形式给人一种轻松又不乏稳重的感觉，对后来的庭院景观设计也起到了重要的影响。

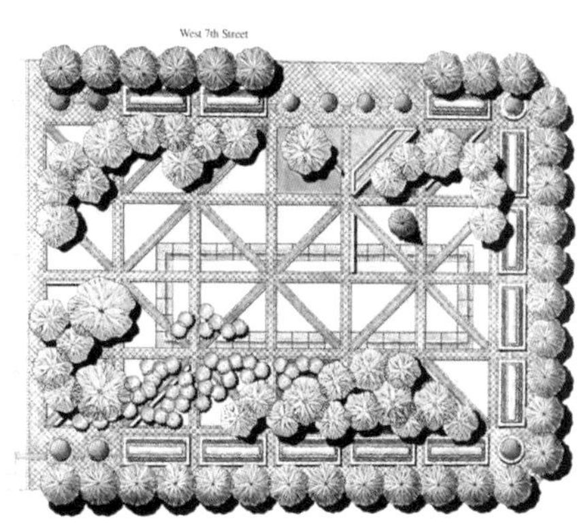

图 7-27　伯纳特公园

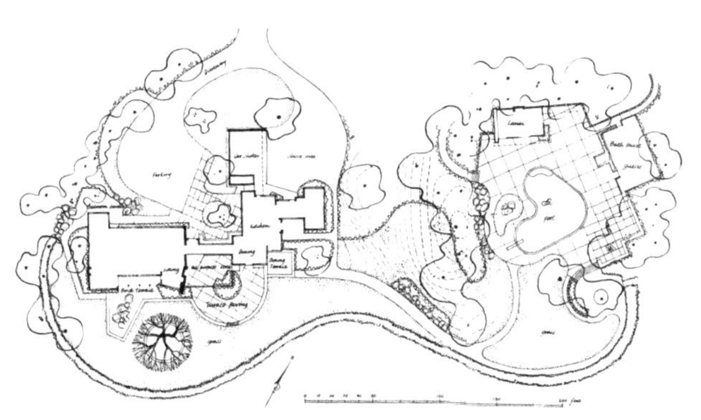

图 7-28　唐纳花园

因此，独特的形式是园林画境设计的方法之一。设计上首先在二维空间上运用交汇的线条创造出空间的感觉，增加空间的景深感；其次，形状各异、尺寸比例不同的几何图形，在园林空间中能产生无数种独特的园林氛围，既严谨又具有灵活的创造性。这些形式的探索组合是当代园林景观的重要设计手法，形式作为其他景观要素的先锋，它的创新性、独特性是构建优秀园林景观的先决条件之一。

（二）创新的材料

材料作为一种艺术语言，从 19 世纪末逐渐演化为材料艺术。在此之前，材料在艺术中只是载体，是实现造型语言和色彩语言两大审美体系的物质载体。现代艺术还没开始发展的时候，艺术创作中所使用的材料通常只是作者的工具，在立体主义诞生之后，材料开始逐渐成为艺术表现的关键之一，材料本身的艺术魅力逐渐被挖掘出来。毕加索等艺术家们开始用一种新的技术和材料，将墙纸、油画布、硬纸板等材料拼贴到画面中，并将沙子、木屑以及颜料混合以制造特殊的质地，试图制造出各种肌理效果。艺术家们通过不断尝试运用新材料来突破传统艺术，开拓新的艺术思维。在建筑、室内领域，砖石结构逐渐退出历史舞台，科技的发展带动了新材料的运用，取而代之的是玻璃、钢材、混凝土等新型材料开始大量运用。相同地，园林景观领域也开始了各种新型材料的运用，对传统的旧材料取其精华、推陈出新，为现代园林景观建设带来了更丰富的艺术呈现。因此，在园林画境设计中，对创新材料的运用也是一个重要设计途径。

园林中创新材料的使用包含了两个方面，第一种是对新型材料的使用。自从现代艺术诞生以来，一代又一代的设计师采用了不同类别的材料，不断深化、扩展着园林设计的范围。现代科技带来了材料技术上的更新换代，同时材料的运用组合上也有了更丰富的变化。园林设计师不断改变着传统材料的运用思路，比如以塑料、金属、玻璃或者其他新型材料，加上现代的施工技术，突破了过去园林设计的传统思路。运用新型材料的园林景观中，有些是临时性质的，有些则是实验性质的，不过都是园林设计的新思路，充满趣味又不失现代科技感。作为装饰艺术形式主义向现代景观设计转变的代表人物，弗莱彻·斯蒂尔在 1938 年所设计的梅布尔乔特庄园中的“蓝色台阶”（见图 7–29），开始采用钢材作为台阶扶手的材料，为当时的园林景观带来了现代气息。盖瑞特·埃克博设计的 Alcoa 住宅花园（见图 7–30），用铝合金建造花架凉棚和喷泉，新材料铝合金的运用引起热议，在当时的美国掀起了一阵用铝合金建造花园小品的潮流。还有对植物新材料的运用，这不能不提到巴西设计师布雷·马克斯，为了获得鲜明的色彩和自然的形体，他所设计的波达福戈庭园运用了大量新型植物，包括本土植物和从其他大陆引种驯化的植物。而到了近代，更多低碳环保材料运用在园林景观中，以生态环保为设计理念的景观中出现了大量环保型材料。

图 7–29　蓝色台阶

图 7–30　Alcoa 住宅花园中的铝合金喷泉

第二种创新材料的使用指的是旧材料的新用法。传统上使用的材料在现代设计理念下可以得到新的运用，也是材料的创新。传统材料如木材、石材等，在现代园林中可以用作坐凳、踏步、墙体贴面等，既达到了节约成本的作用，又赋予了旧材料新的美感，同时景观也更具有历史沉淀感，詹姆斯·罗斯是这方面的领跑者。还有比如作为中国传统建筑材料的瓦片，在现代园林景观中有着新的用法，如作为道路铺装、景墙装饰等，日本设计师冈田宪久的“瓷瓦之园”（见图 7–31）就是对瓦片这一传统材料新用法的代表作。除此之外，在如今低碳环保的社会背景下，对废弃材料和再生材料的使用也是材料的创新。在市政道路工程中早已经开始使用建筑垃圾、废弃砖瓦、高炉炉渣和铁矿尾矿来填筑道路基层，因此，园林道路场地的基层填充也可以使用这些废弃材料。此外，在园林构筑物、小品和装饰材料上，也可以使用各类废弃材料和再生建材。

现代艺术带来了园林材料上的创新，使设计师在设计园林时有了更多的选择来表达设计意图。不同材料所形成的质感，再经过组合运用能产生千变万化的景观效果，形成变幻莫测的景观氛围。材料的使用也越来越追求细节，园林材料的使用是园林是否成功的重要因素之一。因此，材料上的创新对园林画境设计也是一大亮点所在。

图 7-31　瓷瓦之园中的瓦片铺装

（三）多样的色彩

色彩在园林设计中是非常重要的要素之一，是视觉审美的重要对象，是最能引起视觉美感的因素，对景观欣赏有着最直接、最敏感的影响。人在观看景物时，相比形式而言，色彩更能直接地展现在人的视野中，能更快速地引发人的视觉反应。马克思说："色彩的感觉是一般美感中最大众化的形式"，也就是说，人们对色彩的情感体现是最直接也是最普遍的。园林设计中的色彩要素不是单独的创作，而需要与周围整体环境相融合，使其整体色彩和谐统一。因此，在园林画境设计中，色彩要素占据重要的地位。

在现代艺术影响下，现代景观设计的色彩应用可以分为两种趋势。一种是表达沉稳、沉静情绪的园林色彩风格，这种色彩风格的色调具有同一性，以冷色调为主，色彩饱和度较低，如以黑白灰为整体的色调，再点缀其他冷色调或中性色调。例如，劳伦斯·哈尔普林的作品西雅图高速路公园（见图 7-32），整个公园的色调素雅简洁，以灰色为主，哈尔普林通过这种设计来达到一种城市性与自然性合二为一的景观效果。另一种色彩风格受到超现实主义、波普艺术、观念艺术等现代艺术的影响，在色彩上偏好采用饱和度高、明度高等刺激视觉的色彩，如黄色、红色、紫色等明快、艳丽的色彩。布雷·马克斯的小萨尔加多广场（见图 7-33）中，都采用了色彩鲜艳的植物作为设计亮点，同时采用大面积的色块，从平面上看仿佛是一张抽象的色彩画。现在在各种儿童活动场地和疗养场所景观中，此类色彩风格更是首选。

图 7-32　西雅图高速路公园

图 7-33　小萨尔加多广场平面图

而在近代的景观设计中，色彩风格的运用更加多样、丰富，园林画境设计的途径之一就是要做到色彩的多样性。首先色彩的应用上要根据游人的心理反应来运用色彩。不同的色相、不同的饱和度（纯度）、不同的明度所给人带来的感受和联想都是不一样的。根据色彩搭配的不同，给人带来的感受也大不相同。色彩给人带来的知觉感受可以分为物理感受和情绪感受，物理感受如温度感、重量感、软硬感等，情绪感受如兴奋感、忧郁感等等（见表 7-7）。例如，红色、黄色等高纯度的色彩给人以兴奋、热情、活力的感觉；灰色、白色等低纯度的颜色则给人以沉静、朴素的感觉。

除了色彩本身带来不同的感受以外，不同的使用者会对色彩有不同的感受，在具体设计时可以根据功能和审美要求的不同，使用不同感觉的色彩。例如，在高纯度、暖色调的色彩环境下，儿童的心理感受是平静的，青年人会感觉到激进，而老年人则会感觉到不安或烦躁。因此，在园林设计中处理色彩的使用时，要做到具体问题具体分析，不仅仅需要考虑色彩本身带来的知觉感受，还要从使用者的角度来分析色彩带来的感受。甚至在一天中不同的时间段，色彩的感受也会发生变化，例如色彩会受到外部光线的影响而产生变化，从而自身的色彩感受就不一样。另外，使用者在一天中的自身心理状态也是不一样的，早上和夜晚时人们的身心状态不一样，对色彩的情感感受自然也不一样。在园林设计中，对于色彩的应用不是以单一的表达方式来展现的，而是需要通过多样的色彩搭配、组合等方法来形成丰富的视觉及心理感受，为人们提供多层次、多方位、多情感的色彩艺术空间。

表 7-7　园林色彩知觉感受影响规律

知觉感受		影响因素
物理感受	温度感	暖色调、低明度、高纯度的色彩形成暖感，相反则形成冷感
	重量感	高明度的色彩形成轻感，相反则形成重感
	软硬感	高明度、低纯度的色彩形成软感，相反则形成硬感
	距离感	暖色调、高明度、高纯度的色彩形成前进的距离感，相反则形成后退的距离感
情绪感受	明快－忧郁感	高明度、高纯度的色彩形成明快感，相反则形成忧郁感
	兴奋－沉静感	暖色调、高明度、高纯度形成兴奋感，相反则形成沉静感
	华丽－朴素感	高明度、高纯度的色彩形成华丽感，相反则形成朴素感

（四）流动的空间

空间的艺术概念随着现代艺术的发展不断地发生变化。19 世纪以后，西方绘画艺术开始打破传统的焦点透视法，出现了以塞尚为代表的多点透视法的绘画技法。多点透视法不遵守一般透视的近大远小规律，把景物都放置于一个平面当中，打破了固定的单点透视，从多个视角来环绕观察事物，空间的观念也随之发生了改变。依靠形体的位置关系和色彩的运用来表现空间，这种特点使画中景物连贯地表现出来，从而使画面的空间产生运动的效果，空间之间形成了流动。

现代艺术的多点透视法以及流动空间的艺术概念同样在园林景观设计中有所发挥，园林画境设计也可以从空间流动的角度进行研究。园林不同于绘画，空间的流动感来源于人的游览体验感觉，因此流动的空间设计需要从多角度、多维度来考虑游人的使用感受。规整轴线形式的园林空间具有静态的空间感，气氛严肃，在其中游览使人感受到空间的停滞。所以首先在空间形式上，要打破规整的轴线形式，形成不对称的空间形式，同时在动态游览中要多方面考虑游览体验，避免呆板的景观效果，从而保证空间的流畅性。传统园林中也富有空间变化，但是缺少人对空间流动的体验感，流动的空间包含了人在空间中的移动因素。

现代园林与建筑、室内的联系越来越紧密，有时候更是不可分割，从建筑空间到园林空间需要有流畅的衔接、互动，达到自然一体的空间效果。丹·凯利设计的米勒花园运用网格形式的平面布局（见图 7-34），将建筑的秩序扩展到周围的庭院空间中去，通过规则的绿篱、列植的乔木、轻松含蓄的休闲草地，在横越住房与场地之间的精致过渡，使住房、草坪和花园空间同步协调组织，成功地塑造了具有浸透着“透明度”和复杂性的现代空间，巧妙地平衡了张力与自由的关系。他把景观形式延续到相邻的建筑，使建筑和景观紧密结合，整体的空间显得流畅连贯。劳伦斯·哈尔普林的罗斯福总统纪念公园（见图 7–35）同样受到建筑中流动空间的影响，通过石墙、瀑布、密树和花灌木的低矮景观创造出四个流动的室外空间，这代表了罗斯福总统的四个时期和他宣扬的四种自由，既通过流动的空间叙述了园林的故事，又展现出了流畅的空间感。除此之外，自然的光影效果和视觉的渗透也会改变空间的流动感。

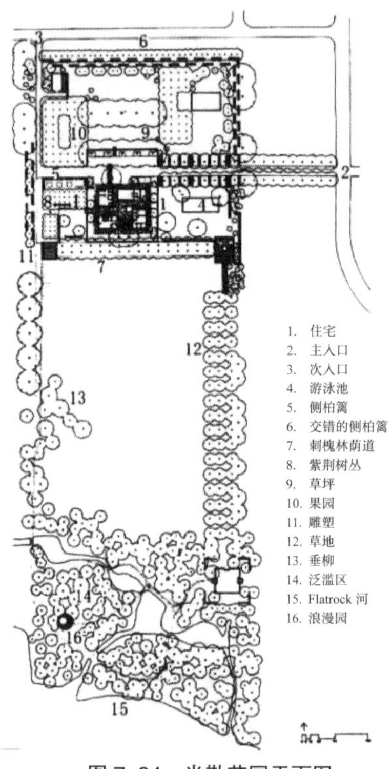

图 7–34　米勒花园平面图

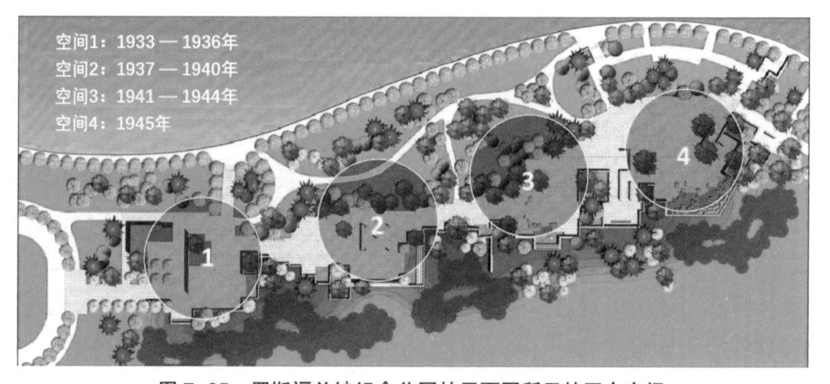

图 7–35　罗斯福总统纪念公园的平面图所示的四个空间

第八章

体现意境：基于需求与文化角度的园林设计

第一节　园林意境营造相关理论

一、园林意境的含义

（一）园林意境

陈从周先生认为：“园林之诗情画意，即诗、画的境界在实景中出现之，统名为意境。”李嘉乐先生觉得，园林造景本身并不能直接创造意境，但能以其所拥有的实际空间和丰富的景观内容，令游赏者观后，通过所产生的思想感受、心灵反应和心理活动，借助自身的生活体验、文化积淀，以及所面对的实际空间和景观内容，导致因景动情、因情生趣，感悟到审美客体艺术价值所在，进而遐思回味，流连忘返。

对于设计者来说，用心、用真挚的感情、用纯洁的灵魂，去感受、体会、认识所要表达的客体对象，并加以高度凝练，以及完整的思维加工，才能使园林艺术得到更深层的重现，即“外师造化，中得心源”。真正的园林景观营造，如泥塑精雕，当用创造艺术品的角度去看待，而艺术品是主客观相结合的，并采用比拟、代表化等手法，加以丰富的生活联想和虚构，使得自然界的精华汇聚一处，辅以人的思想感性，表达出真正的园林作品。这是一个艺术构思的过程，是以形写神的过程，是借景抒情的过程，是促使自然景观升华为艺术形象的过程，也就是园林意境的获得与营造。

（二）中国古典园林意境

“虽由人作，宛自天开”的中国古典园林集建筑、山水、动植物、雕刻、园艺、诗画等于一体，是世界上独树一帜的艺术珍品，深浸着中华文化博大精深的内蕴。儒家思想、禅宗思想、道家思想等深深影响着中国文化发展的历程，从而对于古代造园艺术也有深远的陶染作用。中国古典园林中的意境是造园家们追求的最高审美境界，具有明显的民族特色和地域特点，通常寓情于景，以物比德，来达到触景生情、情景交融、“乘物以游心”般物我两忘的境地。正如王国维所说的“文人造园如作文，讲究鲜明的立意，使情与景统一，意与象统一，形成意境”。

中国古典园林在“天人合一”思想指导下，往往采用师法自然的手法来营造园林。颐和园、承德避暑山庄、郭庄、绮园、小莲庄、狮子林、拙政园、留园等都是现存较为完整的古典园林，充分展示出我国古代劳动人民的智慧和创造力，体现了中华文化的独特魅力，从中也能发掘出造园手法的深层内涵。中国古典园林意境的实质，指的是意与境所统一的一种内在的、本质的、必然的联系，这种联系有着深厚的文化、哲学、社会、心理、美学等基础。孔子曾说过：“知者乐水，仁者乐山。智者动，仁者静。”流动的水与沉静的山虽性质不同，但运动结构相同。中国古典园林意境的本质也可以说是“异质同构”的同形关系，造园家重视季节、云彩、水体、倒影等无生命事物的表现性，将意充分表达在这些实景中，是客观景象与主观情思的契合，用实景来展现或暗示园主所要表达的思想感情。景与人相迎而不相伤，超越了现实的束缚与功利的计较，人的心性得到了解放，感到从容悦适，达到审美自由之真乐境界。

中国古典园林意境的构成不外乎三种形式：第一种是艺术家直接通过对大自然的观照，对人生意义的领会而激发的审美意境；第二种是艺术家间接借用他人对大自然的感悟，对人生社会的体验而创造的审美意境；第三种则综合了前两种，引用他人对人生社会的体会并结合传统文化中的素材抒发自己的思想感情，从而创造的意境。这与我国园林界泰斗孙筱祥先生提出的“三境论”思想不谋而合。孙先生认为，生境、画境、意境三境相融，并在景情相触，特别是触景生情时，达到精神与自然结合的至高点。

二、需求层次理论

（一）需求层次理论的概念

需求层次理论（Hierarchical of Theory Needs）的提出和流行源于美国著名的人本主义心理学家——亚伯拉罕·马斯洛，他将人的基本需求归纳为五个层次，由下至上呈正立的金字塔状，依次为生理、安全、归属、尊重以及自我实现需求，如图 8-1 所示，其中最基础、最根本的是生理需求，而自我实现需求位于金字塔的顶部，是最高层次的需求；从底部到顶部也是一种由初级到高级、由生理到心理再到精神层层递进的过程。

马斯洛认为，虽然最根本的生理需求极具辨识性，容易得到区分和满足，但如果这些需要任何一项得不到满足，人的生理机能就无法正常运转。需求层次理论中有一个独到的基本理念：驱使人类行为的是若干始终不变的、遗传的、本能的需要。生理需求的解决和提升着实是基于物质层面，而相对地，心理层面的需求更多是建立在外界，即相关联客体的认可或评价肯定；精神层面则是建立在人的三观基础之上，以内心世界上的高层次描述与实现为起点，为个人价值实现而赋予自我意义，摆脱了物质层面的束缚，当然也在心理上超越了单纯的个人物质追求，并得到了摆脱拘泥外在评价的能力。现实生活当中，人的需求状况会受到社会环境、文化、习俗、宗教信仰、教育、年龄等因素的影响。

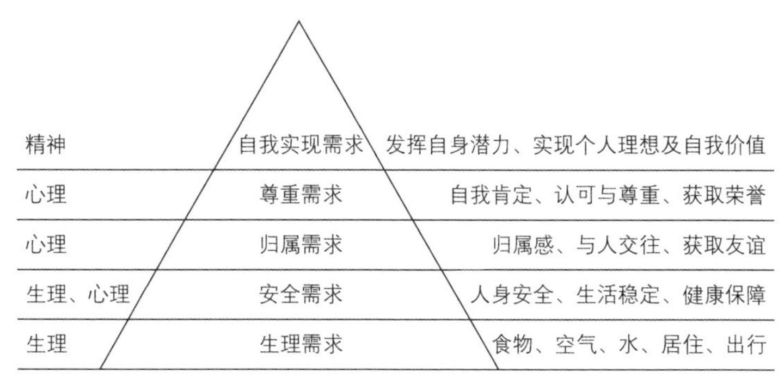

图 8-1　马斯洛需求层次理论

（二）需求层次理论的相关内容

人的诸多需求中，生理需求是本能，是身为人的根本动机，例如对于衣食住行等的需要。但是如前所述，虽然最根本的生理需求容易得到区分和满足，但如果这些需要任何一项得不到满足，人的生理机能就无法正常运转。安全需求是人对人身安全、健康保障、财产所有性等的需求，这不仅是物质上的需求，也是心理上的，缺乏安全感的人容易变得焦虑不安。当满足生理、安全需求之后，对于感情的获得，即人生归属、团体认可的需求就不可避免地产生了。归属和爱的需求主要指人的归属感、友谊、爱情、亲情等的需要，反映了人的社会性。马斯洛认为爱的需要涉及给予爱和接受爱，如果没有爱，世界就会陷于敌意和猜忌之中。尊重需求指的是自尊和别人的尊重，包括自信、独立、本领、自由、威望、地位、承认、关心等概念。自我实现需求是人类发挥潜力、成长、发展的精神需求，包括创造力、自觉性、道德、接受现实能力等概念，是马斯洛关于人的动机理论中一个很重要的方面。

人的基本需求一般呈现出前面所列出的那种顺序，但也有不少例外，我们在理解马斯洛需求理论时，不能太拘泥地理解诸需求的顺序。当今时代，人的需求状况会受到社会习俗、文化宗教、阶层等级、教育培养等的影响，而在如今物质基础已极大满足的背景下，五大需求中的部分需求已得到了实现，特别是生理、安全和归属需求，但对于尊重需求和自我实现需求，仍然是绝大多数人为之奋斗的目标，在有需求的情况下，人的行为和动机会受到极大的影响，致使人的心理、行为与目标需求之间产生了双向反馈机制。这种从心理学角度的分析，在广泛的项目管理、教育培养中得到了实践，而对于园林景观意境营造等方面问题，仍然缺少足够的研究。

（三）园林意境与需求层次理论

虽然在不同时空范围内，不同的人有不同的需求，他们的价值观、人生观、世界观也都有差异，但人性也有诸多共同点，对此心理学进行了大量研究。从学科归属来看，马斯洛需求层次理论属于心理学，园林意境属于风景园林学，虽然它们所属的学科类型不同，然而通过人和园林意境营造可以建立二者的关联。人是园林意境营造和需求层次理论的主体，园林意境营造服务于人，需求层次理论呈现了人的内在需求以及园林意境营造的内在因素。而目前的园林意境营造研究虽然重视内在因素，但主要还是通过意境产生的外在因素——文化来体现。刘滨谊认为，从广义的概念出发，文化可分为三个不同的层面：物质文化层、行为文化层、精神文化层。同理，园林意境营造中的文化角度也可分为这三个层面。需求层次理论中涉及的生理层面是园林意境形成的基础，心理层面和精神层面才是意境营造的核心部分。内外两个角度的意境营造途径最终都归结于精神层面，所以精神层面是意境营造的最高境界和目标。

园林中的意境由“意”和“境”构成，是作为主体的人和作为客体的景相互作用的结果，现代学者对于园林意境的研究多从“境”的范畴进行考察，缺乏对“人”这个主体的重视，而意境是需要“人”才能得以实现的。以“人”为切入点，目前的文献虽有涉及如何从人的生理感官角度营造园林意境，从内在因素体现了马斯洛需求层次理论中最初级的生理需求，但并未提及更高级的需求，而更多文献借用园名匾额、题咏对联、诗词绘画、比德象征、虚实要素等，偏向于从文化角度研究意境产生的外在因素，将内外部因素结合来对园林意境营造进行综合的、整体性的研究不足。中国古典园林的服务对象是少数的统治阶级，而现代园林景观的服务对象是大众。随着时代的发展，除了园林意境中隐藏的文化性寓意和象征，人的需求也理应作为园林意境营造的重要参考依据，揭示人对园林环境的本质要求，从而探索多元化的意境。

三、环境心理学

（一）环境心理学的概念

环境心理学，或称生态心理学，是着眼于人类主观心理层面和自然客观生态环境之间联系与反馈的心理学科领域，致力挖掘在不同环境下人的心理发展变化规律，并分析主体对象，以人为主，包括人对客观环境的认知、行为、反应和思考（包括景观舒适性、私密性、可达性、可识别性、安全性、领域感等）以及人在环境中可能产生的生理、心理上的反馈结果。简而言之，环境心理学探讨的是什么样的环境能够合人意。但是，自然规律下两者间的作用与影响都是相互的。人在改变周围环境的同时，自然环境也在重新塑造人的身心结构。环境心理学作为跨学科领域，在实现方法上受到了政经、文史、民俗等的制约和影响，但不妨碍其对于心理、人伦、社会、建筑科学、设计规划等领域研究的相互融合与扩展。其中，环境认知、环境评价、环境社会行为是其主要的三个研究方向。正如日本社会心理学家相马一郎指出的：大概要从主观体的行为反应出发，并结合心理学分析才能化解环境和人之间的认识矛盾与隔阂，才能相互认识与完善，才能实现什么景合什么意，什么人化什么景。

（二）环境心理学的相关内容

环境心理学主要致力几大基本环境因素与人的行为反应之间的联系与反馈，其中，主要包含了物质基础环境、社会文化环境、信息虚构环境等基本要素。对于物质基础环境而言，自然生态环境和人为构成环境是两个基本点，从这两方面阐述其与各类群体行为间的关系是研究核心。环境心理学所涵盖的行为研究分类不仅涉及基本的对象活动和习性，还囊括主观体特有的认知、感情、比较、肯定、感情等心理方面，以及所延伸的社会、人文习俗和文化层面。值得一提的是，近年来不断有新的理论认识注入环境心理学的体系之中，其中主要包括自然环境对行为的积极影响、亲环境行为的研究、景观的偏爱和评价、各类特殊场所中的环境与行为问题等。正如生态文明所提倡的，人与自然的和谐共处是实现人精神富足的基本要素。这一点自然要求我们要认真思考我们身为人和自然之间的关系，完善和发展人类与自然之间的双向互动认识，建立和提高两者之间的协调关系，达到天人合一的理想境界，这一切都是环境对于人类的考验，也赋予了环境—行为双向反馈机制这一重要研究理论意义和实践意义。

（三）园林意境与环境心理学

园林景观设计师在进行规划设计时，兼顾使用者的心理需求以及环境与使用者的关系，而不是仅仅只有景观美化本身，这就需要运用到环境心理学的相关知识。根据环境心理学家的研究，每个人对于不同景色的感受各异，对于不同类型的园林空间景观的认知也不同，从而导致他们的行为也不会千篇一律，人和环境相互产生了影响和作用。园林意境本身就是景与意的结合，人之意，物之景。通过环境心理学，能够更好地从内在因素进行分析，从人群的行为方式、心理特点以及对园林景观的使用要求着手，对于研究需求角度的园林意境营造有积极的借鉴意义。

四、园林文化

（一）园林文化的概念

对于文化概念及其含义的阐释通常意义上存在着广义和狭义的理解范畴。广义上，文化可主要分为物质、精神和艺术三个层面，具体指代人类在不断的社会实践活动中，获得物质和精神上的再生产能力，并由此衍生的物质精神财富，涵盖知识、信仰、宗教、道德、法律等方方面面。对于狭义层面的文化概念，主要是从中国古代文化角度出发，即偏重于狭义的精神层面，以“神”带“物”，主要指代传统文化中文学创作和风俗规范等社会精神文化形式的总和。特别地，对于园林意境营造中的文化概念，更多的是建立在人格精神层面上的，讲求从人的内心精神角度出发，用精神创造一种环境，在园林意境营造中融入古代士大夫的人格完善追求，并成为一种精神性的象征而演变成一种文化的载体和基础。因此，园林意境营造中的文化要素既包括物质文化，即建筑山石等可视可感文化，也显然囊括了精神文化，且后者在园林文化中居于主导地位，是一种本质内核性的存在。

（二）园林文化的相关内容

园林文化涵盖了山水、地形、建筑、植物等基本要素，各要素均包含其独特的文化内涵，历代名家对于园林文化的着手创作也遵循着这几个基本点，因此本书从这几个基本要素切入来阐述有关园林文化的相关内容。其一，山水文化蕴含多元的文化基因，拥有诸多的表现手法，例如象征、比拟、借代等，同时还极具理性色彩，中国园林文化从自然崇拜发展到以人为本，山水是重要的载体，山形多婀娜，不同的峰峦、幽谷、崖道、飞梁、峭壁等一应俱全，同时兼具“石最能言人”的情怀，爱石、品石、咏石，以石为友。以山水为本，山水比德也是园林文化的精髓，仁者乐山，智者乐水，成为传统园林山水的文化内涵。其二，建筑是园林文化的主要物质构成，建筑是凝固的音乐，是文化的直接载体。一方面，中国园林文化是以人居建筑为本位，涵盖多种结构、形式和造型，以多样的平面结构体现精神审美和物质需求的统一；另一方面，建筑形制也标示着传统文化的名分等级和表征礼制正统的物态化标志。至于建筑装饰图案，它既是可感可知的物质文化标识，又是精神层面的文化表达。当其一旦赋予在中国古典园林建筑之上，旋即可化为民族的“精神模式”。其三，园林之始，以花木为伴，这种重现的自然之景独一无二地拥有着生境、画境、意境三境，涉及生理、心理和生态意识形态等诸多方面，是主客体的历史积累与交叉。其中以《诗经》为最，将人化植物的美感意识发挥得淋漓尽致，松柏、梅花、秀竹、荷花、牡丹等这些花木不再是单纯的物，而是糅杂精神文化、宗教内涵、历史韵味的文化象征，再经过别具匠心的植物配置，则花木能充分发挥出文化内涵，符合一定的综合性、科学性、民族性和地方性。当山水、建筑及花木相聚，再添加古典文化之美，注入诗文书画，浸染文学因子，则可具备境外之情、物外之意。总而言之，园林文化的内容始终包含自然、人文两个大面，社会、精神、宗教等文化中的每个细枝末节都可运用到园林中，当景情相生之始，文化的基调也由此而奠定，研究园林文化，始终当以人文为先。

（三）园林意境与园林文化

文化，即人类在不断的社会实践活动中，获得的衍生的物质精神财富。随着民族的形成，每一个民族各自的生产方式、生活方式、精神生活，积淀而形成了本民族的文化，也就是民族文化。因此，文化实际上是人类生活方式、生产方式和精神生活在文明发展进程中留下的记录，文化设计也应该是对意识形态、生活方式及与之相适应的社会面貌的正确反映。中国古典园林意境承担着文化的延续，而这种延续，以一种艺术性的形式被认可与传承，需要足够大的历史空间来包含吸收，不断将民族特点、社会习俗、宗教信仰、审美品评等方面吸收涵盖其中，从而形成其独特且外显内包的文化规模与结构，嵌入到社会文化历史的精气神中，不管对于外界的文化冲击还是内部的文化再改革，文化的传承以及其在景观意境中的内添，皆是一脉可知的。同时，中国古典园林意境亦将历史传统精华集于一身，在形式化、片面化、单调化、冗杂化的拘束中突破出来，构造了许多独树一帜的经典范例，这种源于生活，又高于生活，且具备自然深意、精雕细琢、灵活巧变的范例是一种美的诠释和演绎，是园林意境和文化的结合与双重再现。对于园林意境营造而言，一项重要使命，就是在园林景观设计过程中充分体现意识形态、生活传统和时代特征，并将传统与现代有机地联系起来，使中国的园林景观设计更具民族性和本土文化特性。

五、园林美学

（一）园林美学的概念

园林美学是应用美学理论研究园林艺术的审美特征和审美规律的学科。针对园林美学的刻画包含了几个主要方面：从造园思想的孕育，到发展、完善和深化，再到园林审美心理的揭示、标准的梳理、意识的发掘乃至思维的培养，这一切都是园林美学所要具备的。这无异于建筑美学、音乐美学和数理美学等，其具备了作为一门跨学科领域的所有基本要素，这也要求研究者具备广博的知识储备。中国古典园林美学，荟萃了文学、哲学、绘画、戏剧、书法、雕刻、建筑以及园艺等艺术门类，是中华美学领域的综合性奇葩。中国园林美学思想是园林艺术伟大的实践产物，同时反过来指导、引领园林实践。中国园林美学的特征可以概括为三点：①注重园林建筑与自然环境的共生结构；②深具空间意识，着意空间审美关系；③尊尚心灵净化，自我超越为最高审美境界。对于园林美学的研究，要从历史学、社会学、哲学、心理学、美学等角度，分析园林创作和园林欣赏中的组成，总结其中的规律，同时对于园林美学的探讨本身也是一种精神文明的建设。

（二）园林美学的相关内容

园林美，一般地，是自然、艺术和人文的对于美的完美结合，这都通过园林意境营造的巧手，将自然与生活上美的体验融入了园林意境的营造当中，这不是简单的求和运算，抑或是拼凑与叠加，这是经过化学反应后的有机整体，整体综合的价值远高于单个价值的累加，类似于“一加一大于二”的概念。园林美学包括自然美、艺术美与社会美三方面内容。园林美的首要形态是自然美，经效法自然选用自然元素使园林呈现一种特定的形态。园林的艺术美可通过形、色、香、影、声、文等形式，调动造园手法技巧，借助山水花木等实体，巧妙安排园林空间体现，讲求“小中见大”“境生于象外”。园林的社会美主要指园林艺术受到社会的制约，反映了社会生活内容，表现了园主人或设计者的思想倾向。

视觉景观美感度，作为一个评价园林美学的重要因素，通常通过主观体验者感受、认知、反馈到的心理体验与影响程度来描述。同时，其又被视作主客体之间沟通的桥梁与反馈图景，凭借客体的评价认可来得出结果。视觉景观美感度评价的高低，与景观和观察者紧密相关。欧卡等人认为园林的美学体验是可以得到量化的，将体验者所反映的情况与行为进行评定并测试出具体的数值，即可用“美景度”来描述。不同性别、地区、年龄、生活环境、文化背景、受教育程度、时代等都会影响评价者的视觉美感体验，从而影响评价结果，景观特征的选取是研究景观美感度与景观物理特征关系的关键。陈从周认为，理想的园林美感应该是纯粹的、富于变化且耐人寻味的，若要在质量和数量上提高园林美感，要克服园林构造问题。提升美感度不是园林景观设计的唯一目的，美观只是园林景观的功能之一。但对于景观美感度的评价以及对评价的分析研究，可为园林景观从业者提供理论上的参考，同时也对景观评价研究和实践工作具有指导意义。

（三）园林意境与园林美学

中国古典园林意境的营造，是中国古典园林美学的核心。换言之，中国古典园林美学是围绕古典园林意境而层层构筑与深化的。随着时代的变迁，园林意境有了新的含义。园林中的意境与观赏者的思想情感、心境性格有关，是情与境、意与景的交融，对园林景观有美学要求。园林意境是一个多层次的结构，是园林审美所追求的一种审美境界。利用园林美学的相关理论知识，对园林四要素（山、水、植物、建筑）合理布局，遵循园林四大艺术法则（变化与统一、均衡与稳定、比例与尺度、比拟与联想），采用景观艺术表现手法（如借景、对景、框景、点景等）造就的园林可由表及里，通过观赏者的视觉、听觉、嗅觉、触觉、味觉等感知园林所带给人的直接印象，由人欣赏和品味园林的气度与韵味。园林美学主要体现的是视觉上的美观，视觉上的美感体验能够勾起观赏者对于品味园林的兴趣。步移景异，不同的视觉景观给人不一样的生理感受和心理感受，使得园林意境也发生了变化。不管是古典园林还是现代园林，园林美学与园林意境息息相关，研究园林意境必定要先研究园林美学，没有园林美学也就不存在园林意境了。

第二节　园林意境营造途径

目前的文献虽有涉及如何从人的生理感官角度营造园林意境，从内在因素体现了马斯洛需求层次理论中最初级的生理需求，但并未提及更高级的需求，偏向于从文化角度研究意境产生的外在因素，将内外部因素结合来对园林意境营造进行综合的、整体性的研究不足。随着时代的发展，园林意境中除了隐藏的文化性寓意和象征之外，人的需求也应作为园林意境营造的重要参考依据，揭示人对园林环境的本质要求，从而探索多元化的意境。园林意境营造可从内外因素着手，从人的需求角度和文化角度进行研究，分别从生理需求、安全需求、归属需求、尊重需求、自我实现需求，以及诗格、画理、典故、风俗、道德、宗教这十一个方面加以剖析，如图 8-2 所示。

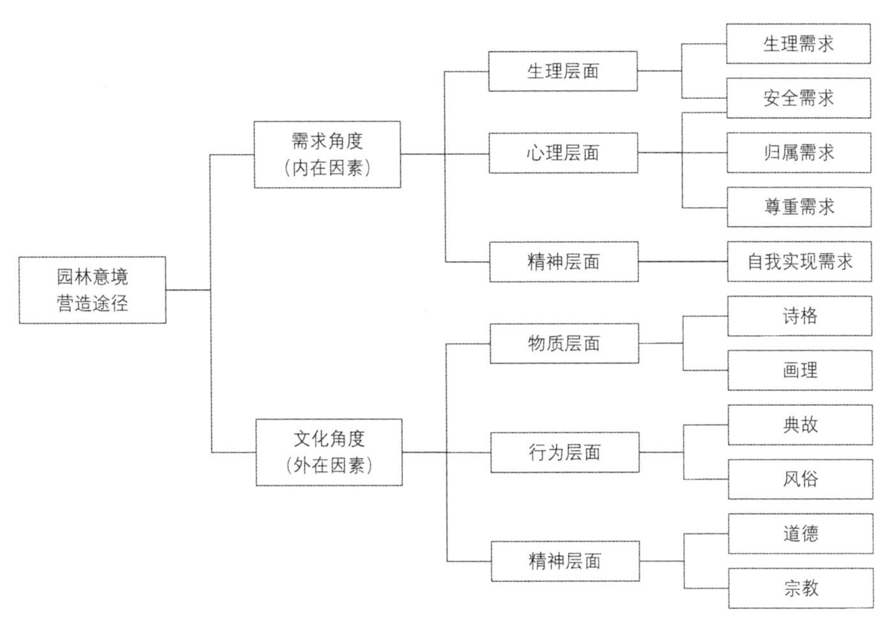

图 8-2　园林意境营造的主要因素与途径

一、需求角度

基于马斯洛需求层次理论，可从生理、心理、精神三方面营造园林意境（见图 8-3）。生理需求可从五感设计的角度入手；安全需求从物质安全和心理安全着手；归属需求着眼于田园风景“归属感”的营造；尊重需求从无障碍设计与互动性设计两方面切入，让使用者有“被尊重感”和“自尊感”；自我实现需求从“成就感”和“敬畏感”入手。其中，根本的生理需求以及安全需求中的物质安全可以归因到生理层面；安全需求中的心理安全、归属需求和尊重需求皆涵盖于心理层面；最后，自我价值实现需求，则是精神层面的产物。三个层面能够共同促进园林意境的形成。

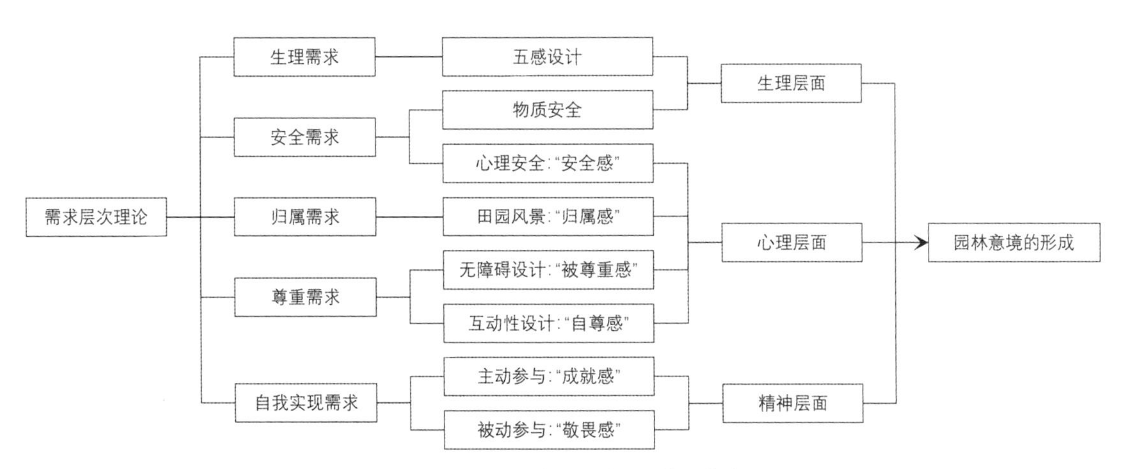

图 8-3　基于需求层次理论的园林意境营造途径

（一）生理需求

衣、食、住、行、空气、内分泌平衡等是人类维持自身机能稳定的最基本需求。如果这些基本需求得不到满足，整个机体就会被生理需求主宰，其人生观可能会发生变化，人也将难以生存下去。从生理需求探讨园林意境营造途径，可从人的感官方面的满足入手。感官的享受属于人类行为的生理需求，如观赏、品尝、触碰、嗅闻、聆听等。让感官舒适，已成为当今人们主要的生活追求。园林中各要素的形态、色彩、质感、气味以及音韵可引发人的视觉、嗅觉、听觉、触觉、味觉等生理感知。

人类的感觉器官能够感知形、音、色、味、态等种种信息，其中至少 80% 以上的信息来自视觉感知，因此视觉是人感知周围环境的重要形式。目之所及形成的园林意境主要偏向从文化角度来营造，包括人们通过视觉层面看到园林中的园名、题咏、匾额、对联、碑刻、诗词、绘画、空间布局等所形成的园林意境。在听觉方面，“世界声景计划”对声景的定义为：一种强调个体或社会感知和理解方式的声音环境。游人若处在没有听觉的环境当中，所感觉到的世界将是无声的、死寂的、缺乏活力的。营造听觉层面的意境过程有些复杂，需要对各种声音的物理属性、人的心理偏好等方面有所掌握，同时还要结合富有园林所在地特色的社会历史和文化底蕴。在嗅觉方面，园林中气味的表达以及人们对气味的反应也是人与环境交流的一种形式，不同气味中包含的信息会对人的生理以及心理带来不同的影响，可以是微妙的，也可以是强烈的。园林景观意境营造过程中嗅觉层面的设计能够丰富感官的体验，是现代园林景观设计中不可或缺的一部分。触觉设计讲究“近距离设计”原则，提供一个近距离的接触对象平台是触觉设计的关键。比如，游人对城市公园的触觉感知主要依附于植物质感、水体景观、园路广场景观、其他景观（如扶手、座椅）四个方面，所以可从这四个方面探讨园林意境营造中触觉层面的设计途径。很多人可能觉得味觉与景观设计不相干，实则不然。味觉不仅能引起人的口腹之欲，还承载了人们的欲望和记忆，能成为一种精神上的超越和享受。餐饮活动可以和园林鉴赏游玩活动相结合，二者也是相得益彰的。有特色的餐饮项目能够给游人带来独特的味觉体验，进而能够增加园林的吸引力。此外，园林中植物和绿地的生态功能多种多样，如美化景观、改善环境、休闲娱乐等等，同时，植物也是人们的食材。因此，如表 8-1 所示，可以从“五感”层面加以设计，营造独特的园林意境。

表 8-1　　从“五感”层面探讨园林意境营造途径

五感层面	园林意境营造途径
视觉	主要通过对园林空间布局、虚实要素、诗词书画、史记典故等文化角度的视觉感知进行呈现
听觉	①听觉正设计：从自然声（如水声、风声、动物之声等自然元素）、历史文化声（如叫卖声、吆喝声、戏曲声等）、人工声（如广播、音乐以及对自然声的模拟）三方面入手 ②听觉负设计：植物隔离带式设计、隔音吸音材料的应用、对其他声音的掩盖 ③听觉零设计：即保护原有声音，这一手法运用较少

续表

五感层面	园林意境营造途径
嗅觉	①嗅觉正设计：通常运用芳香植物，注意香味配置的多样性和层次感，避免配置时各种香味混杂后产生异味 ②嗅觉负设计：主要有三种，一是利用可吸收异味的植物净化嗅觉环境或是利用芳香植物的香气掩盖异味；二是采用空间屏障的形式隔离消极气味；三是选用人工合成香料在异味较重的园林区域进行喷洒或放置
触觉	①运用有特殊质感的植物 ②考虑水体与人的互动性 ③丰富园路广场景观材料 ④注重座椅、扶手等景观材质
味觉	①参与性体验设计：主要有农家乐、蔬果采摘、垂钓、美食制作、品茶等活动形式 ②非参与性体验设计：主要将景观体验活动与食物品尝行为相结合

在进行听觉设计时，城市公园中野生动物以及人工饲养的动物（最好以散养为主）产生的声景可使园林景观充满自由的野趣与兴意，而历史文化声则能唤起人们内心深处的情怀和共鸣。听觉负设计在园林中的应用比较有名的是玛莎·施瓦茨设计的位于美国迈阿密国际机场的隔音墙，在具有视觉美感的同时达到消隔部分噪声的功能（见图 8-4）；瀑布、喷泉、跌水等形式的水声掩盖交通噪声的手法也较为常见，如劳伦斯·哈普林设计的伊拉·凯勒水景广场（见图 8-5）。城市园林景观中声音景观运用到零设计方法的比较少，而日本丝绸之路小公园（Shiru-ku Road Pocket Park）是其中的典型代表，该公园内设置了形态各异的特殊声音装置，游客可通过这些装置即时听到公园内的各种自然音色，从听觉上与大自然近距离接触。

图 8-4 迈阿密国际机场隔音墙

图 8-5 伊拉·凯勒水景广场

嗅觉正设计主要指创造具有亲和力、令人舒服的香味，常运用芳香植物（见表 8-2），配置时需要熟悉芳香植物的香气品性（如沁人心脾的草香、馨香扑鼻的荷香、幽幽暗涌的梅香等），注意香味配置的多样性和层次感。“迟日江山丽，春风花草香。”“梅须逊雪三分白，雪却输梅一段香。”古诗词中有不少描绘植物馨香的词句，“花草香”“梅香”等形容人们在园林景观中嗅觉层面的体验。

表 8-2　常见的园林芳香植物

类别	芳香植物名称
乔木	木姜子、香樟、广玉兰、白玉兰、鹅掌楸、雪松、香柏、木瓜、紫薇等
灌木	蜡梅、桂花、月季、茉莉、玫瑰、鸡蛋花、山茶、茶梅、栀子、瑞香、结香、丁香等
藤本	木香、金银花、紫藤、金樱子、多花蔷薇、香莓、凌霄等
草本	水仙、迷迭香、百合、薰衣草、紫罗兰、藿香、鼠尾草、姜花、罗勒、铃兰、玉簪、兰花、香雪球等
水生	睡莲、莲花等

触觉层面，主要运用有特殊质感的植物，如英国利物浦、印度新德里、新加坡大巴窑、日本大阪等地的感官公园中触觉区的植物设计值得借鉴。园林当中也可采用园艺疗法的理论和实践研究成果，开设园艺疗养区，使人们在劳作的过程中获得特殊的触觉体验。关于水体的触觉体验牵涉到人与水的接触和互动，在设计水景时可以考虑娱乐喷泉、跌水（见图 8-6）、卵石水滩（见图 8-7）、浅水池等形式以增加人与水的互动。广场中央的喷泉往往富含人气，由于其没有边界限制，能吸引不少儿童玩耍其中。水景与雕塑、水景与灯光效果的合理搭配能在满足游人触觉体验的同时带来别样的视觉体验。座椅表面推荐使用木质材料，因其相对于石质坐凳能给人带来更舒适的感觉。石凳的导温性能比木凳更强，容易导致夏烫冬寒的效果。

图 8-6　跌水

图 8-7　卵石水滩

园林中的食物通过味觉器官的刺激产生的味觉，可让人们品尝甜、酸、苦、咸、辣的味道，食物的色彩也能暗示味觉感知。众所周知的“望梅止渴”“画饼充饥”的典故，就是味觉感受较为典型的例子。味觉的参与性体验互动过程中，游人可与自然更加亲密接触，体验观光、采摘、耕种劳作、品尝自己劳动成果的乐趣，享受别样的乡土情趣，常给人带来远离喧嚣、返璞归真、回归乡野、置身桃源之感。人们在感受参与性体验所带来的美好感觉的同时，也成为景观的一部分。

（二）安全需求

按照一般定义，安全需求，是针对基本人身安全、健康保障、财产保护以及生活稳定而言的。那些缺乏安全感的人容易变得焦虑不安。在现代城市设计中，单一、雷同、缺乏亲和感的大尺度设计层出不穷，而符合安全需求的园林意境营造需要因地制宜，将当地的优势自然资源因素与地理条件，协调追求人性化的需求，使得园林景观更具实用性、持久性以及契合性。因此可从软质景观和硬质景观进行分析，如表 8–3 所示。园林意境营造中满足使用者的安全需求主要体现在物质层面和心理层面上。满足物质安全主要从游人的外在安全角度考虑，比如控制景观材料的安全性、排除园内铺装的安全隐患（如健身场地不平整、园路有青苔）、设置残疾人无障碍通道、合理分布夜间灯光照明设施等。植物品种的选用、配置以及空间营造要符合大众的心理需求和行为习惯，让大众舒适、安心。人在环境空间中，对周围的领域范围有一定的占有欲和控制欲。在一个具有安全感、稳定感、亲和感、宁静感的环境中人会放下心中的戒备，找到与周围空间敞开进行互动交流或独处的平衡点，缓解心理上的焦虑与不安。围合空间有围护与屏蔽功能，在围合感较为强烈、稳重厚实的空间，游人会有停留下来互相交往的愿望，而且他们能在这种空间中找到自己的位置，掌控周围的环境以便对突发状况有及时的应对措施，安全需求心理（精神安全）得到满足。如图 8–8 所示，该座椅背后由密集种植的植物作为遮挡墙，视线前方开阔明朗，对周围空间较有把握。同时，视线流畅、疏密有致、引导明确的景观区域不太容易引起游人的担忧与焦躁不安，比如公园中的指示牌（见图 8–9）能给人指示具体的方向，可避免因不熟悉场地而产生的慌张与不安之感。

表 8–3　　从安全需求层面探讨园林意境营造途径

安全需求层面	园林意境营造途径
软质景观	①选择无毒无害品种，行道树要选用枝条较强劲且病虫害较少的树种，边坡绿化要选用具有深根性的植物等 ②丰富植物品种，维持生物多样性，保证园林自然生态格局的安全 ③利用分支点低、树冠紧密的乔木，高大整齐的绿篱，或大型乔木作为上层覆盖物，与低矮平铺生长的植物组合，营造围合感较为强烈、稳重厚实的空间 ④水池深度符合相关规范要求，水池边有安全防护措施，保持排水流畅
硬质景观	①各类公共设施的尺度和参数符合国家规范，控制景观材料的安全性 ②合理分布的夜间照明设施 ③道路系统流畅，选用防滑防冻、排水良好的铺装材料 ④利用廊、亭等构筑物，结合座椅、花坛以及软质景观等提供可庇护的防卫空间 ⑤设置残疾人无障碍通道 ⑥设置明显的标识系统和出入口

图 8-8 杭州太子湾公园座椅

图 8-9 上海植物园指示牌

（三）归属需求

归属需求主要指人的归属感、友谊、爱情、亲情等的需要，这是个人被别人或被团队接纳时的一种感受，个人渴望得到社会团体的认同，渴望与别人建立良好和谐的人际关系。有了心理上的联系才是实体存在得到了证明。著名心理学家弗洛姆在《逃避自由》中详细阐述了现代人普遍面临的无归属感，并形象地指出：在脱离了精神束缚之后得到的精神自由会让人反而更加忧愁与孤独，且随着时间递进，无作为和不认可愈发加重了这种剥离感。缺乏归属感使人犹如丧尸游魂，生活已无意义与激情，更无责任与义务而言。终日形单影只，单调乏味地惶惶度日，并产生极其痛苦的心理体验。研究表明，缺乏归属感会增加患抑郁症的可能性。

家是心灵的港湾，人们回归故里见到故乡的风景多有亲切之感，人对于故乡的归属也是人性使然。田园风景是现代社会所追求的乡土景观设计的最重要特征，它给予人祥和、稳定、安逸的感觉，同时也能填补人们精神上的空缺，满足人对归属感的强烈渴求。因此，园林意境营造途径中关于归属需求的探讨，可运用近自然园林营造的原理，参考田园风景设计手法，如表 8-4 所示。田园风景（见图 8-10，图 8-11）集中了保障人类生活的多种要素，突出人与环境亲密的参与互动，是生活和劳作的景观。

表 8-4 从归属需求层面探讨园林意境营造途径

归属需求层面	园林意境营造途径
丰富生物群落	注重生物群落多样性，丰富动植物品种，营造生态景观
塑造易识别的标志景观	园路、水景可以作为空间坐标轴，但需具有明显的方向性；房屋林地、山石景观则需有明确的标志性，以便让游人确定自己所处的位置而安心

续表

归属需求层面	园林意境营造途径
注重高台的“显”与“隐”	城市园林中高台周围可用植物围挡以“隐身”，露出一边做“眺望”用，栖息其中的游人可由衷地感到祥和的氛围
增加象征物	作为人们精神寄托的场所，将该地域的血脉和地脉相连的象征物（如林地、树木、孤山等）不可或缺
运用果树、农作物	园林中运用果树、农作物营造让人联想到食物的田园风景，往往显示出生机勃勃的景象，给人“食粮确保”的充实感和踏实感，同时也能当作孩子们的游戏场所
利用场地特征、地域历史文化	具有鲜明的场地特征、浓厚的地域历史文化气息的风景有岁月沉淀的痕迹，能形成古老的沧桑美，给人精神上的沉静和安心，可运用自然石材、土、砖块、瓦片、木材等有机材料，或者是古树、老石、旧墙等，以唤起人们内心深处的记忆以及场所的历史感
规划不同用途的场地	营造不同的休闲活动空间，多样的社交活动能促进人际之间的交往，渲染和谐友善的氛围。亲近自然与亲近自己两者都不可偏废，人在与别的游人交流时往往能赢得对方的认可，人在与景观环境的互动中也常达到对环境的归属认同和情感依赖

图 8-10　浙江舟山南洞艺谷

图 8-11　上海辰山植物园

（四）尊重需求

心理学指出，尊重包含两个基本点，即自尊和他尊。自尊的范畴较为广泛和基础，即个体对自我能力、成就、自信、独立等的诉求；相对地，他尊包含来自他人的尊重，即认可、关爱、名声、荣誉等元素。自尊的树立和稳固其实是在获得他尊的基础上发展的。将这一基本概念运用到园林意境的营造中需要注意的是，园林中建筑、山水、地形、植物、铺装、小品等要素的设计都要参考人体工程学等相关理论知识，让使用者在游赏使用时有舒适的体验，即得到足够的尊重。园林意境营造途径中满足人们尊重需求的设计，可从园林景观本身以及使用者两方面加以考虑，如表 8-5 所示。一方面，从人性化的角度出发，可能更偏向于对残疾人、儿童和老年人等弱势群体的关怀（见图 8-12，图 8-13），以人为本，尊重特殊群体。比如，充分考虑行动不便群体的特殊性，通过丰富游乐设施的颜色呈现多样的园林视觉效果，可以充分满足残疾人和儿童的需求。同时，身心健康的人群也能体验到园林中存在的对弱势群体的关怀，由此，不同类型的个体得到被体贴、被照顾、被尊重的感觉。另一方面，在园林中设计一些可供游人活动的场所，由此促进人际交往互动，游人在交往中获得被人尊重、赏识的感觉。

表 8–5　　从尊重需求层面探讨园林意境营造途径

尊重需求层面	园林意境营造途径
园林景观方面	①园林要素的设计施工符合人体工程学、环境心理学等要求 ②遵循无障碍性、易识别性、易达性、可交往性、艺术性五大无障碍园林空间设计原则，全面贯彻无障碍设计，注重园林标识和提示设置，提高空间导向性和识别性
使用者方面	①丰富园林色彩，增设儿童活动空间，满足儿童交往互动、游戏的需要 ②塑造休闲的养生环境，规划便于交往的围合空间、休憩空间，配套健身设施，提供人际交往平台 ③结合“园艺疗法”或“园林保健”，配置具有抑菌杀菌、祛风除湿、舒筋通络等保健作用的植物，体现对老年人的关怀和尊重

图 8–12　盲道和盲文

图 8–13　儿童活动空间

（五）自我实现需求

自我价值实现，即当人不再满足于低层次的尊重与归属时，其即发展到对自身成长、至臻至善的不断渴求。其中，创造力、接受现实、自我理想等概念，是人的心理、行为动机层面中最高级的需求。在这一需求层次上，个体之间的差异最大。每个人满足自我实现需求的方式大相径庭，园林设计师需要在分辨个体需求差异的同时找到其中的共性部分并加以利用。为使用者提供实现人生价值的平台，促进高质量的社交互动往往是景观设计师的重要目标之一。满足自我实现需求的园林意境营造途径，是能在为大众提供园林的公共服务过程中创造相关条件，提供刺激需求实现的平台环境，促使人们产生积极向上的行为，平衡内心深处的渴望与解脱现实生活的枷锁，追求个人成长和精神的自由解放，实现个人潜能和自我完成，从而获得成就感和满足感，可从主动参与和被动参与两方面进行分析，如表 8–6 所示。其实对于园林设计师本身而言，看到自己设计的项目落地施工成形，会有一种无言的自豪感和成就感，这也是一种自我实现。从游客的角度探讨自我实现需求可从两方面着手：一是游人主动参与园林中的项目，营造给人带来发现新事物乐趣的景观意境，通过园林中的活动肯定自己，从而获得成就感，实现自我价值；二是游人被动参与园林活动，身处园林之中被园林营造的氛围所打动，有感慨之意和敬畏之心。

表 8–6　　　　从自我实现需求层面探讨园林意境营造途径

自我实现需求层面	园林意境营造途径
主动参与，成就自我	①创造多样的特色节点，丰富游人体验 ②制定个性化项目，吸引游人参与，寓教于乐 ③设计自我展示平台，满足表现欲 ④开设有意义的活动，实现自我价值
被动参与，精神共鸣	①结合当地历史文化，开辟特色景观 ②结合风水五行、宗教信仰，引起共鸣

一方面，游人主动参与，主要是激发游人好奇心、参与性、探索欲、创造性，制定个性化参与项目，创造具有吸引力的景观空间，创设多样的特色节点，在丰富游人体验的同时满足自我实现需求。比如设计植物迷宫（见图 8–14、图 8–15）、花田，供不同年龄段的人在其中探索，而成功破关后则能给人带来喜悦和满足。探索博物馆、特别的景观廊道等也是吸引人气的景观项目，特别针对青少年儿童，在参与、学习过程中结合娱乐性质的项目，启发人的好奇心与想象力，寓教于乐。设计时可参考位于荷兰阿姆斯特丹南阿克西斯区的 Beatrix 公园内的多功能儿童游乐区（见图 8–16、图 8–17）的场景营造形式，这给当地的园林景观带来了新的生命力，其中的项目设施成为人们自由探索的秘密空间，带给人们探索和发现的乐趣，满足自我实现的需求。在城市园林布局时，要考虑到游人的表现欲，营造有利于自我展示（如体育竞技、文娱表演、诗词对赋、厨艺比拼、书法描摹等）的空间平台，锻炼和发挥个体机能，促进人景以及人际之间的互动；同时景观中的互动行为也会提高该景观区域的吸引力和活力，形成良性循环。亲手制作东西、耕种农作物、浇灌花木、设计庭园等活动能让人与自然有更加亲密的接触，游人做了日常生活中不常做的事，并目睹自己的劳动成果，超越自己，很有成就感。参加景区的植树活动、认养植物、捐献资金建设景点等活动能让人意识到自己保护环境的意义，在游人参与体验的同时，实现自己对社会的贡献以及对生态保护的愿望，满足自我实现需求。另一方面，游人被动参与，比如在空间设计中注入当地历史文化因素，开辟“遗产步道”、文化馆等，让游人了解当地文化的同时体验历史的发展，这对于游人也是一种自我实现。也可利用风水五行、宗教信仰，设计宗教场所，使其成为游人（特别是信徒）精神寄托的载体，引发共鸣。

图 8–14　植物迷宫 1

图 8–15　植物迷宫 2

图 8–16　Beatrix 公园 1

图 8–17　Beatrix 公园 2

综上所述，利用马斯洛需求层次理论，从如何满足人的五个层次需求的角度探讨了园林意境营造的途径，丰富和拓展了意境营造理论。应该指出，满足人的基本需求的园林景观不一定能够直接产生园林意境，但是满足人的基本需求是产生园林意境的前提和基础。如果园林景观的设计连人的基本需求都无法满足，那么园林意境也就不复存在了。同时，在理解马斯洛需求层次理论时不能被各层次的需求顺序所拘束。此外，在园林意境营造过程中应当遵循“以人为本”的原则，以马斯洛需求理论作为指导或参考，留意到人的基本需求的整体性和复杂性，避免陷入人本主义的泥潭或走进以自我为中心的思想误区。

二、文化角度

中国古典园林意境是中国美学的特色。园林文化源于对美的共同追求，中西方文化虽有思维方式的差异，但也有诸多共同点。国外造园家们在设计园林时也会将个人的思想情感融于他们所创作的园景之中，只不过不了解其文化的人在观赏时更像是一个“局外人”。中国园林，尤其是中国古典园林，将园林意境与中国文化紧密相连，相互渗透。可以从文化角度的诗格、画理、典故、风俗、道德、宗教这六个层面来分析现代中国园林意境营造途径。

（一）诗格

诗格，是指诗的格式、体例与诗的风格、格调。西方学者艾略特的名句："诗歌代表一个民族最精细的感受和智慧。"中国历史延续千年，说是诗的历史亦毫不为过，从《诗经》到清诗，尤其是山水诗，皇皇巨著，蔚然可观。在对历史的传承中也在民族个性中注入了诗兴的精粹，以及诗格中孕育的悲欢离合、人情洒脱和道德审美。自然而然，这种诗的美学和审美也延伸到了园林、城市和建筑的方方面面。明代的陆绍珩曾在《醉古堂剑扫》中提出"栽花种草全凭诗格取裁"，种植花木如此，兴建园林也应含有文化气息。诗格的选用常常因地而异，即因地理、气候、环境等具体差异而异，应具有相应的地域特色而非生搬硬套，完全拿来主义。

中国古典园林与诗格的相生相随离不开辞藻诗文的刻画与描摹，如清代钱泳在《履园丛话》中说："造园如作诗文，必写情也，文以情生，园固相同也。最忌堆砌，最忌错杂，方称佳构。"其中缘由一语尽显，即造园之术由诗格中发显，且诗格又在园艺中畅游。起承转合，作文与造园"师出同门"，重构思、重写意、重表达。而园林意境的刻画表达，正是通过诗文中数之不尽而又生动可感的艺术手法来呈现描摹的。中国园林能在世界上独树一帜，诗格的表现是很重要的一个因素。

文以景生，景以文传，引诗点景，是中国传统园林的一大特色，对现代园林景观的设计也有重要的参考价值。在园林营造和诗格糅合相生后，园林空间即宣告"诗化"。中国古典诗学文化、诗景堆叠、诗情意境均在园林的寸土寸金中被点滴表达诠释了出来。园林生态景观空间下的一切实体，都被注入了诗格的精魄，一个拥有独特诗文品位的园林，不但使游园者可以驻足其中，俱怀逸兴壮思飞，而且还化身为极其富含精神食粮、心灵慰藉的情感熔炉，将时间、空间、主体、客体、自然、历史合而为一。

例如，在樊川居士"二十四桥明月夜，玉人何处教吹箫"的启发下，扬州二十四桥西岸浑然而成；拙政园的留听阁，即源自李义山的"留得枯荷听雨声"；京畿陶然亭，取自白氏"更待菊黄家酝熟，共君一醉一陶然"，同时体现了化诗为园、化诗意为园境，使诗境与园境合二为一。

匾联、碑注、门题等，都是园林诗格的实体赋予，这些寄托物不仅承担着古典建筑空间配置的点缀，而且还负责诗情与景观的联系、时节分秒的呼应、恣意豪气的抒发、追古溯源的畅思，体现其中奥妙。园林空间中的实体"具象"，在这些诗格的簇拥下，点出了文韵、词义、诗境，也点出了儒风、道骨、禅机，使营造的空间表达出种种高情逸思而上升到"形而上"的诗境空间，丰富了空间内涵，拓宽了意蕴，提升了空间文化品位。其中，题名最能精练地为风景传神写意，常起到托物言志、借景抒情的作用。

题名是我国园林文化中的一朵绚烂的花朵，好的命名往往能够赋予园景别样的韵味，也能起到一定的宣传作用。园名是以园景的物质构成为基础的文化性凝练。宋代洪迈在《容斋四笔·亭榭立名》中提道："立亭榭名最易蹈袭，既不可近俗，而务为奇涩亦非是。"另外，园名是联结园景与游人之间的一座桥梁，唤起游人对于所面对的园林景观与文化美学之间的感受，同时体现深厚的文化内涵。有了园景名，在人尚未接近景象时，通过园名就可在人的内心先入为主传递了一定的信息，引发游人对于实景的好奇。园景的命名可让游人将实景与园景名相联系，引导游人联想，增强游人对该景点的记忆，促进了游人对于园林设计者造园意图的理解以及身临其境时的融入，产生“象外之象”。目前园林中园景的命名多与植物相关（见表 8–7），有些是以植物为主景，有些园名把植物当为配景。

表 8–7　园林景点命名举例

季节	景点名称
春季	长堤春柳、海棠春坞、春笋廊、桃霞烟柳、杏坞春深、苏堤春晓、柳浪闻莺
夏季	曲院风荷、留听阁、远香堂、消夏湾、观莲所、荷风四面亭、曲水荷香
秋季	扫叶山房、闻木樨香轩、秋爽斋、写秋轩、平湖秋月、天香秋满、丛桂轩
冬季	风寒居、踏雪寻梅、南山积雪、断桥残雪、立雪堂、看松读画轩、听松风处

以小见大，浓缩的自然生态，就是中国园林的主观直接表达，亭台阁榭，长廊小径穿插其中，在一方天地下将园林景观尽收眼底，同时移步换景，色彩缤丽，四季更迭，时空转换，诗书情谊，竞相而出。在丘壑草木的感染中，展示出中国人独特诗意气质的一脉相承。从诗格中领悟园林造园手法，从园林中得到灵感创作诗文，可谓“诗情缘境发”。陈从周先生曾提出研究中国园林也许可以先从中国诗文入手，虽是一家之言，却道出了诗格与园林的关系。园林是一首无言的诗。诗格能够影响造园的场地布局和艺术章法，也能从园林内涵方面启发造园者的设计构思。园林中所蕴含的象征意味和深刻寓意常常令人难以准确领悟和把握，借助诗格的语言，可让游园者不由自主、自然而然、循序渐进地感受到包含其中的艺术构思和诗格，体验出“韵外之致，味外之旨”，而且还能引导使用者在游赏过程中产生联想，进而思考自己的人生价值与生存意义，达到情与景双向交流、和谐共鸣。

例如，沧浪亭的石刻楹联“清风明月本无价，近水远山皆有情”，取自北宋欧阳修和苏舜钦的对诗中。拙政园的雪香云蔚亭有一副草书对联：“蝉噪林逾静，鸟鸣山更幽”，源于南朝梁王籍的《入若耶溪》，凭借以动衬静的艺术感，刻画出一幅清幽恬雅的山水画卷。网师园琴室的对联“山前倚仗看云起，松下横琴待鹤归”充斥着佛理禅机的意味。杭州玉泉观鱼处的“鱼乐园”中楹联是“鱼乐人亦乐，泉清心共清”，点出“观鱼知乐”这个焦点。扬州瘦西湖长堤春柳亭的“佳气溢芳甸，宿云澹野川”，“平山堂”的楹联“过江诸山到此堂下，太守之宴与众宾欢”等都有异曲同工之妙。

现代园林景观规划设计者本身的文化涵养、设计偏好、教育背景等的差异导致其园林作品的表现形式有所不同，游赏者看到相同的景致所得的情致也不尽相同。诗格所体现的形式在一定程度上能够指引游赏者，对于理解造园意图和所呈现的景观意韵有重要的辅助作用。在古典园林保护、重建以及现代园林的建造中可以诗格的形式再现当地的文化故事，在整理、重拾地方文化的同时进行拓展、创新和发扬，凸显当地的文化特色。

（二）画理

画理即绘画的原理。正如古希腊诗人西摩尼得斯所云："画是一种无声的诗，诗是一种有声的画。"诗画同源，皆为古今中外不辍的话题。中国造园理论与中国画理一脉相承，中国园林追求文化意境之时是不可能不讲究画理的。古典文人画，极为讲究画面布局构思，这一点和园林的空间构图极为相似。以借景、障景、对景、点景等方式，立体地反映园林空间构图，正是画理的生动表现。谢赫在《古画品录》中提及的绘画六法，已在中国古典园林的构造配置、布局表现中得到了十足的诠释。计成的《园冶》和文震亨的《长物志》作为我国重要的造园理论著作，其作者既是造园家也是画家。因此对绘画之意有一定程度的了解是造园家必备的一种素养，这对于他们在有限的空间营造无限的意韵（如"小中见大""咫尺山林"）有不可替代的作用。《芥子园画传》详细介绍了山水、花草树木等绘画技法，对于园林构造，特别是古典园林植物配置具有启示作用。正如陈从周先生在《梓室谈美》一文中总结出的：中国园林的创构、品赏和研究离不开画理之用，即"余曾云不知中国画理，无以言中国园林"。

从某种程度上也可以说，园林景观意境的营造就是描摹画卷，叙说画理。如绘画六法所指出的主次远近、构图规律、疏密参差、藏露虚实等关系，恰又是园林构筑的基础。魏晋时期出现了山水画，其宗旨是师法自然，重在写意。山水画上的实物与现实生活中的山水不同，它是通过画家眼之所及与心之所想结合而成的作品，寄托了画家的思想感情。而写意山水园林与山水画之间更是有异曲同工之妙。诸如"以点墨摄河山大地"的画理精粹，与"片山多致，寸石生情"的构园理论，二者相得益彰。

中国画不是从固定的角度集中在一个透视焦点上的，而是从全局入手来分化细部，从流动的角度来观望四面八方。"山重水复疑无路，柳暗花明又一村"之感正是运用了画理的功效。合理运用画理，可使游人充分领略园林"入画"的意味，体会风景背后精致、唯美的文化品位，达到如严羽的《沧浪诗话》所形容的"如空中之音，相中之色，水中之月，镜中之象，言有尽而意无穷。"另外，如苏州园林中常见的图画美：往往开窗若是白墙相对，或缀以几抹香竹，几串芭蕉，或砌以层山叠峦，曲水枯木，则白色的单调不复相见，宛如纯洁宣纸上的浓墨重彩。这从另一个角度说明中国园林景观营造十分讲究墙体色彩，尤其是以白色居多，强调与整个园林周边光影、色彩、造型、布局等的搭配与协调，当然，画理在其中的作用居功至伟，画景相生，景中窥画，画中透景。具体而言，绘画理论在园林意境的创造上主要体现在选址布局、掇山理水、建筑调和、植物配置这四个方面。

1. 选址布局

计成在《园冶》中将选址置于全书首篇，足见选址的地位。他在书中概括了选址的总体要求，将园林选址的要点归纳如下：山林之要，莫于高低凹旷，流曲相深，峻险危悬，平铺达坦，以人工饰天然，可化奥妙。园林景观设计离不开成功的选址。山林地和湖沼地是造园的理想场所。园林各要素的配置要考虑土壤、风向、水流、方位等的影响，要注意突出自然景物的特色。只不过现代的园林选址绝大部分要服从城市规划，园林设计师们只能在给定的地块内因地制宜地规划结构，但只要依据生态原理，布局合理巧妙，便能创造出锦绣景象。

在清代，取画可见造园布设之玄机。如画者沈宗骞《芥舟学画编》中所述："凡作一图，若不先立主见……如天成，如铸就，方合古人布局之法。"其中，显而易见的是，园林设计布局最忌讳恣意填补，如补丁修鞋，东拼西凑，毫无目的。有灵气的造园艺术，当因地制宜，先定调、分疏密，方可挥洒自如，其中凡物皆相生相随，浓淡有致，分合疏离，以小见大；至于其间物象，如絮烟、香树、村群、海原，辅以小径相通，一气呵成。另外，譬如"隐若山水林木，高下疏密，以意会之，急以土笔约定，亦取势之活法也"之类，文章谈论的是绘画时布局的关键性，但也可为园林设计时的布局提供借鉴。园中有园，景中含景，各具层次，各取其势，各持其意，曲折有致，得影随行，象外生象。园林布局的基本原则，可用汪菊渊老先生的话来形容："构园取势为主，巧于因借，精在体宜，起结开合，多样统一。"经过数千年园林文化的沉淀，造园家们实践积累的园林布局手法丰富多样，对于现代的园林设计仍具有重要的参考价值，主要有障景、隔景、对景、借景、框景等手法。

2. 掇山理水

所谓"山以水为血脉，故山得水而活；水以山为颜面，故水得山而媚"，"溪水因山成曲折，山蹊随地作低平"，虽是画理，也恰好道出了中国园林中山与水的关系，山水是传统园林景观的空间骨架。园林中的山水之景是对自然界山水相貌的概括和凝练，山水之间的相互关系也要处理得当。园林掇山可遵循"大山用土，小山用石"这一原则，但也不是绝对的，要注意灵活运用。堆山的技艺与作画还是有所区别的，叠山能手看似是随意堆叠，但都是经验之举，须另辟画理。在空间较小的庭园、建筑前后或者较大宅园的厅堂中，叠石或叠石花台与植物的搭配更能表现趣味性。

东方园林之精要可属掇山之法，若东西相较，冥冥共生相行的当推理水之技。小至池潭泉洼，再至喷沼溪涧，大至湖泊河流，这些都是理水之技的客体对象，当然，更细微的，在陶器、水柜等容器内盛水也可做水景。对于大型水体，可在其开阔的水面上安排岛屿和建筑，形成曲折深远、离合扩散的格局，如杭州西湖的三潭印月形成的"湖中有岛、岛中有湖"独特的多层次水景空间；也可借近景或远景当成背景来衬托，如颐和园的昆明湖近借玉泉山，远借小西山。规模小的园林或大型园林的局部景区水景可以水池为主，借意"一勺则江湖万里"。理水也要讲究因地制宜，南北方的水景营造要考虑水源因素，一味追求水景效果反而南辕北辙。

3. 建筑调和

中国建筑“重在生活情调的感染熏陶”，是建立在对自然和人生独特的思想情感观照和对生命内省式的体验基础上的。园林建筑具有为游人提供良好的视野、组织游览程序、安排景面等功能，同时还要兼有审美价值，因此也是游人观赏的对象。建筑与自然景象的有机结合，从一定程度上体现了人与自然的对立统一关系，是人们生理需求和精神需求的选择。在风景建筑中可采取遮挡、封闭、分隔、收拢等手法，使得园景的呈现不那么单调乏味，也可成为游览程序的过渡。园林建筑的空间组合设计要注意结合植物、山石等材料以增加空间层次，打破建筑与其他造园要素的隔阂，综合思量，才能创造和谐俊丽、雅致绝伦的园林景观。

4. 植物配置

园林中的植物，其本身的姿态美，与其他景物的配置美均可向绘画泛化。古典园林的植物景观配置，绿化添意是为底子，加上诗书画意为精要。陈从周先生曾描绘过这么一幅画面：稀窗外，零花残树独居一邻；山林间，古树二三，幽丛一抹，枯山腐石，是为姿态之意，品种为次，和盆景之缀类似，方为画中一隅。园林中植物的花和叶随着季相时序的变化呈现不同的色彩，使得园林风景既有色彩变化，又能呈现四时不同之景。诚如《山水训》所述：“春山如笑，夏山如滴，秋山如妆，冬山如睡。”植物的色彩增加了构图的意趣，颜色能够影响感情和空间距离的变化，如暖色调有“趋近”之感，而冷色调常给人“远离”之感。

将生态自然空间和建筑空间灵活地结合，园林植物配置成为点睛之笔，同时，也能起到建筑空间与自然相结合的媒介作用，一般有孤植、对植、列植、丛植、群植等配置方法。正如古人所说：“好鸟鸣随意，山花落自然。”植物的自然属性与生态作用，通过合理配置能够营造恬逸舒适、悠然闲静的自然氛围，造就生动可人、活泼有趣的自然景象。植物受气候影响较为明显，植物景观可体现地域性景观风格。在进行植物配置时，遵循形式美法则，争取四季皆有花木景象，同时，注意因地制宜，提倡选用乡土植物，按照适地适树的原则应用于园林之中，带动城市特色绿化风貌的形成。

（三）典故

所谓典故，是指关于历史人物、典章制度等的故事或传说。我国历史悠久，古迹文物众多，其间留存了许多民间传说和故事。遗址访古在旅行活动中具有很大的吸引力，很多神话传说中的园林意境虚幻缥缈，若有若无，游览其间极具趣味性和浪漫性。典故是一种历史和现实的存在，其内在的意义需要我们去品味，其深入的文化需要我们去传承。园林设计中使用典故，把园林的自然美和与之相关的文化结合在一起，可利用楹联、碑刻、匾额、雕塑、小品等形式来进行点题，使得人在游赏时产生对历史的缅怀和联想，回忆历史长河中真实存在过的人和物，更深刻地理解这个景点所想要表达的风韵并加深记忆，从而拓展游客的审美空间。

古典园林中，如拙政园的画舫香洲，就是以《楚辞》中的“采芳洲兮杜若，将以遗兮下女”为典故而命名，其周边也种有杜若。拙政园的“松风水阁”，引据古曲《风入松》。留园的“闻木樨香轩”前栽植桂花，取自黄庭坚嗅木樨香而悟道之逸事。古五松园月洞门宕砖刻“得其环中”出自《庄子·齐物论》——枢始得其环中，以应无穷。另外，寄畅园中有一泉（见图8-18），泉水清冽甘美，是煮茗珍品，被唐朝“茶圣”陆羽定为“天下第二泉”，又经北宋苏东坡的诗句“独携天下小团月，来试人间第二泉”而闻名遐迩。

现代景观当中，南京的红楼艺文苑借用了“黛玉葬花”的文学典故，描绘了满园桃花落尽的黯然神伤（见图8-19）。北京大观园再现了《红楼梦》中的“大观园”景观，园中的一花一木、一草一石，每个景区的植物景观特点和营造手法都和《红楼梦》有较深的历史渊源。杭州西湖周边的苏小小墓、断桥、雷峰塔、灵隐寺飞来峰，以及湖边的各种雕塑，其背后都有相应的神话传说和民间故事。杭州良渚文化村建立在良渚文化发源地良渚镇，展示了良渚文化的发掘过程并提出了尚未解决的课题以激发参观者的探索热情。村内的寡山书屋（与田夫子事迹有关）、迎主岭（与赵构事迹和传说有关）、杜甫桥（与杜甫事迹和传说有关）、回音壁（与李白事迹和传说有关）、七贤桥（与“竹林七贤”事迹和传说有关）等都结合了历史典故，以不同的园林要素形式呈现，使得使用者感受到整个村落富含的文化典故气息，又能更加深切地感受到每个景点要素所要呈现的历史韵味。类似的传说、故事所形成的意境，在游人游览园林时有强烈的吸引作用。

图8-18　寄畅园天下第二泉

图8-19　南京红楼艺文苑

（四）风俗

风俗的一般定义为：人类在长期的社会实践和感知中形成的风尚、习俗。此处的风俗将从风水五行和习俗两方面进行讨论。

1. 风水五行

根据《辞海》释义，“风水”也叫堪舆。《文选·甘泉赋》注引许慎语：“堪，天道也；舆，地道也。”所以堪舆的本义可理解为天地。东方学者认为：风水是地理现象，特别是磁的存在，对人类产生了一定程度的影响，从而将二者相结合考虑。而相对地，西方学者认为风水是在一定恰当的时空条件下，将人与自然生态处于一种和谐协调的环境内，并由此延伸出令人舒适、安详的一种艺术手段。风水理论在演变过程中分为了不同的学派，但是不论哪种学派，其基本指导原则都是天地人合一，与园林追求的天人合一不谋而合。这种思想长久延续至今，中华先人特别重视人居，住宅的选址也就分外讲究，风水对于园林选址的影响较大。理气，是风水的宗旨所在，即寻找一种生气，而这种生气富有之地应属遮风向阳、鸟语花香、依山傍水，草木和谐之地。所谓“风水宝地”，是指建筑选址要邻水环山，形成“金城环抱”之势，便可达到人与自然的和谐。以建筑为中心，其周围的山形水势多依据“左青龙、右白虎、前朱雀、后玄武”风水四大格局。植物配置也讲究风水，如东种桃柳、西种栀榆、南种梅枣、北种李杏。

五行，作为风水学的基础知识之一，其学说认为宇宙自然是由金、木、水、火、土这五种要素相生相克衍生变化而成。在中医基本理论中，五行学说被用来解释人体各内脏之间的关系（见图 8–20）。而园林设计中也常用到这一关系，尤其是在场地布局和植物配置方面。五行学者认为，当人体、自然的五行属性协调平衡时，园林保健的目的才能真正达到（见表 8–8，表 8–9）。近年来流行的“五行保健园”强调养生主题，是在园林景观配置中注入了中医调和之精要，并遵照五行方位，园区分为五行区，即金对肺、木对肝、水对肾、火对心、土对脾，各成一区，在打造养生场所的同时也营造了园林意境，而起到更多保健作用的是植物的配置（见表 8–10）。除保健园外，养生、保健类药用植物园随着人们对城市园林绿地生态保健作用的认识不断加深而日益兴盛，其中的植物配置就是利用传统的五行学说和中医理论。

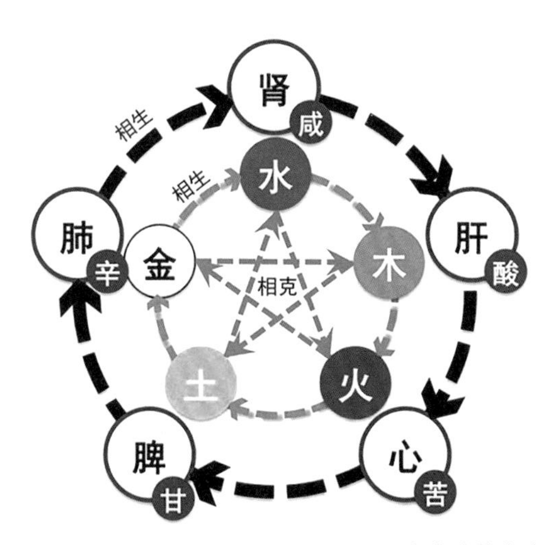

天、地、人五行生克图

春夏秋冬四时交替，木火土金水五行生克，产生了寒暑燥湿风的气候，又形成了万物生、长、化、收、藏的规律。人与自然息息相关，生命本身就是阴阳，故古人以四时配五行来说明四时五行对五脏的影响。顺应四时，五行生克相当，则身体健康

图 8–20　五行与人体内脏之间的对应关系

表 8-8 五行与人体的关系

五行	人体				
	五脏	五腑	五感	五志	五官
金	肺	大肠	闻	忧	鼻
木	肝	胆	看	怒	目
水	肾	膀胱	听	恐	耳
火	心	小肠	触	喜	舌
土	脾	胃	尝	思	口

表 8-9 五行与自然界的关系

五行	自然界				
	五味	五色	五气	五方	五季
金	辛	白	燥	西	秋
木	酸	青	风	东	春
水	咸	黑	寒	北	冬
火	苦	红	暑	南	夏
土	甘	黄	湿	中	长夏

表 8-10 五行保健园养生植物举例

五行疗效	植物类型	主要植物种类
固肾园	乔木	山核桃、构树、杜仲、石楠等
	灌木	乌药、金樱子、紫荆等
	藤本	何首乌、威灵仙、小木通、木防己、南五味子、紫藤等
	地被	百蕊草、细辛、金钱草、荞麦、萹蓄、商陆、天葵、淫羊藿、短穗铁苋菜等
健脾园	乔木	槐树、侧柏、女贞、构树、梓树、乌桕、厚朴等
	灌木	刺五加、梅花、火棘、金钟花、钻地风等
	藤本	鸡血藤、秤钩风、地锦、白蔹等
	地被	茜草、当归、三七、白芨、仙鹤草、决明子、半夏、马齿苋、麦冬、黄连等
舒肝园	乔木	杜仲、红豆杉、白玉兰、梧桐、冬青、榉树、鹅掌楸、栾树等
	灌木	桂花、六月雪、栀子、牡丹、木芙蓉、含笑、金银花、连翘、锦鸡儿、胡颓子等
	地被	油菜、桔梗、百合、石蒜、石菖蒲、白花蛇舌草、天门冬等

续表

五行疗效	植物类型	主要植物种类
强心园	乔木	银杏、侧柏、垂柳、合欢、臭椿、香樟、合欢等
	灌木	木槿、牡丹、胡枝子、连翘、栀子、金钟花等
	地被	麦冬、石菖蒲、白花蛇舌草、莲花、落葵、鸡冠花、百合、姜花、铃兰、益母草、夏枯草、猪毛菜、野菊花等
清肺园	乔木	月桂、垂柳、枫杨、香樟、朴树等
	灌木	蜡梅、锦鸡儿、紫玉兰、南天竹、山茶、栀子、贴梗海棠、日本小檗、碧桃等
	地被	桔梗、艾、芸香草、马兜铃、麦冬、姜花等

风水理论和五行学说因其科学性与适用性，在当今也毫不过时，并焕发出新的活力。园林意境营造在结合现代自然科学和环境科学理论的同时，也应结合风水与五行，取其精华去其糟粕，协调人与自然的关系走向可持续发展。

2. 习俗

地方习俗或地方精神指的是一个地方区别于另一个地方的独特品质。“一方水土养一方人”，不同的生活环境形成了不同的生活习惯。地方习俗的受限范围不定，有比较大而自成一体的区域，也有较小规模的区域。在进行园林意境营造时，需把地方习俗作为重要的考虑因素，可通过优秀的创造性设计加强地方意识。

古代士大夫在造园景时寄托了图祥瑞、谋吉利的心愿，把某一园景比拟或象征园主的心态和思想感情表现出来，这就是比兴的手法，其中最易比拟联想的莫过于植物。因此一般可选用有吉祥内涵的植物（见表 8–11），将对生活的美好寄望借助植物配置表达出来，如种植橘子、太平花盼望家人“吉祥平安”，种植迎春、玉兰、海棠蕴含“金玉满堂”，种植石榴、枣树祈盼“多子多孙”，种植紫荆希望兄弟和睦，展现人民朴素、积极、乐观的生活态度。

表 8–11　植物配置与中国民间习俗

类型	传统的植物配置方式
经典组合	①玉兰、海棠、牡丹、桂花相配，示意“玉堂富贵” ②玉兰、海棠、迎春、牡丹、桂花象征“玉堂春富贵” ③金桂、玉兰相配，示意“金干玉桢” ④桃、豁子石榴、佛手相配，示意“福寿三多” ⑤芙蓉花和桂花相配，示意“夫荣妻贵” ⑥牡丹、荷花、菊花、梅花相配，示意“春安夏泰、秋吉冬祥”
自然组合	①集中种植某种植物而成专类园，如枇杷园、月季园、牡丹园、竹园等 ②植物成片栽植，并与山、水相结合，如桃花溪、海棠坞、梅影坡等
民俗谚语	①青松郁郁竹漪漪，色光容容好住基 ②白兰屋前种，美花香气送 ③向阳石榴红似火，背阴李子酸透心 ④门前一棵槐，不是招宝，就是进财

园林景观的习俗特色不一定只能体现在植物上。园林装饰图案中，诸如常见的“五福捧寿”图案，“寿”字用文字或者松鹤图案呈现。“五福”即寿、富、康宁、攸好德、考终命。一求长命百岁，二求荣华富贵，三求吉祥平安，四求行善积德，五求人老善终。围墙高处四扇纡丝、瑞芝、藤景、祥云漏窗，图案寓意“福寿绵长”。我国特有的春节、元宵节、端午节、中秋节、重阳节、腊八节等节庆也是园林意境营造中富有人文气息的部分，举办各类特殊节日或活动（如庙会、社戏）所需要的广场、戏台、钟鼓楼等场地都是各地区特有的标志性景点，充满风俗特点的园林景观也是吸引游客的特殊文化旅游资源。民间流传的花神说（见表 8-12）在各地受到了青睐，我国花木著名栽培地也有修建花神庙的习惯，与此相关的花朝节受到了大家的热捧，不同地区有不同的庆祝方式。节日期间，人们在外游览赏花，而这些场地正能体现意境的营造。如杭州西溪花朝节，顾名思义，举办地点在西溪国家湿地公园和西溪湿地绿堤，通常在 4 月上旬至 5 月中旬举办。2018 年的西溪花朝节重现了古时花朝节的盛况，游人可遍览五彩花桥、浪漫花溪、水上花岛等多种形式的百花争艳（见图 8-21，图 8-22）。结合习俗传统，现场还有古筝、投壶、茶文化体验、书法描摹、猜花令等体验项目。

表 8-12　　民间流传的“十二花神”版本汇总表

农历月份	月令花卉	女性花神	男性花神
正月	梅花	（南北朝）寿阳公主、（唐）江采苹（又称梅妃）	（北宋）林和靖、柳梦梅[①]
二月	杏花	（唐）杨贵妃	（上古）燧人氏、（东汉）董奉
	兰花[②]	（南北朝）苏小小	（战国）屈原
三月	桃花	（春秋）息侯夫人妫氏、（元）戈小娥	（北宋）杨延昭、（唐）皮日休、（唐）崔护
四月	牡丹	（西汉）丽娟、（东汉）貂蝉、（唐）杨贵妃	（唐）李白、（北宋）欧阳修
	蔷薇	（西汉）丽娟、（南北朝）张丽华	（西汉）汉武帝
五月	石榴	（西汉）卫子夫	（西汉）张春、（南北朝）江淹、（唐）钟馗、（唐）孔绍安
	芍药		（北宋）苏轼
六月	荷花（或莲花）	（春秋）西施、（唐）晁采	（南北朝）王俭、（北宋）周敦颐
七月	秋葵	（西汉）李夫人	（东晋）谢灵运、（南北朝）鲍明远
	玉簪	（西汉）李夫人	
	凤仙花		（西晋）石崇
	鸡冠花		（南北朝）南陈后主陈叔宝
八月	桂花	（西晋）绿珠、（唐）徐贤妃（徐惠）	（五代）窦禹钧（也称窦燕山）、（南宋）洪适

续表

农历月份	月令花卉	女性花神	男性花神
九月	菊花	（西晋）左贵嫔（又称左芬）	（东晋）陶渊明
十月	芙蓉花	（五代）花蕊夫人、（北宋）谢素秋	（北宋）石曼卿
十一月	山茶花	（西汉）王昭君	（唐）白居易
腊月	水仙花	（上古）娥皇、（上古）女英、（东汉）洛神、凌波仙子③	（春秋）俞伯牙
	蜡梅	（北宋）佘太君（也称老令婆）	（北宋）苏东坡、（北宋）黄庭坚

① 出自《牡丹亭》的柳梦梅无朝代可考。

② 兰花比较特殊，一年四季均有不同种类的兰花开放，在不同版本的“十二花神”中，兰花分别出现在农历正月、二月、七月和十月，在这里暂且将兰花放在二月。

③ 传说中的水仙花神凌波仙子无朝代可考。

图 8-21　2018 西溪花朝节 1

图 8-22　2018 西溪花朝节 2

（五）道德

道德，是极具约束性质的社会意识形态，通常基于大众约定俗成的善恶是非，并通过舆论宣传、信念绑定和传统习惯来约束调整人们之间的行为。园林意境营造途径中，道德是不可忽略的一个层面，而类比思想与道德层面紧密相关。类比思想是一种审美思想，可分为观物比德和观人比物。学者们常将人与物之间的类比统称为“比德”，中国古典园林中的“比德”讲究博爱、仁义，是孔子哲学思想的核心，体现了儒家的政治统治观念。“比德”审美思想绵延至今，审美内容宽泛，自然山水、音乐、绘画、书法等都被纳入了比德的理论当中。比德是自然美和人格美的协调统一，体现了人与自然的精神和谐统一，蕴含了天人合一的思想理念。类比手法将人的道德情操和自然之物相融，人格化景物，客观化人的德行，使得景物成为人们寄意于物、借景抒情的载体，正所谓“有情芍药含春泪，无力蔷薇卧晓枝”。人与景之间形成了只可意会不可言传的关系，类比的运用增加了园林艺术的张力，渲染了园林的抒情性，也丰富了园林意境营造的层次。相对于现代人而言，古代文人官吏运用的观人比物较多，而观物比德在当下的时代中运用更为广泛些。自然景物的类比常用简练的形容词就可以概括，如热情、沉着、豪爽、诚实、温和、含蓄、愉快、优雅、坚强、毅力、孤傲、坦率、容忍、无畏、超迈、洒脱等，这些审美描述本身就意味隽永。

园林意境营造中常以山水比德和植物比德为主。山水比德，为儒家之道，也属美学范畴，园林里的山水都负载着与道德相联系的情愫。所谓“智者乐山，仁者乐水”，君子比德于山水，逐渐深化成为中国古典园林文化内核的一部分。

中国古史从生态自然中的意象来实化抽象的民族或者社会思维，诸如将树木的“万古长青”比作王朝或权力的寿祚，深入到社会内部，文人骚客更是借情抒怀，谈古畅今，将自我感情寄托在丛生的植物景观上。这是把植物之“美”与人格之“善”结合在一起，使之成为“美善合一”的载体。植物的寓意是中国传统文化与花木长期相互联系而形成的一种约定俗成的花木联想，同时也形成了一种固化的种植模式（见表 8-13）。屈原的代表作《楚辞》开创了中国园林花木比拟人格的先河，常用花木来寄寓言志，比拟人的品德和素质，如把恶禽秽木比拟谗佞小人、把山鸟香草比拟忠贞君子等，同时从景观植物的生长环境及其独一无二的外在表现而对植物定义下了代名词。历史承传，众所周知的诸如：傲天绝世的花中四君子，或是出淤泥而不染的荷花，或是不罹凝寒的松柏。正是这一花一木，表现出对正义、对真理等美好事物的不懈追求。

表 8-13　　常用植物比德意义

植物类型	特点	象征意义
松柏	保持本真、坚强不屈、永葆青春	坚毅高尚、长寿不朽
梅花	不畏严寒、优雅脱俗、风姿绰约	冰清玉洁、坚韧傲骨
竹子	纤细柔美、长青不败、弯而不折	青春永驻、谦虚上进
山茶	英姿神韵、色香俱绝、凌寒开放	坚毅勇敢、内秀清韵
荷花	出淤泥而不染，濯清涟而不妖	坚贞清正、纯洁无邪
菊花	经历风霜、坚韧顽强、高风亮节	淡泊名利、清廉高洁
兰花	素而不妖、娟秀典雅、花香清幽	高洁典雅、坚贞不渝
玉兰	洁白高雅、清新可人、舒展饱满	纯洁无私、真挚高贵
火棘	树形优美、夏有繁花、秋有红果	大公无私、刚正不阿

利用“花中十二友”（芳友兰花、清友梅花、奇友蜡梅、殊友瑞香、佳友菊花、仙友桂花、名友海棠、韵友茶花、净友莲花、雅友茉莉、禅友栀子、艳友芍药）、“花中四君子”（梅、兰、竹、菊）、“岁寒三友”（松、竹、梅）等著名文化属性的固化植物配置或利用单种植物比德属性在园林中较为常见，如“岁寒草庐”“万壑松风”“锄月轩”等。在运用这些植物的文化属性时，往往附上诗文题名来表现、衬托景点主题。这些植物比德寓意并不一定只体现在植物配置上，也可以在花窗、

铺地花纹等类型中体现，如拙政园的“海棠春坞”地面就是用不同颜色的卵石铺砌成了海棠图案，狮子林的“问梅阁”中门窗和地面也全是梅花造型。

（六）宗教

宗教，一种典型的社会意识形态，具有极强的辨识性、特殊性和普及性。从哲学顿悟的萌芽到其发展壮大，宗教糅杂进了各自的历史当中。在中国，儒道释三家并立而行。寺观与宗教相连，中国传统三大教派“儒、道、释”中，“道”和“释”才被认为是真正的宗教。与经世之理的“儒”不同，“道”与“释”更多地表达精神层面，并以一种“仙升”的姿态来表达宗教理念，当在古典园林意境中注入了宗教，特别是这种“道”或是“释”的精髓，则园林的意象配置会处处显现出一种身处天庭仙世的感觉，让游园者摆脱世俗之累，洗涤内心杂念。寺观园林的设计、布局与配置往往极具自由性，其中也充斥着世人对于一种理想世界的愿景，而寺观佛堂往往出于悲悯高尚性，含有非功利心，是世人表达理想、描绘自由、甚至是宗教中的“得道升天”希望的理想之地。如今，也不难见到，曲径通幽、深山密林后的一缕青烟，如此的与世隔绝、清净优雅成了寺观园林得天独厚的优势，同时，在其中加入宗教学的诗书艺术，最终描摹出一座“念诵之声，绕梁三日不绝于耳”的佛寺园林，或是“浮生若梦，锤炼钟鸣响彻幽谷”的道观园林，由是捧出一抹景意交融、佛文道读、经世累学、恬雅自在的世外园林之景。

这种世外之景，绝不如凡夫俗子般在平土坦原上堆砌，这种寺观园林，往往构筑于崇山峻岭、深渊绝壁之上，同时烟轻雾绕，构建出一种超凡脱俗、至高至上的虚冥幻界，当中典范不胜枚举，诸如镇江甘露寺、山西浑源县悬空寺、武当山太和宫等。除此之外，仍有一些寺观园林在幽静深林甚至于洞穴崖壁上建立自己的一方净土，如青城山的道教寺庙群、雁荡山观音洞、北京香山碧云寺等。道观中常用桃树、柳树、银杏、茱萸、无患子、葫芦、艾草等植物，它们的特点与道教教义较为吻合。禅宗寺庙常以宫殿形式建造，形象化展现了佛国的富饶安乐，同时也表现了神与人的居所一致，表明乐土在现世人间。佛寺园林既是仙界神境，也是香客会集的游赏空间代表，如普陀山普济寺、五台山文殊寺、峨眉山报国寺等。佛寺中的植物配置与佛教文化也息息相关（见表8-14），不同的植物选用有不同的缘由，但同根同源。多数寺观基本上由宗教建筑空间和寺观内园林空间两大部分组成，形成了相互渗透、连续以及流动的寺观空间，将宗教的肃穆与人的情绪相结合，同时寺内环境与寺外空间有机联系。

宗教对园林意境营造的作用不可忽视。宗教景观可以供人逃禅，避免世俗的压迫，尘洗虑愁，使人进入“彼岸”世界。佛教的“空无学说”、道教的“出世思想”、儒家的“入世主张”，对于封建士大夫的居所设计影响较大，他们常以“避世、淡泊”为主题，营造山林野趣，希望在自己拥有的狭小天地中寄托自己的人生理想，正所谓“扁舟一叶，浪迹天涯，人迹罕至，方为我家”。道家的“天人合一”也一直是我国园林设计所秉承的观念。例如，颐和园万寿山后山中央是须弥灵境，东面另有一座花承阁小佛寺，占地面积不大，寺中有一座小型八角琉璃宝塔，每层塔檐下都挂着风铃，铃随风而响，令人有超脱尘世之感。宗教对寺观园林意境营造的影响是显而易见的，而对于非寺观园林，并不一定直接显露园主对于宗教的信仰，但也可作为一种精神方面的生活调节。

表 8–14　　佛寺常用植物及象征意义

植物名称	象征意义
无忧树	传说中释迦牟尼佛诞生之树
菩提树	智慧树，释迦牟尼悟道成佛之树
娑罗树	释迦牟尼圆寂之树
银杏	佛家用银杏木雕刻佛像，据传有召神驱鬼之用，又称佛指甲
合欢	梵语又名尸利沙树，为吉祥之意
无患子	菩提子
椴树	金线菩提子
柳	柳枝消灾解难
香樟	枝叶龙蛇舞
红花石蒜	曼珠沙华，出自《法华经》，意为开在天界之红花
丁香	西海菩提树
桂花	月中桂
茉莉	代表圣洁，此花可作为香料，用作佛香
忍冬	代表轮回永生，灵魂不灭
贝叶棕	东南亚文化传播使者
七叶树	如佛教神龛灶具
竹	竹林精舍
文殊兰	十八学士
曼陀罗	代表洞察幽明、超然觉悟、幻化无穷的精神，为天界之花
莲花	象征圣洁与美好

总而言之，带有文化内涵的园林景观对于人的愉悦感具有精神层面的催生作用。文化对园林意境的营造至关重要，中国博大精深的传统文化对于园林意境的发展具有举足轻重的作用。中国传统园林继承了传统文化的精髓，中国园林艺术“形有尽而意无穷”的含蓄美主要就是园林文化的巧妙运用。归根到底，中国古典园林艺术是跨领域、跨学科、跨专业的一门综合艺术，而其中最为精要、是为精髓、用作精骨的便是中国文化。园林景观意境赋予了其生命，担当着构筑起园林艺术

的使命，让园林中的意象、情景、文化、思考等呼之欲出，相生相随。另外，从文化角度的诗格、画理、典故、风俗、道德、宗教这六个层面，根本地促成了我国独特的园林景观意境，从而达到情景交融的文化境界。园林堪称无声的诗、立体的画，因此六个层面中诗格和画理对于园林意境的影响最大。中国园林不仅是将诗格、画理、典故、风俗、道德、宗教等融会贯通，赋予血肉，而且还传递出中国传统文化的精髓与要义，并以一种浪漫、恬静、自然、细腻的艺术方式描摹出一幅自然与社会的图卷，包裹着一种外敛而内显的东方艺术思维，在小中见大、错落有致、景情交融中，散发着一种以不变应万变、天人合一的传统艺术魅力。这在东方这片广袤的土地下已播下了无数的艺术种子，显而易见，每个地区都有其独特的历史文化和民俗风貌，要在满足使用者基本需求的基础上，充分挖掘当地的文化资源，因地制宜地营造富有特色的园林意境。

第三节　园林意境营造的目的与至高追求

一、园林意境营造的目的——满足对幸福感的渴望

现代社会的忙、快、物质化，以及日渐外在化的性质，导致对人真正的需求缺乏关注。单从物质与感官层面的满足不能让人获得真正的幸福感，连人的最基本的需求都达不到的景观不能称之为合格的。感官层面的快乐是需要的，但是如果以牺牲人的内在需求为代价，超出了人性许可的范围，那么可能造成南辕北辙的局面。“一切景语皆情语”，自然元素和人内心的美好感情是紧密地联系在一起的。

孟子曰：“口之于味也，目之于色也，耳之于声也，鼻之于臭也，四肢之于安佚也。”古人尚追求官能快适与统摄五觉基础之上的“心觉”的悦适，那么现代人追求五感与心理需求的满足，则是体现了人的自然天性。宗白华所提倡的意境创构是“求返于自己的深心”的要求，和中国哲学的重视体悟的传统是一致的。园林意境的营造就是要达到“外部经验”求返于内心和“内部经验”的交融互渗，这种融合性的感受能使人体会到生存的圆满与内心的充实。从心灵体验和生命的终极意义上看，人生在世的“幸福感”是自我内心的一种独特体验。鉴于此，专注于意境中“意”的主体心性的研究有助于寻获幸福感。人只有生活在真正的符合人性的状态里才能感受到真正的幸福感，人只有生活在符合真正的人性需求的文化状态之中，才能感受到真正的美好。从思维方式上看，天人合一、人与自然的感应、共颤，彰显出主体以自身为对象的意向性思维，而不是以自然为对象的认知型思维。中国传统造园思想中对“天人合一”的追求，也是对美的探索，是对那种能给人带来美好感的寻觅，也体现了智慧与谦卑的心性。从精神的视角来体察则是代表着美好的憧憬，代表着与更高的真实交流的愿望。这种时候人能够摆脱种种纷扰与分裂，得到精神上的和谐、安恬、温暖、寄托和安慰，找到生存价值感和意义感，从而带给人内在性的快乐。这是园林意境营造所追求的理想状态。

二、园林意境营造追求的至高目标——理想美

孙筱祥先生认为意境是一种浪漫主义的“理想美”境界，孙先生提出这个见解是讨论江南文人写意园林。江南文人写意园林是古典园林，但是这种理想美的境界的追求也适用于现代园林。本书认为，理想美可分为三种境界：美的感情、美的品格、美的抱负。①美的感情主要是指人与人之间的亲情、友情、爱情，对自然山水的热爱，对弱势群体的关爱等。例如，耦园就承载了沈秉成和他妻子的浪漫真挚爱情故事；南京煦园的“桐音馆”体现了园主人对如钟子期和俞伯牙互为灵魂伴侣的高尚情感的羡慕和期待。②美的品格表达了设计师对自己品格的写照，或是对高尚品德的提倡和宣传。比如苏州拙政园的“与谁同坐轩”临水而建，取自苏轼的《点绛唇·杭州》中“与谁同坐，明月清风我”，夜深人静之时，清风徐来，明月当空，水天相映，一派清幽静深。而“与谁同坐轩”则精确地点出了此景的意境，也暗示着园主孤高的品格。拙政园中玲珑馆行楷横额“玉壶冰”取自南朝宋鲍照的诗《代白头吟》“直如朱丝绳，清如玉壶冰”，用盛冰的玉壶比喻洁白无瑕，显示出园主的清高超脱。③美的抱负往往体现出个人的志向和对社会的关心。例如，“古时明月下，竹林有七贤”，竹林七贤标榜老庄之学，以自然为宗，放旷不羁，逍遥山林，崇尚自由。虽然他们的政治、文化理想略有不同，但他们在生活上的追求是志同道合的，他们不拘陋习，追求清净无为。东晋时期的诗人陶渊明，从小深受儒家思想的教育，有着“大济苍生”的远大政治抱负，曾五次出仕，却因不愿“为五斗米折腰”而辞官，从此过上“躬耕自资”的田园生活。作为田园诗的开创者，陶渊明在《桃花源记》中描绘了一个乌托邦式的理想社会，提供了一个平淡、恬静的田园境界，体现了若不能兼济天下，则选择归隐，独善其身的情感，对我国传统文化以及造园艺术影响深远。

美的感情、美的品格、美的抱负并非全然独立，从美的感情、美的品格，到美的抱负是逐渐升华的过程。从需求层次理论来看，美的抱负体现了最高层次的需求，即自我价值的实现，同时结合了文化角度的道德等内容。这三种理想美结合了需求角度和文化角度的途径，和园林中静态与动态的空间布局融为一体，与生境和画境相互交融，从而达到“情景交融”的理想境界，体现了浪漫主义和现实设计手法的高度结合。

浙派园林名家论道

在中国风景园林的延长线上砥砺前进[1]

施莫东

（中国风景园林学会终身成就奖获得者、杭州市园林文物局原局长、浙江省浙派园林文旅研究中心首席顾问）

施奠东先生为浙派园林文旅研究中心题字

2011 年 6 月 24 日，联合国教科文组织第 35 届世界遗产委员会会议一致同意西湖列入世界文化景观遗产，肯定了西湖突出的普世价值和文化价值，西湖不仅是杭州的，中国的，也是全人类的共同财富，这是对西湖传统文化核心价值及保护管理的充分肯定。会上许多国家的专家发言，表示对西湖美的赞叹以及保护工作的钦佩。遗产委员会对西湖的评价：西湖是世界文化景观的一个杰出典范，

[1] 本文发表于《中国园林》学刊 2018 年第 1 期，经施奠东先生同意，本书全文转载。

“对中国乃至全世界的园林设计影响深远”。这不仅增强了杭州风景园林人的自信心、自豪感，也是中国风景园林界的骄傲。这次的申报材料重点从6个方面予以阐述：西湖自然山水；“三面云山一面城”的空间特征；两堤三岛的景观格局；西湖十景的题名景观；西湖文化史迹和西湖特色植物。遗产委员会充分肯定了西湖秉承“天人合一”的哲理，在10个多世纪的持续演变中日臻完善，成为景观元素特别丰富、文化含量特别厚重的东方文化名湖。概括起来，我觉得世界肯定了西湖既保持了历史文化的真实性、连续性，又在社会不断发展中，生态环境的保护和风景园林建设使西湖的价值日臻完善，即孟先生所说的“创新不离宗”。2016年G20会议，各国首脑也对西湖充满东方神韵的美学和生态环境的保护给予高度的评价和认同。

要做到今天西湖风景园林的水平，不是一蹴而就，而是经过了风景园林三代人的连续艰辛努力。60多年来，西湖坚持保护、传承、融合、创新的理念和路线并一以贯之。

保护：就是保护西湖的山水格局和青山绿水，保护历史文化遗产，保护民俗民情。

传承：即传承中华民族的山水文化的精神和价值，传承民族的审美意识和东方神韵，传承中国风景园林艺术的自然山水哲理、基本特征和构建理法。

融合：就是不断学习、吸纳世界优秀的园林文化和园林科技，特别是把18世纪以来的英国园林艺术风格与西湖的风景园林融合起来。把江南园林的精致细腻和西湖山水的清丽秀逸融合起来。

创新：就是随着时代的发展，与时俱进，创作符合现代人们生活需求和审美需求的园林作品，陶冶人们的身心，为广大群众提供鸟语花香、神清气爽的诗意栖居。其中的核心就是20世纪50年代初西湖就以前瞻性的生态价值观、历史文化观和科学发展观作为指导思想。坚持遵循尊重自然、顺应自然、美化自然的“天人合一”观。西湖的实践，符合“绿水青山就是金山银山”的生态观，以及“建设美丽中国”的宏伟构想。

总之，西湖的传承不是对传统简单地模仿和临摹；创新也不是对西方的顶礼膜拜，而是建立在西湖自然与人文基础的自我完善。

熟悉杭州的人都知道，1949年新中国刚成立时，西湖面临的是山光湖塞、古迹残败、十景名存实亡的凄惨景象。1950年开始，杭州的领导者具有远见卓识，治山理水，突出改善生态大环境的决策（生态修复）。山区实施植树造林和封山育林并举的措施，并由园林系统直接管理，10年间，植树3000多万株，基本实现无山不绿。

1952年开始，疏浚西湖。至1958年，挖泥720万m^3，水深0.5～1.8m。西湖的生态环境有了彻底的改善。在修复文物古迹的同时，以流传800多年的西湖十景为主题，在环湖恢复建设新型的公园、景点。坚持生态（效益）和艺术（效果）的结合，科学和艺术的结合。

从创新的角度而论，西湖在风景园林建设中的创新意识是具有前瞻性和开创性的。这里有历史因素、自然因素和人为因素。

1）历史因素。肇始南宋时代的“西湖十景”，是从唐白居易开始的唐宋诗人、画家对西湖人文、风景典型的概括，它和传统的私家园林有所不同。康熙、乾隆不仅赞赏它，还把它所体现的意境运用到避暑山庄、圆明园、颐和园等皇家宫苑中，看重的是它的风景要素、文化要素和它永恒的审美价值。

2）自然因素。西湖是自然风景中秀美的极致，在自然美景中，山、水、植物是构成西湖的最基本要素，它既符合古代文人士大夫的审美观，又符合当代大众的审美观，西湖从元代开始就被称为人间天堂，是人们自然审美中精神追求的归宿，也十分符合当代人提出的生态环境理念所追求的终极目标。

3）人为因素。这里我首先要提到现代西湖风景园林的开拓者和奠基人余森文先生。余老是杭州解放后第一任建设局长、园林局长，以及后来的分管城市建设的副市长。他在新中国成立前，从20世纪20年代起就接受早期共产党人恽代英同志的思想影响，30～40年代，从国民党营垒中（他做过国民党广东省党部书记长，武汉国民政府军事委员会政治部设计委员，温州、丽水专员兼保安司令，也当过同济大学教导长等）的一位爱国民主人士转变为坚定的共产党人，经受了革命的洗礼，作出了重要贡献。他1924年就读于金陵大学农林科以及在30年代的伦敦大学政治经济学院，精通英语。1934～1936年，在伦敦学习、工作2年，到过欧美、东亚、南亚等20多个国家。在英国期间，他对英国的园林艺术印象特别深刻，曾拍摄过大量风景园林照片。杭州一解放，他就任工务局副局长，当他第一次向市长谭政林同志汇报工作时，谭就问他：“你去过西欧不少地方，到过日内瓦，日内瓦到底好在哪里？”余老回答：“日内瓦山上树木终年常绿，湖水清澈。”谭政林听后满怀激情地说：“西湖一定会通过我们共产党人把它建设好。要建成‘东方日内瓦’。建成山清水秀，世界文明的西湖。”这就是以国际视野对西湖建设的定位，也就是现在所说的国际接轨。正是有这样的高起点要求，余老积极主张西湖风景园林建设要在自然、历史、人文的基础上，积极吸收国外先进的环境观念和园林艺术的手法，创建新的西湖风景园林风格。

1953年，由他主持编制的《杭州市城市建设总体规划》明确环湖路以内5000多亩（约333.3hm^2）土地要建成开放式的自然大公园，规定在此范围的建筑只拆不建，保留的少数建筑要改造为游览服务性设施；环湖公园一律不设围墙；1951年，在国内筹建第一个植物园；1952年筹建开放式花圃；1956年，在风景区主要游览道路两侧划出各50m的绿化带；在新建公园时，明确提出以植物配置为主，园路边不种行列式树木，按自然植物群落形式配置植物，少建建筑。在由孙筱祥先生设计的花港观鱼、植物园的分类区时，都以创新的思维和现代的手法体现余老的建园思想。余老80年代初在《中国园林》和《建筑学报》发表了《城市绿化与生态环境》《园林植物配置艺术的探讨》，他在这些学术文章中反复强调向自然学习，尊重自然，坚持植物造园，创造符合自然之美的西湖新园林，这是他在风景园林规划设计中创新性理论的总结。可以说，杭州在60年前就以传承和创新相结合的理念，开创了新中国风景园林的一代新风。

改革开放以后的 30 多年，新一代的风景园林工作者，秉承老一代开拓者的意念，坚持以保护好历代先贤的文化自然遗产为前提，在保护、建设上不断有所发展，有所前进。孟先生亲自规划的花圃改造、太子湾公园、灵峰探梅、郭庄、曲院风荷、湖西景区等，以及一系列博物馆、名人纪念馆、艺术馆，都充分体现自然与人文的融合，精致和大气的兼得。特别是孟先生的汇芳漪和岩芳水秀大假山，深得无锡寄畅园的神韵，假山自然浑厚，凝重苍古，整个水系潆洄聚散为西湖增加了新的华彩，最近这 5 年中，西湖以迎接 G20 会议为契机，以国际视野实施彩化美化，使生态环境质量又有了新的提高。

1993 年，随同美国前总统尼克松再次来杭州的其私人图书馆主任，他提出专门看一下西湖的园林，当我陪他到花港观鱼公园考察后，他对我说："过去我以为东方园林就是日本园林，现在我了解到，真正的东方园林在中国。"这是西方一位文化学者对西湖园林的评价。

德国著名园艺家鲍榭蒂女士在 1982 年她所著的《中国园林》一书的德文版出版者话中这样写："世界上是中国最早创造了园林并把自然风景融于整个园林中，中国园林把你在大自然中的经历和实际感受毫无保留地奉献给了你，并把它升华到最完美的意境之中。"

在世界园林发展史中，只有中国园林是从它产生时起，在漫长的 3000 多年历史发展长河中，始终坚持人与自然和谐生存的宇宙观，沿着自然山水园林的风格绵延发展、演变，并在前进过程中不断吸纳外来优秀文化，但不失去中国固有的文化基因。我们并不故步自封、泥古不化，但我们有理由必须坚持民族文化的自信、自立。我们要吸取融合世界上一切风景园林先进的科学技术和优秀文化，但绝不唯洋是从、顶礼膜拜，因为我们是在中国的土地上书写绘制"美丽中国"的华彩篇章。中国的风景园林有极其丰富的内涵和自身的构建体系；"天人合一"的哲学观；"虽由人作，宛如天开"的艺术创作思想；"巧于因借，精在体宜"的营建理法；"收合开放，起承转接"的布局原则；"望得见青山，看得见绿水，记得起乡愁"的生态文化理念以及"诗意栖居""美丽中国"的终极目标，这些都昭示我们：新的时代，我们更有理由在中国风景园林的延长线上砥砺前行。

浙派园林造园者说

（以姓氏拼音为序）

➔ 陈煜初： 杭州市水生植物学会理事长，中国园艺学会水生花卉分会副理事长，睡莲产业联盟名誉理事长

2003年，西湖西进工程的水生植物应用项目包括茅乡水情、乌龟潭和浴鹄湾，共计39.6万平方米，设计水生植物29个品种，实际应用106个品种。该项目获得了较大的成功，在一定时期内堪称水生植物园林应用的样板。如此大规模地应用水生植物在当时毫无经验可作借鉴，作为施工单位的总经理兼项目经理的我，深深地认识到这个难点。在充分调查研究的基础上，大胆提出了引入野生种类的设想，并得到了甲方、设计及监理的认可。最终，窄叶泽泻、黄花水龙、水毛花、卡开芦、野荞麦、野芋、曲轴黑三棱等10余个野生水生植物种第一次进入园林，而且取得良好效果。该项目是我造园生涯的开端，从中我也预感到未来水生植物园林应用的广阔前景。

该项目实施过程中，我抓住契机，利用项目范围广、面积大、地形复杂的有利条件，开展了多项试验和观察，观察工作在项目完成后又坚持了近10年，从而获得了大量的数据，总结出了水生植物园林应用的十四个问题，并提出了“水深适应性”等新概念，修正了水生植物的定义，构建了较为完整的水生植物园林应用技术体系。十几年来，我在从事水生植物造园活动的同时，建了苗圃和研究基地，牵头组建了学术组织，并在专业报纸和网站开了专栏、撰写了论文、出版了专著，持续开展水生植物应用知识普及，得到同行认可，也获得了多项荣誉。回想起来，这些成绩的取得，得益于利用天时地利，发挥了人和的作用。天时地利者，乃领导重视、湿地保护、生态建设等方兴未艾，遇到难得的发展机会。人和者主要有三，一为建设主体、设计监理和我们施工方认识一致，携手推动；其二为同行一直以来的指导、帮助与支持，三为鄙人曾涉猎植物分类和植物生态科学多年，积累了较为扎实的知识基础。值此《浙派园林学》出版之际，对过去经历做此简记，谨此与同行共勉！

（何庆林画作）

高慧慧：杭州春秋园林发展有限公司创始人兼 CEO

每个人心中都有座属于自己的园林，从业 17 年，一直从事园林行业，因为热爱，学校毕业以后就坚定这一辈子就只做园林了，从设计到施工，再到现在的项目管理；从原来只想把园林做得美，到做得实用，再到现在希望把项目做得美而有价值，参与到园林项目的运营中。让我们的项目创造价值，成为人民美好生活的一部分，已成为我的人生使命。

随着中国的发展，园林从原来的生活奢侈品、建筑市政的配套工程，到今时今日的公园城市，新城建设先建公园，在公园里建城市，老城的旧城改造提升，室内的空间绿装，随处都可见园林景观。这样的发展对我们从业者来说要求也越来越高，园林是个综合性的学科，需要懂生态、懂规划、懂建筑、懂市政、懂室内、更需要懂运营。这几年的工作中，通过不断学习和资源融合，我们践行运营前置式的规划设计，设计参与式的施工管理，积极参与到乡村振兴工作中，从园林专业角度出发，设计 + 施工、运营、产业、文化、活动、品牌、民宿等多个方面服务三农。希望尽自己的绵薄之力，深耕园林，服务乡村，真正解决可持续发展的生态问题，构建人与自然的生命共同体。

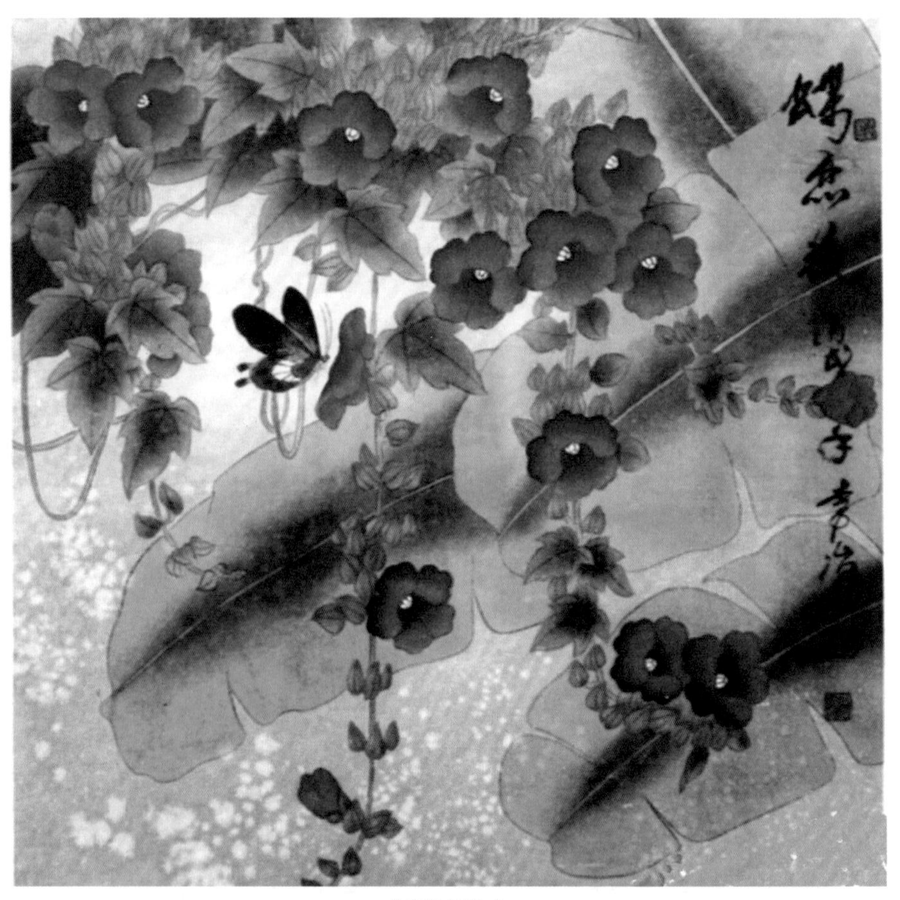

（李治画作）

➔ 胡高鹏：杭州中翔工程设计项目管理有限责任公司总经理

回头看这十几年，找我做设计、造园的人林林总总，每一次交流中，我总想探究他们的内心真实的声音。这或许有些荒诞，但这是最有效、最直接的解决我工作主要疑问的一剂良药：

造园的目的是为何？为何而造园？

是彰显实力还是回归生活，是附庸风雅还是文化使然？

不管答案是朴素的，还是高远的，人们孜孜不倦在寻找一个自己认为“最舒服”的状态，这就是每个人心里都有一个“园林观”。

人们对幸福生活的向往，就是小时候爷爷奶奶嘴里唠叨的“过上神仙般的日子”。追求诗意的栖息生活，应该是每个人，特别是中国人的园林观的共通点。

这就是贯穿中国园林史，影响中国人的园林价值取向的终极目标——天人合一。这一思想不单是中国传统文化的核心思想，而且左右了中国的造园技艺：虽由人作，宛自天开。

山在眼前，水在身边，浙派园林不单会借景、框景，最恰当的是“融景”。我在景中，我亦成景。物我两融，这可是天人的大合一啊！

外师造化中得心源，造化就是浙山浙水，心源即是浙派园林。与其说是浙江人造了园林，不如说是浙山浙水造就了浙派园林。

（胡高鹏画作）

黄浩丞：杭州可斋景观设计有限公司创始人、设计总监

有人说，99% 的中国人都有院子情结，包括我也是一样的，因此我选择成为一名景观设计师。

院子的整体结构就是四方围合，上有天、下有地，将无限的宇宙容纳于中间的庭院中。在这里，人与自然是和谐的，院与宇宙是同构的，在绵长的时间，心灵与万物才得以共同呼吸。院子既有所谓表象之美，也拥有意境之美，不仅看着漂亮、住着舒服，更是让人们有一种自然与心的交融，从骨子里觉得，这就是最适合居住的生活方式。

禅僧枡野俊明先生在《日本造园心得》中所说，日式庭院有别于中国园林“人工之中见自然”，而是“自然之中见人工”。它着重体现和象征自然界的景观，避免人工斧凿的痕迹，创造出一种简朴、清宁的致美境界。

其实，我们在造园的过程中，就和画画是一样的，园林山水画其实就是在宣纸上的造园，一座中国园林就是一幅三维风景画，一幅写意中国画，意象中的具象，具象中的意象，这就是国人心中的山水园林，我要造我的“心中之园”。我只有造园，把它造出来，才能把自己的灵魂栖居于此。

一个好的造园家必须是一个优秀的画家、诗人、匠人云云，这样造园之意境才能不拘泥而迂腐，其宗旨更富有哲理，而非浅于感性的体验。

（赵华画作）

➔ 黄敏强：杭州凰家园林景观有限公司总裁

做造园已近 15 个年头了，此次受陈波老师之意，谈点个人心得。造园是个极具综合力的一项技能，想要成为合格或优秀的造园者，必先从正学基础，从正统中来，我们要了解和学习世界及中国园林史，找对老师和书本老师，形成正确的园林观，这是造园和发展创新的根基。

作为自己一路走过的经历，是多年的从理论到实践、实践到理论，从当工人到当设计师，从当设计师到当施工员，有时候还需当回预算员、采购员什么的，这些都是我们需要体验并能从中生发经验的。在众多项目实践和有幸接触到前辈们的“真经”后，个人总结造园为解决功能、基于美学、以无限为有限、以无形造有形。功能讲的是这园为谁而造，造此园的目的是什么，此也不排除给自己造，那就随自己所性而为目的了。美学的重点是专业美学，包括前人总结的园林美学、绘画美学、音乐美学、构成美学、文化美学、人体工程美学、色彩美学，甚至心理美学、阴阳美学等等。这些是做好一个庭园设计，乃至在营造的整个过程中把控全局，平衡关系，提炼细节的重要“工具”，也是作为一个造园师最终能不能营造出一个好园子的标准。至于无限、无形本出自中国易经，所表达的意思是，要利用好美学，运用章法、技法来发挥自如，不受局限，非常灵活善于变通，以有限的资金投入达到该有的空间气场、关系表现、文化述说及功能细节，最终解决这个园子为什么造、为谁造、造起来做什么用和想怎么用的问题。

（汤士澜画作）

➔ 江俊浩：浙江理工大学建筑工程学院风景园林系主任

造园的过程是一个感悟的过程，不仅是对尺度、空间、材料的感悟，更重要的是对人文、历史、传统的感悟，对自然、生命的感悟。在不断地感悟与反思中，物象之形才可以达到谢赫所言“气韵生动”之境界，才能神形兼备，意境深远。意境，这一中华美学概念贯穿几乎渗透到所有的艺术领域，在造园中有独特的体现。中国园林为何要有意境？因为在东方的文化意识中，中国是一个诗的国度。自唐王维将诗情画意写入园林始，大量文人的造园实践与经验积累自然会留下诗情画意的烙印，成为中国园林独树一帜的传统文化。当下，“诗之国度”的文化唤醒，要求中国园林在立意之时重拾“风情雅趣、诗骚传统”。如山水画之“卧游”，让人们可以在咫尺山林、壶中天地中遨游天际、感悟生命；如文人画之“墨戏”，看似寥寥，却韵味无穷。这一点在中西方都有认同，就如密斯•凡德罗的“少就是多”，“当它充满了神秘，当它获得了灵动，它就是多”。因此，人到了一定时候就要学会断舍离，生活如此，造园亦是如此。最后一点体会，让造园在赋予物象以生命的过程中修炼自身，成就自己。就像养育后代、培养学生，这个进程当中从来都不是单向的，而是一个双向建构的过程。

（何庆林画作）

➔ 姜兰芸：杭州城观文化科技有限公司创始人

什么样的城市园林景观是好的？理念先进、构思精巧、施工精细、景观精致——在专业领域或许都是值得学习的好样板。但是在城市园林景观真正的使用者——大众视角，未必能感知到这些专业领域的好。恍若仙境、如游画中、绿树成荫、花团锦簇、生态自然——这些才是市民对城市园林景观能感知到的通俗的美好。从大众的视角，好的城市园林景观就是看着美丽，拍照好看；逛着有趣，能互动体验；生态自然，能融入放松的景观。什么是看着美丽？落到大众的行为上，就是拍照好看，有画面感，能成为打卡点，成为被记得住的景观。什么是逛着有趣？落到实际体验中，就是行走期间，能兴起游兴，主动去游逛探索发现，能参与其中去互动体验的景观。什么是生态自然？落到实际感受中，就是能感受到自然生命的活力与变化，获得归属感与放松感的景观。

关注城市园林景观多年，发现很多城市公园经常人气不足。仔细观察，发现不是景观做得不好，植物不丰富，而是这些园林景观没有在大众的评判标准里做到好。我们不能给市民们一个要时常去逛逛的吸引点。或许在当下与未来，我们可以多琢磨一下怎么样换位思考，从市民大众的心理与需求出发，去建一个有活力与人气的园子。

（李治画作）

李俊杰：华东勘测设计研究院生态环境院执行院长

古人讲“立象以尽意”，借助客观外物来表达主观情感；又讲情景交融，物我两忘，天人合一。我的每一个作品跟水都有相关性，也许是咫尺山水，也许是真山真水。在小尺度的场地中，我能将个人主观情感表达得淋漓尽致；但在大尺度的山水风景面前，我却又觉得任何的设计都显得矫揉造作。因此，设计就像是一幅泼墨山水，是在崇尚意境的前提下，让画境与个人的心境在对话。

绿化和地形不断地指向，塑造出地形脉络和与自然山水融合的愉悦感。“如在眼前”的便是实象，“见于景外”的便是虚象，实象侧重客观事物的再现，而虚象则是由实象诱发和开拓的审美想象空间。串联各组意象，再从整体上解读，能容易地悟得意境。

借用动静结合、相互映衬的手法是用来开拓意境的极好手法。其形式大致表现为寓动于静和寓静于动两种。如大批的花丛、如茵的绿地是静中见动——花开花落，风月更迭。鸟舞凌空、鱼翔碧池是动中见静——鸟鸣山更幽，鱼翔水更清。

“操千曲而后晓声，观千剑而后识器。”无论是历史文化的串联还是景观意向的辨析，与其说是景观设计的技巧和规律，不如说它是一种悟得和解读。设计不仅是一种创作，而且是一种生活态度的表述，更是一种生命力度的展示。

（赵华画作）

李寿仁：杭州市园林绿化股份有限公司常务副总裁，园林景观技能大师

明代造园家计成在《园冶》中提出："虽由人作，宛自天开。"这源于千百年来中国园林自始至终都在遵循的一条基本造园理念——"道法自然"。

基于近四十年的工程项目实践经验，我认为，在"道法自然"理念指导下，在实际园林审美与营造中，必须以三性为魂、三角为体、三线为脉。

所谓"三性"，是指多样性（包括多个品种、多个种类、多样组合）、经济性（借鉴围棋做"眼"的技巧，有机地布局空间，从而节约成本）、生态性（以乔木为主，辅以灌木和花草组成合理的复层植物群落）。

所谓"三角"，是指平面三角（园林景观平面布局讲究不规则三角形）、立面三角（形成高低起伏的园林景观）、意念三角（园林景观中的重量感、体积感等与人的意念相关的感受也应构成不规则三角形）。

所谓"三线"，是指天际线（建筑、构筑物顶部或乔木树群的树冠的外轮廓线应高低起伏）、轮廓线（树木在立面上的外轮廓线应曲折多变）、草坪线（植物组团与草坪交接的线应自然流畅）。

在园林景观审美与营造过程中，应以"三性"为理论基础，平立面构图和时空营造时强调"三角"和"三线"，才能营造出优美而宜人的人居环境，达到可持续发展的目的。

（汤士澜画作）

柳智：浙江省风景园林设计院副院长

中国人造园，离不开流淌在国人血液中的传统文化。

在千百年的农业文明下，中国人是最早欣赏和模仿大自然本身特色的民族。无论是在园林、绘画、诗歌等传统文化中，都体现了中国人对大自然的关注；中国的传统哲学思想——“天人合一”也正反映了我们遵从自然规则，摸索人与自然及人类社会活动的一些“因果”关系；因此，“师法自然”对于中国人造园有着根深蒂固的影响，同时也反映了造园者本身的造园思维逻辑。

“遵从自然、寻求造园逻辑”是我从事园林行业以来，理解和应用传统造园的方法，是自己的造园理念的基础所在。

传统造园，分相地、立意、布局、理微四个部分。与之对应的，在现代园林行业中，设计工作通常囊括现状分析、设计理念、总体布局、专项设计四部分内容。前期的勘察、分析和思考，是遵从自然，从而寻求下一步工作的逻辑关系的基础；立意充分体现造园者的思想、审美和表达的意境诉求；这两者在整个造园工作中占据极其重要的地位；就一个造园者而言，花更多的时间“相地”，更多获取使用者的信息来精准“立意”，是整个造园过程中的重中之重，是指导我现阶段工作的核心理念。

浙派园林，正是基于地域风貌和文化特性形成的特有风格，是“遵从自然，符合地域造园逻辑”淋漓尽致的体现。它的研究，不仅能传承发展浙派园林造园方法，指导美丽中国的建设；更能从中体会中国传统文化和东方生态美学的博大精深。

（何庆林画作）

潘城： 浙江农林大学、汉语国际推广茶文化传播基地副秘书长

做园林史学研究的少，做地方园林史研究的更少。

不久前在嘉兴老火车站对面的人民公园发现了一块太湖石，底部有铭文，经专家研究发现，这块石头就是明代曾有“江南第一园林”之誉的嘉善北山草堂中的叠石——“舞袖峰”的一部分。这样的名石与其背后被历史湮灭的浙派园林故事，绝非一二。

杭州西湖竹素园中“绉云峰”与铁丐吴六奇的故事，园林界中恐无人不知。南湖畔晚明时期的吴昌时在勺园中拍曲饮酒竟能左右朝局，清客中如吴梅村在此写下《鸳湖曲》，不知柳如是有否吟唱？论规模大的还有海宁盐官的安澜园，论小巧玲珑有嘉兴王店朱彝尊的曝书亭……怎么说的尽是些烟云过眼的浙派园林呢？

云云雅事俗事皆付园林中，全是江湖之事。江湖风景之盛当属浙派山水园林。研究浙派园林熔古铸今，极具当下意义。

只因这每每就是我与本书作者陈波博士吃茶闲谈的话题。而今要细品浙派园林的来龙去脉，尽可精读此书矣！

（李治画作）

➔ 吴世光： 中国花卉协会绿化观赏苗木分会执行会长，杭州园畅商务咨询有限公司创始人兼 CEO

在园林行业耕耘已二十余年。由于非科班跨界园林行业，深知自己天资愚钝、才疏学浅，自当笨鸟先飞，加倍努力。本着不求成为专家，也要成为行家的心态，从了解中国传统园林入手，广识园林植物起步，修习提升园林与植物专业知识；考察全国名园佳苑和现代园林经典案例，谙熟古典园林和现代园林流派风格，并从园林业界的泰山北斗、园艺大师的丰富理论和实践中汲取宝贵的营养。数十年如一日，坚持全国园林苗木产业调研和理论探索，并形成产业发展报告。

中国园林文化博大精深，无论是传统园林与现代园林，北方园林和江南园林（浙派园林），其天人合一、师法自然及“虽由人作，宛自天开”的生境、画境、意境与工匠精神，无不体现了东方哲学思想与智慧。没有中国哲学和国学的文化底蕴，就没有中国式园林；没有自然山水，哪来江南园林？

中国园林是凝固的诗，立体的画，流动的风景，七彩的音乐。既有“大江东去浪淘尽”的豪放与大气磅礴，也有“泉眼无声惜细流，树阴照水爱晴柔”的婉约与清新儒雅，各种流派风格争奇斗艳，异彩纷呈，但共同点是她的人文底色。

新时代的园林要紧跟新科技革命步伐，在继承中创新，在创新中发展，为生态文明和美丽中国建设，为满足人民对美好生活需求，扮演好绿色美容师和园艺家的角色，高质量建设公园城市、花园城市、山水城市、美丽乡村，让祖国大地山清水秀，美如花冠。将中国特色、江南韵味的现代园林艺术发扬光大，使中国“世界园林之母”的称誉实至名归。

（赵华画作）

➜ 许仁华：浙江大学城乡规划设计研究院景观一分院景观设计总工

硕士毕业至今，从事风景园林设计 16 年，主持项目不算少，真正称得上作品的却凤毛麟角，但仍然对园林设计行业抱有浓厚兴趣，心怀梦想；各种经验教训之下也常常进行自我反思，对行业本身及未来发展有些粗浅认识，权当“设计感悟”了：

1、情怀支撑：园林设计是一个既劳心又费力的行当，要在行业中立足，除了要具备扎实的专业功底和丰富的实战经验外，还需要对行业怀有敬畏之心、有职业理想和情怀作为内在支撑。

2、设计导演：行业发展日新月异，园林项目中的各单向工种的技术、工艺制作日趋精细、日趋专业化，园林设计师更像一个设计导演，协调多专业多工种作业，共同促成一个项目的落地建成，要成为一个优秀的园林设计师，需要更综合的能力，而不仅仅是把自身技术做好。

3、跨界融合：当前人居环境学科中，城市规划、建筑、风景园林三大专业跨界融合日趋明显，规划项目中需要有设计表达，设计项目中需要规划、策划思维来引领，越是综合性项目，园林景观专业的重要性越突出，但也对园林设计师的要求更高，需要我们与时俱进、终身学习、不断从相关专业中获取营养，故步自封将会被淘汰。

（汤士澜画作）

➔ 杨小丽：杭州经典园林设计院有限公司院长

中国有着悠久的造园历史和丰富的文化积淀，是世界园林艺术起源最早的国家之一。受中国传统文化和哲学的影响，其造园强调天人合一，形成了人与环境和谐统一的山水园林。

中国园林发展至今，凡园必追求“有自然之理、得自然之趣”，以达到“虽由人作，宛自天开”之境界。这一理念也经历代造园者的不断探索与追求，涌现出很多的造园经验与艺术手法，但众法归一，根本无外乎“道法自然、造势借势、唤醒为宗”。

道法自然，即遵循事物自身发展的规律。道就是对自然欲求的顺应，造园中，顺应了这种自然欲求就能与外界和谐相处，反之就会与外界产生抵触。故而道法自然，尊重生态，势必成为造园的基本认识与方法。

其次，自然界的大好河山，为何能如此吸引与影响人类？瀑布源于高，高形成势，势产生能，其顺势而下，泻入平潭伴随着势能的形成、储存与转化，而能量的变化便带动着人的心理感受之变化。这正是人类造园的根本目的，即追求生态势能的营造与借靠。造园便是打造积聚能量的风水宝地，如何利用周边自然之势，如何处理园中不同空间内的景观元素如山、水、树、草、楼、亭、池、路等间的势能关系与转化传递？风起水生，合乎自然，便是人和自然的和谐之地。

再者，造园的最高层次，便为唤醒宗旨（包括视觉、听觉、嗅觉、触觉、意觉唤醒）。背山面水平和宁静，广场夹道肃然起敬；城河小座细声漫语，溪水流动激发奔跑；疏影草坪心旷神怡，花草芬芳沁人心脾！

“情”即“意”，情由意生；“景”即“境”，景由境成。悠悠历史长河，造园意境唤醒着人类，改造着人类，是人类发展的见证者。

（何庆林画作）

➔ 章梨梨：浙江省风景园林设计院副院长

古人云“石令人古，水令人远”，中国园林几乎无石不园，无石不奇，石被赋予了强烈的感情，一山一石耐人寻味。中国古典园林特别是江南园林，自胚胎开始，便摄取自然山川的秀美。用石造景是东方园林的特色，以中国为最。明代计成《园冶》于选石二篇中具有独特的见解：“夫识石之由来，询山之远近，石无山价，费只人工，跋蹑搜巅，崎岖穵路。便宜出水，虽遥千里何妨。日计在人，就近一肩可矣。”由此可知欣赏石头之美，是我国独特的造园艺术。无论园林假山或孤石，无论散置或群置，无论以石做墙，以石做凳，与水与树与文学互相辉映，或作为空间之屏障，或倚墙为壁山，不同形态不同质地不同颜色的石头在造园中起着举足轻重的作用。假山为传统山水园的重要景观，师法自然而高于自然，自然界的奇峰异石、悬崖峭壁、层峦叠嶂、泉石洞穴都通过假山瀑布在园林中再现。特置石为园林的艺术品，堪比雕塑，一般布置在景点显眼处，画龙点睛，渲染气氛，使人进入玄想之境。散置石，星罗棋布，看似随意，实有章法。石与水的搭配，刚柔并济，阴阳互生。石与植物的组合，石配树而华，树配石而坚。

“片山有致，寸石生情。”历史不断发展，技术不断进步，我们一直在追求更适合现代人的园林意识形态，却始终不会脱离中国山水园林的母体，而石之美，独具神韵，魅力无量。

（李治画作）

➔ 张仕龙：杭州世博园林景观工程有限公司创始人

【造境如同壶中日月 方可建立千秋基业】

造园，由于地理环境的不同，也因当随之“异宜”，是应审慎考虑的。只要主人心中构思了山水意象，建造园林时工致华丽也行，简朴疏秀也行。否则勉强建造，一切依赖于木工泥瓦匠，势必使水失去潆洄环带的情趣，使山无法显出迂回相接的气势，使花草与树木缺少遮掩衬托的意态。这怎能在日常生活中陶冶情趣呢?

世博园林秉承的造园理念：

【古为今用】一花一世界、一木一浮生，自然而然、天人合一

以儒、道、佛之思想精髓为指导，通过现代社会对传统园林的研究，提炼中国园林文化的本土传统，取其精华，去其糟粕，把握精髓，在此基础上继承发展、开拓创新，作出符合现代人的生活和审美，并具有深厚文化内涵的园林。

【洋为中用】西式为骨，中式为韵，混血交融

无论东形西韵还是东韵西形，都应追求二者的有机结合，运用传统的文化内涵延续园林主题的历史文脉与文化基础，营造多元且有包容性的现代东方园林。

【温故知新】中华文化为魂，现代技艺为形，古韵新奏

设计元素的提取与重组，组成材料的推荐与创新，以及传统色彩的利用与渲染，从内敛的传统文化出发，融入现代设计语言，运用现代工艺去展现富有传统韵味的园林。

造园设计宗旨：敬畏自然、尊重人性；巧于因借、精在体宜；虽由人作、浑然天成；人生即为“园林”！

（张仕龙摄影）

➔ 周兆莹：杭州元成规划设计集团有限公司副总经理、浙江省风景园林设计院院长

中国作为世界园林之母。造园历史源远流长，造园精品层出不穷。纵观造园历史，对自然的追求，社会政治文化经济的发展，人类精神的所需为主要发展因素。私家园林，作为中国园林主要类型，从魏晋南北朝开始逐渐增多，到唐代政局稳定经济繁荣，文化昌盛，私家园林更为兴盛；到宋元明清，江南的经济繁荣，人文荟萃，私家园林普遍兴旺，名园迭出。然而清朝末期，国力衰弱，战乱持续多年，造园从新中国改革开放后才慢慢恢复。如今，随着经济的高速发展，财富的积累，让人们从物质追求过渡到精神追求，对环境的要求日益增高，私家园林再度兴起。如何在这个生活节奏加快，土地资源紧张的大环境下，在有限的空间内实现景观体验的最大化，为人们提供一处“寄情于此，能隐于园”的私家园林景观，在追求高品质的同时，造园已不单是图纸到现场的单一反映，秉承我国传统造园精髓，探索现代造园形式和内涵，创造符合每个园主个性化特色化的园子是现代造园需要追求的目标。

“绿芜墙绕青苔院，中庭日淡芭蕉卷”，不论场地空间大小都能因地制宜、因人而异，创造有生命的园林艺术之美。

（何庆林画作）

➔ 朱国荣：诚邦生态环境股份有限公司总裁助理、工程管理中心主任

园林景观专业不同于建筑专业或装饰专业，我们不要期望，也不可能在项目施工前，在图纸上解决所有的问题，有时图纸仅表达了一种意向。在施工过程中才会发现，有些景观材料或植物组合、搭配会产生意想不到的艺术效果。景观设计师容易准确地给一个项目确定主题，可以很好地把握其空间尺度，却难以驾驭千变万化的园林造景，也不可能每次都能恰到好处地处理好地形与空间、地形与植物等等的关系。

一个优秀景观项目的落地，一定是设计和施工的完美结合。设计师应具有前瞻性，施工者更要有再设计的能力，才能共同铸就理想的景观作品。设计与施工互补，在施工营造过程中，品质管控可分为三个阶段，即事前控制、事中控制、事后控制。为此我们需要严格执行：①按照设计师的意图、设计图纸要求做好施工前图纸及技术交底工作；②样板先行制度（铺装打样、绿化种植打样等）；③按照相关管理规定，定期组织班组召开景观例会及相关工艺工法的培训，并做好精细化资料；④用心做好苗木、景石等材料的考察工作；⑤加强隐蔽工程、材料的验收工作；⑥施工过程中，积极邀请设计师参与施工现场的营造；⑦加强成品保护意识；⑧妥善安排维修、整改及养护工作。

（李治画作）